Micro850 控制器编程与应用

主　编　徐雪松　杨　静

副主编　张永贤　池学鑫

西南交通大学出版社

·成　都·

图书在版编目（CIP）数据

Micro850 控制器编程与应用 / 徐雪松，杨静主编
．—成都：西南交通大学出版社，2022.5
ISBN 978-7-5643-8657-3

Ⅰ. ①M… Ⅱ. ①徐… ②杨… Ⅲ. ①PLC 技术 Ⅳ.
①TM571.61

中国版本图书馆 CIP 数据核字（2022）第 069572 号

Micro850 Kongzhiqi Biancheng yu Yingyong
Micro850 控制器编程与应用

主编　徐雪松　杨　静

责任编辑　梁志敏
封面设计　曹天擎

出版发行　西南交通大学出版社
（四川省成都市金牛区二环路北一段 111 号
西南交通大学创新大厦 21 楼）
邮政编码　610031
发行部电话　028-87600564　028-87600533
网址　http://www.xnjdcbs.com
印刷　四川煤田地质制图印刷厂

成品尺寸　185 mm × 260 mm
印张　13.5
字数　336 千
版次　2022 年 5 月第 1 版
印次　2022 年 5 月第 1 次
定价　39.00 元
书号　ISBN 978-7-5643-8657-3

课件咨询电话：028-81435775

前言 PREFACE

可编程控制器（PLC）是在电气控制技术和计算机技术的基础上开发出来的新一代工业控制装置。自 20 世纪 60 年代末问世以来，PLC 发展迅猛，目前已广泛应用于各种生产机械和生产过程自动控制中，成为现代工业自动化的三大支柱之一。PLC 课程是自动化专业课程体系的重要环节，是很多高校自动控制、机电一体化、电子信息工程、电气工程、车辆工程等专业的必修课程。

本书以罗克韦尔自动化有限公司生产的小型 PLC——Mirco850 控制器为对象，详细介绍了 Mirco850 控制器的硬件特性、扩展设备、指令系统及编程方法，并通过 PLC 在顺序控制、过程控制、运动控制等方面的应用案例，讲述了 Mirco850 控制器的编程和应用方法。

全书共分 6 章。第 1 章主要介绍了 Mirco800 系列控制器的 I/O 配置、模拟量配置和通信配置，着重介绍了 Mirco850 控制器的硬件特性、资源、接线和通信联网；第 2 章主要介绍了 Mirco850 控制器所使用的编程软件 CCW 的操作方法，并详细介绍了该控制器所使用的 3 种编程语言：梯形图、结构化文本和功能块图的语法规则及编程环境；第 3 章介绍了 Mirco850 控制器所使用的编程指令体系，着重介绍了功能块图指令的种类、功能、参数含义及使用方法；第 4 章主要介绍了两种常见的梯形图编程设计方法：经验编程法和顺序控制编程法的编程技巧和特点，并通过编程实例讲述了 CCW 编程环境下的两种编程方法的具体实现；第 5 章主要以 I/O 扩展、变频器控制、图形终端、通信联网为例，介绍了 Mirco850 控制器的外部设备扩展方法；第 6 章主要介绍了 Mirco850 控制器在运动控制和过程控制中的应用案例。本书注意借助实际案例介绍编程方法，有助于学生快速掌握编程和工程设计技巧。

本书第 1 章由张永贤撰写，第 2、3、4 章由徐雪松撰写，第 5 章由杨静撰写，第 6 章由张永贤、徐雪松、杨静和池学鑫共同撰写，于波参加了程序梯形图的绘制。教材编写过程中得到了罗克韦尔自动化有限公司吕颖珊、孙永楠、王昆峰先生的大力支持，在此表示衷心的感谢！

编 者

2021 年 10 月

目录 CONTENTS

第1章 Micro850 控制器硬件概述

【内容提要】

本章主要介绍 Micro800 系列控制器的种类和特点，着重介绍了 Micro850 控制器的硬件特性、资源、接线方法、扩展设备和通信联网方式。

【教学目标】

- Micro800 系列控制器的 I/O 配置、通信配置、模拟量配置和网络通信组态；
- Micro850 控制器的硬件特性、接线方式、功能性插入模块和 I/O 扩展模块。

1.1 罗克韦尔 PLC 概述

罗克韦尔公司的 PLC（Programmable Logic Controller，可编程逻辑控制器）按 I/O 点数可划分为大型 PLC、小型 PLC 和微型 PLC。

ControlLogix 系列为罗克韦尔公司的大型 PLC 产品，系统采用模块化结构，封装外形小，极具成本优势；提供离散、驱动、运动、过程和安全控制，还具有通信联网功能，可以高效地进行设计、构建和修改。ControlLogix 控制器主要型号有 ControlLogix 5580 和 ControlLogix 5570 等。

CompactLogix 系列为罗克韦尔公司的小型 PLC 产品，通常应用在机器级控制应用。系统可以由一个独立的控制器、一组 I/O 模块和 DeviceNet 通信组成，在更复杂的系统中，可以添加其他网络、运动控制和安全控制模块。CompactLogix 控制器与所有 ControlLogix 5000 控制器使用相同的编程软件、网络协议和信息功能，主要型号有 CompactLogix 5370、CompactLogix 5380 和 CompactLogix 5480 等。

Micro800 系列控制器为罗克韦尔公司的微型 PLC 产品，Micro800 控制器设计用于经济型单机控制。Micro800 系列产品共用编程环境、附件和功能性插件，根据内置 I/O 点数的不同，这些经济的微型 PLC 具有不同的配置，以满足不同需求。

1.2 Micro800 系列控制器概述

Micro800 系列控制器主要包括 Micro810、Micro820、Micro830、Micro850、Micro870，

各控制器的基本配置如图 1-1 所示，详细配置信息如表 1-1 所示。

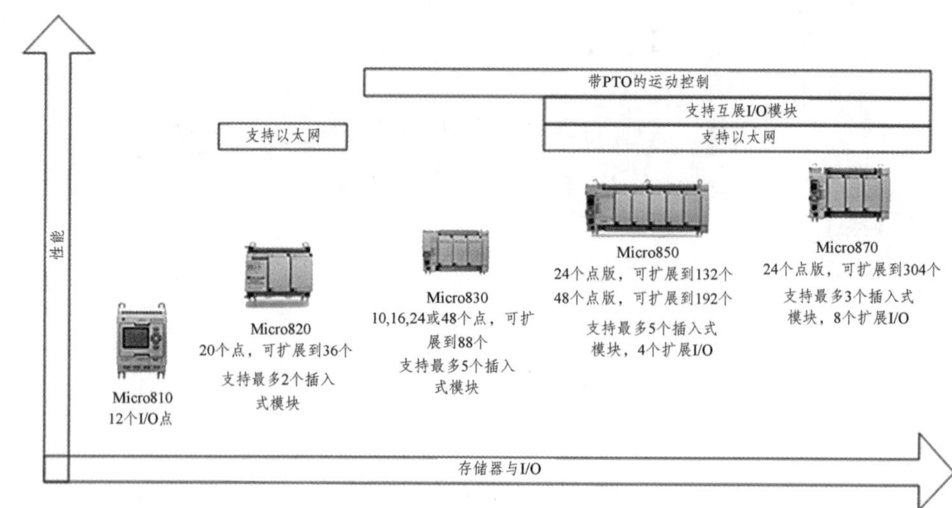

图 1-1　Micro800 系列控制器基本配置

表 1-1　Micro800 控制器基本配置

属性	Micro810	Micro820	Micro830				Micro850		Micro870
	12 点	20 点	10 点	16 点	24 点	48 点	24 点	48 点	24 点
通信端口	USB2.0（带 USB 适配器）	10/100 Base T 以太网端口（RJ-45） RS232/RS485 非隔离型复用串行端口	USB2.0（非隔离型） RS232/RS485 非隔离型复用串行端口				USB2.0（非隔离型） RS232/RS485 非隔离型复用串行端口 10/100 Base T 以太网端口（RJ-45）		
数字量 I/O 点	12	19	10	16	24	48	24	48	24
基本模拟 I/O 通道	可将 4 个 DC 24 V 的数字量输入共享为 0～10 V 模拟量输入（仅限直流输入型）	1 个 0～10 V 模拟量输入 可将 4 个 DC 24 V 数字量输入配置为 0～10 V 模拟量输入（仅限直流输入型），并可通过功能性插件模块扩展	通过功能性插件模块扩展				通过功能性插件模块和扩展 I/O 模块扩展模拟量		
功能性插件模块数量	0	2	2	2	3	5	3	5	3
最大数字量 I/O 数	12	35	26	32	48	88	132	192	304
支持的扩展 I/O 模块	—	—	—				最多 4 个扩展 I/O 模块		最多 8 个

Micro800 系列属于罗克韦尔公司的微型 PLC，是一种经济型模块式控制器系列。I/O 数量为 10～48 点，最多可以扩展到 304 点。根据控制器类型的不同，可在前面板安装 2～5 个功

能性插件模块，部分型号可在侧面安装扩展输入/输出模块，通过这些模块可以扩展开关量输入/输出、模拟量输入/输出、热电偶或热电阻模块、串行端口、存储器、实时时钟、电源模块等。Micro800 系列共享相同的开发环境、功能性插件、扩展输入/输出模块，方便开发者定制特定功能的个性化控制器。

Micro800 控制器具有一个 USB 接口，可将标准 USB 电缆用作编程电缆。Micro800 控制器还有可选的嵌入式 RS232/RS485 非隔离的组合串行口和嵌入式以太网端口，通过串口或以太网端口与其他设备通信。

Micro800 系列各控制器的编程比较如表 1-2 所示，表中主要给出了 Micro800 系列各控制器在程序步数、数据字节数、编程语言、用户自定义功能块、对浮点运算的支持、PID（比例积分微分）回路控制、串行端口协议等方面的区别。表 1-3 列出了各控制器的通信配备。表 1-4 列出了模拟量和测温模块的比较。

表 1-2　Micro800 控制器编程比较

属性	Micro810 12 点	Micro820 20 点	Micro830 10/16 点	Micro830 24 点	Micro830 48 点	Micro850 24 点	Micro850 48 点	Micro870 24 点
程序步数	2K	10K	4K	10K	10K	10K	10K	20K
数据字节数	2KB	20KB	8KB	20KB	20KB	20KB	20KB	40KB
编程语言	梯形图、功能块图、结构化文本							
用户自定义功能块	有							
浮点	32 位和 64 位							
PID 回路控制	有（数量只取决于内存大小）							
串行端口协议	无	Modbus RTU 主站/从站，ASCII/二进制，CIP 串行						

表 1-3　Micro800 通信配备

控制器	USB 编程端口	串行端口，串行端口功能性插件			以太网	
		CIP 串口	ModbusRTU	ASCII/二进制	EtherNet/IP	Modbus TCP
Micro810	有（带适配器）	无				
Micro820	有（带 2080-REMLCD）	有	主站/从站	有	有	有
Micro830	有	有	主站/从站	有	无	无
Micro850	有	有	主站/从站	有	有	有
Micro870	有	有	主站/从站	有	有	有

表 1-4　Micro800 控制器模拟量和测温模块比较

属性	Micro810	Micro820	具有插入式模块的 Micro800	具扩展 I/O 的 Micro850	具扩展 I/O 的 Micro870
模拟量处理性能	低		中	高	
是否与处理器隔离	否			是	

续表

属性	Micro810	Micro820	具有插入式模块的 Micro800	具扩展 I/O 的 Micro850	具扩展 I/O 的 Micro870
分辨率与精度	模拟量输入为 10 位 A/D 转换，精度为 5%		模拟量输入为 12 位 A/D 转换，精度为 1%； 测温精度 热电偶/热电阻：±1 °C 热电偶冷端补偿：±1.2 °C	模拟量输入为 14 位 A/D 转换，精度为 0.1%； 模拟量输入为 12 位 D/A，精度为：电流 0.133%，电压 0.425%； 测温精度 热电偶：±0.5 °C…±3 °C 热电阻：±0.2 °C…±0.6 °C	
输入采样率与滤波	采样率取决于程序的扫描速度，有限的滤波		200 ms/ch, 50/60 滤波	8 ms/ch, 50/60 滤波	
推荐的最大屏蔽电缆长度	10 m			100 m	

Micro800 系列 PLC 的产品目录号说明如图 1-2 所示，从目录号可以知道控制器的类型、I/O 点数、I/O 的类型、供电电源。例如，目录号为 2080-LC50-24QBB 的 PLC，它的基本单元为输入/输出点数为 24 的 Micro850，输入类型为 24 V 直流或交流，输出类型为 24 V 直流拉出型，供电电源为 24 V。

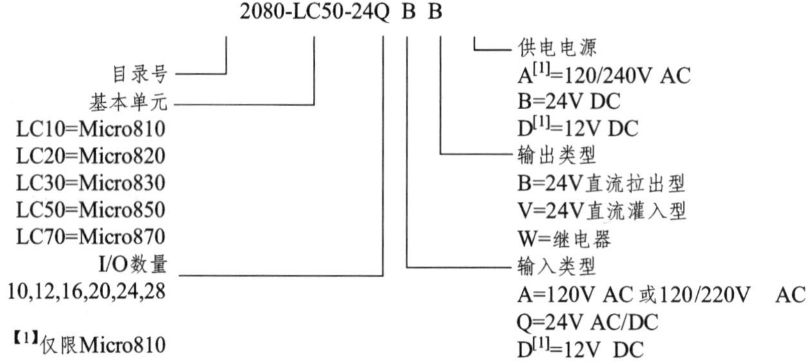

图 1-2 Micro800 系列 PLC 的产品目录号说明

1.2.1 Micro810 控制器

Micro810 相当于一个带大电流继电器输出的智能型继电器，兼具微型 PLC 的编程功能。Micro810 的 12 点版本有 2 个 8 A 和 2 个 4 A 的继电器输出，可以减少外部继电器的需求，表 1-5 列出了 Micro810 的 4 个型号的输入/输出配置情况。可以通过其自带的 LCD 显示器和键盘或者 USB 编程端口来组态智能继电器功能块，把 Micro810 配置为 1 个智能继电器，其 8 个功能块分别是：

- CTU——加计数器；
- TON——延时打开计时器；

- DOY——当实时时钟的值在年、月、日时间设定范围内时，把输出置为真；
- TOW——当实时时钟的值在天、小时、分钟时间设定范围内时，把输出置为真；
- CTD——减计数器；
- TONOF——梯级为真时为延时打开计时器，当梯级为假时为延时断开计时器；
- TP——脉冲计时器；
- TOF——延时断开计时器。

Micro810 控制器外观如图 1-3 所示。

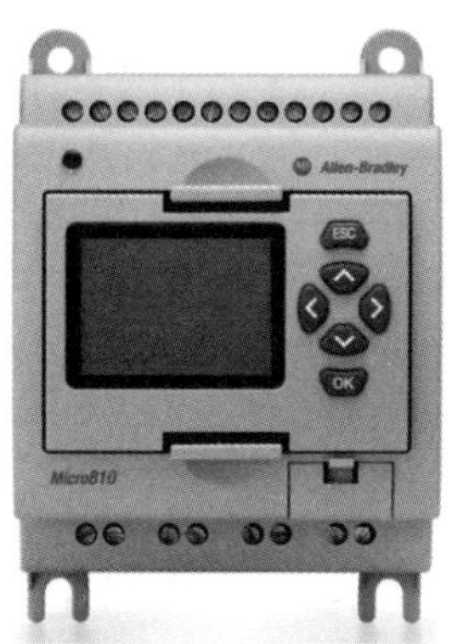

图 1-3　Micro810 PLC

表 1-5　Micro810 控制器 I/O 类型

<table>
<tr><th rowspan="2">控制器</th><th colspan="4">输入</th><th colspan="2">输出</th><th>模拟量输入</th></tr>
<tr><th>AC 120 V</th><th>AC 240 V</th><th>DC 24 V/VAC</th><th>DC 12 V</th><th>继电器</th><th>DC 24 V 拉出型</th><th>0～10 V（与直流输入共用）</th></tr>
<tr><td>2080-LC10-12QWB</td><td></td><td></td><td>8</td><td></td><td>4</td><td></td><td>4</td></tr>
<tr><td>2080-LC10-12AWA</td><td colspan="2">8</td><td></td><td></td><td>4</td><td></td><td></td></tr>
<tr><td>2080-LC10-12QBB</td><td></td><td></td><td>8</td><td></td><td></td><td>4</td><td>4</td></tr>
<tr><td>2080-LC10-12DWD</td><td></td><td></td><td></td><td>8</td><td>4</td><td></td><td>4</td></tr>
</table>

1.2.2　Micro820 控制器

Micro820 有 20 个 I/O，共有 6 个型号可供选择（见表 1-6），适用于小型独立的设备及远程控制工程，具有以下特点：

- 两个功能性插件模块插槽；
- MicroSD 卡插槽，可用于工程文件的备份和恢复，数据记录及配方储存；
- 10/100 Base-T 以太网端口（RJ-45），支持工业以太网和 Modbus TCP 协议；
- 支持远程 LCD 模块配置，远程 LCD 通过 RS232 串口与 Micro820 连接；
- RS232/RS485 非隔离型复用串行端口，支持 Modbus RTU 协议。

Micro820 控制器外观如图 1-4 所示。

图 1-4　Micro820 PLC

表 1-6　Micro820 控制器 I/O 类型

控制器	输入			输出		模拟量输出 DC 0～10 V	模拟量输入 0～10 V（与直流输入共用）	PWM
	AC 120 V	AC 120/240 V	DC 24 V	继电器	DC 24 V 拉出型			
2080-LC20-20AWB	8		4	7		1	4	
2080-LC20-20AWBR	8		4	7		1	4	
2080-LC20-20QWB			12	7		1	4	
2080-LC20-20QWR			12	7		1	4	
2080-LC20-20QBB			12		7	1	4	
2080-LC20-20QBBR			12		7	1	4	1

1.2.3　Micro830 控制器

Micro830 按照其 I/O 点数可以分为四种型号：10 点、16 点、24 点和 48 点。根据控制器类型不同，可以插入 2～5 个功能性插件模块。与 Micro820 相比较，Micro830 不支持以太网，增加了 I/O 点数的选择，增加了高速计数器输入 HSC 和嵌入式脉冲序列输出 PTO，点数多的型号增加了功能性插件模块的数量。

Micro830 控制器的主要特性：

- 24 V 直流型号提供频率达 100 kHz 的高速计数器输入 HSC，最多 6 个 HSC 通道；
- 用于基本定位控制的 3 个嵌入式脉冲序列输出 PTO；
- 高速输入中断；
- Modbus RTU 串行端口协议；
- 支持 Modbus/TCP、EtherNet/IP 和 CIP 串行端口；
- 嵌入式 USB 编程和串行端口。

Micro830 控制器外观如图 1-5 所示。

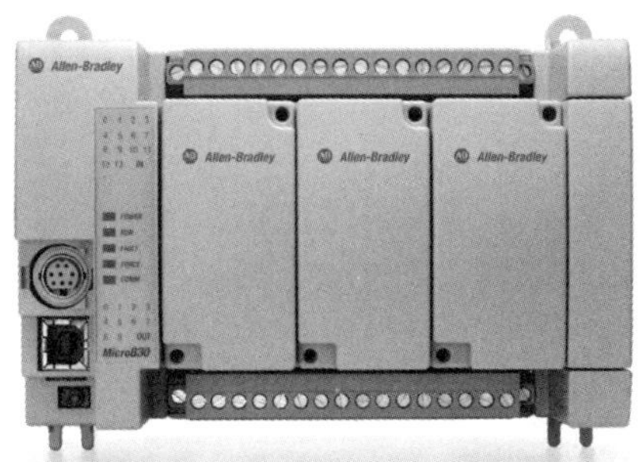

图 1-5　Micro830 PLC

1.2.4　Micro850 控制器

Micro850 控制器提供 24 点和 48 点两种配置，控制器使用 DC 24 V 输出电源。Micro850 控制器具有可扩展特性，其硬件结构包含主机和扩展部分，能额外支持 2 ~ 5 个功能性插件模块和 4 个扩展 I/O 模块，使其 I/O 点数最高可达 132 点。

Micro850 控制器的主要特性：

- 6 个嵌入式高速计数器输入 HSC；
- 输入为 24 V 直流的型号提供频率达 100 kHz 的 HSC；
- 用于基本定位的 3 个嵌入式脉冲序列输出 PTO；
- 高速输入中断；
- Modbus RTU 串行端口协议；
- 支持 Modbus/TCP、EtherNet/IP 和 CIP 串行端口；
- 嵌入式 USB 编程和串行端口；
- 嵌入式 10/100 Base-T 以太网端口。

Micro850 控制器外观如图 1-6 所示。

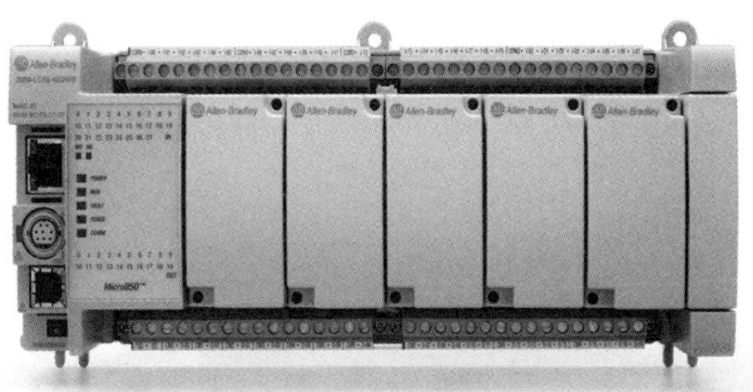

图 1-6　Micro850 PLC

1.2.5　Micro870 控制器

Micro870 适合大型独立设备和需要更多存储容量的场合，提供 24 点 I/O 配置。与 Micro850 控制器相比较，Micro870 支持更多的扩展 I/O 模块，最多支持 8 个扩展 I/O 模块。存储容量更大，支持更多的程序块和用户自定义模块。

Micro870 控制器外观如图 1-7 所示。

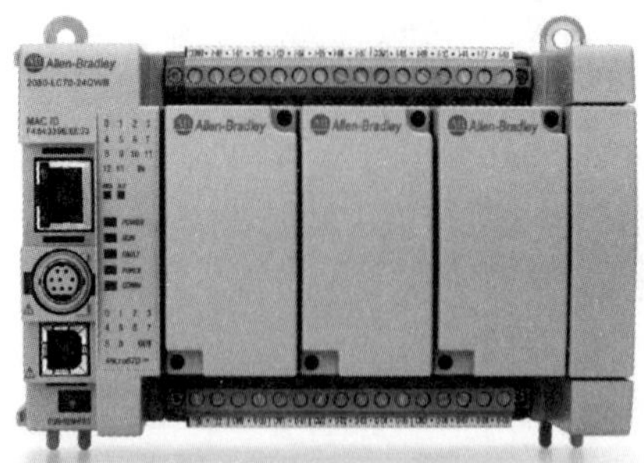

图 1-7　Micro870 PLC

1.3　Micro850 控制器硬件特性

Micro850 控制器外观如图 1-8、图 1-9 所示，各部分具体描述如表 1-7、表 1-8 所示。

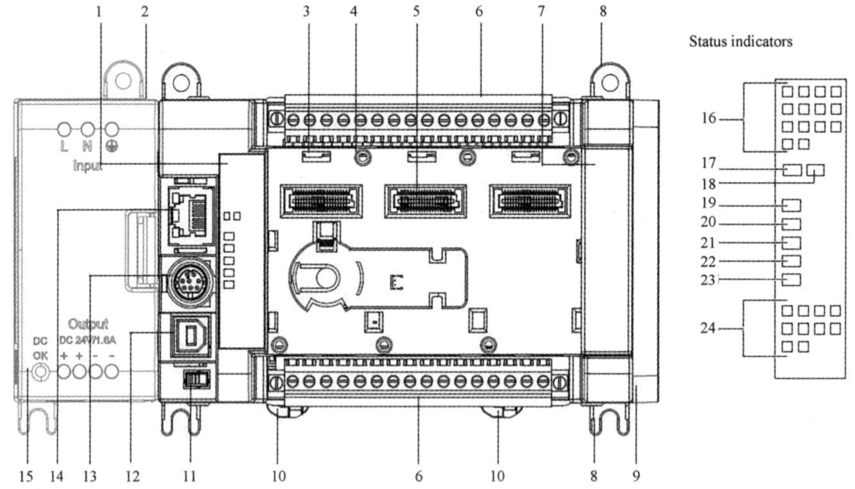

图 1-8　24 点 Micro850 控制器和状态指示灯

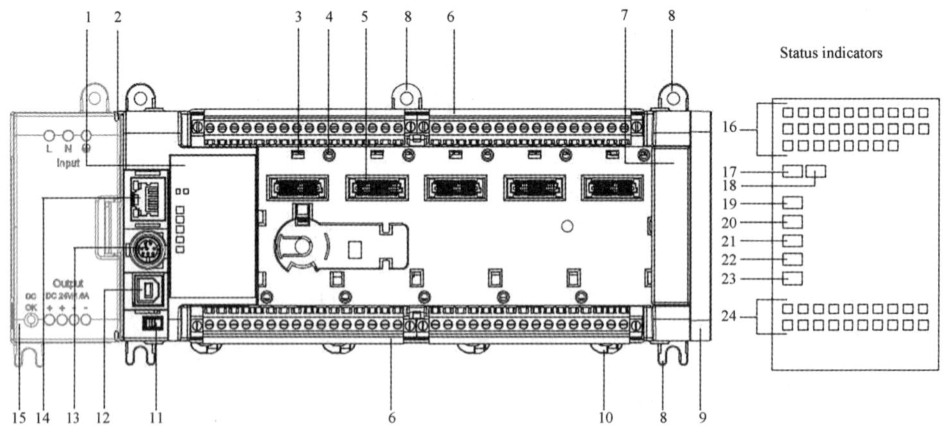

图 1-9　48 点 Micro850 控制器和状态指示灯

表 1-7 Micro850 控制器硬件说明

标号	说明	标号	说明
1	状态指示灯	9	扩展 I/O 槽盖
2	可选电源插槽	10	DIN 导轨安装卡件
3	插件模块卡槽	11	模式转换开关
4	插件模块安装孔	12	B 型 USB 端口
5	40 针高速插件连接器	13	RS232/RS485 通信串口（非隔离）
6	可拆卸 I/O 接线端子	14	RJ-45 以太网端口
7	右端侧盖	15	可选交流电源
8	安装口		

表 1-8 Micro850 控制器状态指示灯说明

标号	说明	标号	描述
16	输入状态	21	故障状态
17	模块状态	22	强制 I/O 状态
18	网络状态	23	串行通信状态
19	电源状态	24	输出状态
20	运行状态		

1.3.1 Micro850 控制器的 I/O 配置和类型

Micro850 控制器有 8 种型号的控制器，不同型号的控制器的 I/O 配置不同，控制器的 I/O 数据如表 1-9 所示。

表 1-9 控制器的 I/O 数据

控制器	输入		输出			PTO 支持	HSC 支持
	AC 120 V	DC/AC 24 V	继电器型	24 V 灌入型	24 V 拉出型		
2080-LC50-24AWB	14		10				
2080-LC50-24QBB		14			10	2	4
2080-LC50-24QVB		14		10		2	4
2080-LC50-24QWB		14	10				4
2080-LC50-48AWB	28		20				
2080-LC50-48QBB		28			20	3	6
2080-LC50-48QVB		28		20		3	6
2080-LC50-48QWB		28	20				6

1.3.2 Micro850 控制器外部接线

Micro850 控制器提供 24 点和 48 点两种配置，以 2080-LC50-48QBB 为例，其输入为 28 点，输出为 20 点，输入/输出端子如图 1-10、图 1-11 所示，其中的高速输入/输出端子用深色圆圈标记。

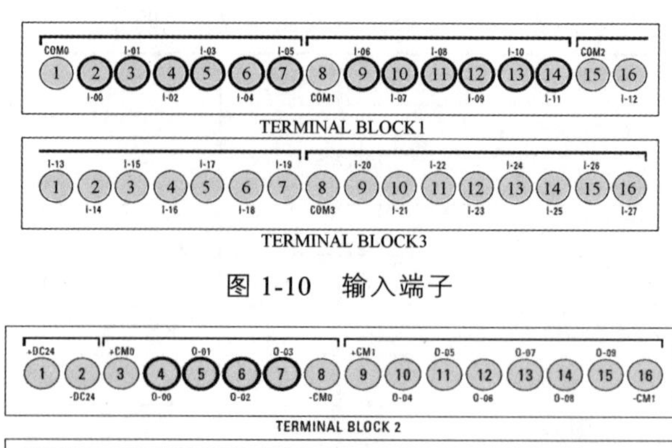

图 1-10　输入端子

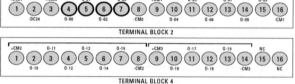

图 1-11　输出端子

Micro850 控制器的输出分为灌入型和拉出型两种，但这仅针对直流而言，并不适用于继电器输出。2080-LC50-48QBB 的 I-00 ~ I-11 为高速输入，O-00 ~ O-03 为高速输出。不同型号的控制器，高速输入/输出的点不同，具体分布如表 1-10 所示。

表 1-10　Micro850 控制器高速输入/输出点的分布情况

控制器型号	高速输入/输出点分布
2080-LC50-24AWB	I-00 ~ I-07
2080-LC50-24QWB	I-00 ~ I-07
2080-LC50-24QBB	I-00 ~ I-07/O-00 ~ O-01
2080-LC50-24QVB	I-00 ~ I-07/O-00 ~ O-01
2080-LC50-48AWB	I-00 ~ I-11
2080-LC50-48QWB	I-00 ~ I-11
2080-LC50-48QVB	I-00 ~ I11/O-00 ~ O-02
2080-LC50-48QBB	I-00 ~ I11/O-00 ~ O-02

1.3.3　输入输出模式及接线示例

拉出型又称源型（Source），源型输出接线如图 1-12 所示，源型输入接线如图 1-13 所示。

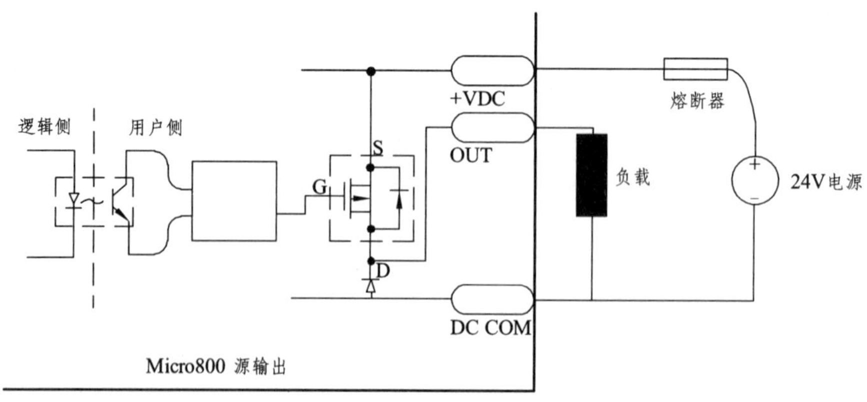

图 1-12　源型输出接线示例

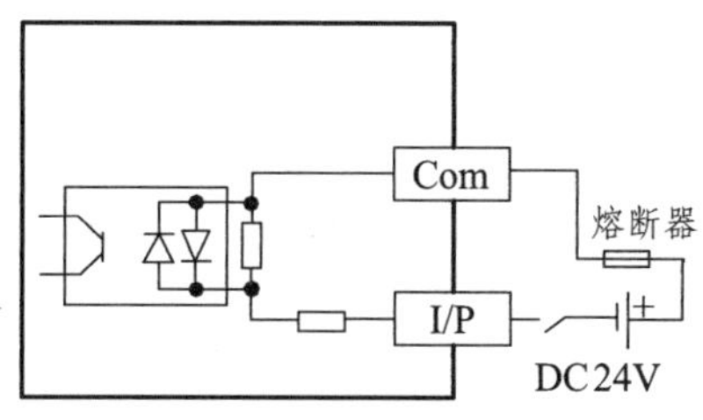

图 1-13　源型输入接线示例

灌入型又称漏型（Sink），灌入输出接线如图 1-14 所示，灌入输入接线如图 1-15 所示。

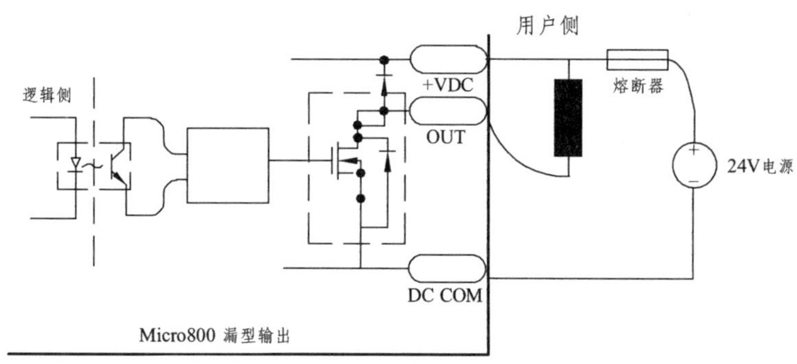

图 1-14　灌入型输出接线示例

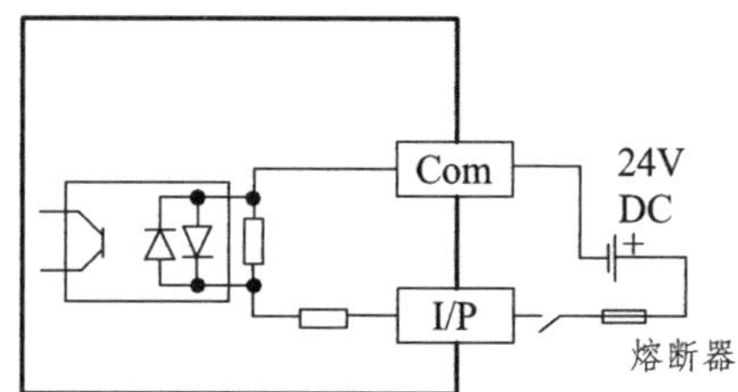

图 1-15　灌入输入接线示例

1.3.4　脉冲序列输出（PTO）

PTO（Pulse Train Outputs，脉冲序列输出）功能指的是控制器能够以指定频率生成特定数量脉冲，这些脉冲将发送给运动控制设备，例如伺服驱动器，并由它们控制伺服电机的转速和位置（见表 1-11）。每个 PTO 都恰好映射到一个轴，从而能够通过脉冲/方向输入来控制步进电机和伺服驱动器的简单定位动作。

由于 PTO 的占空比是可以动态调整的，所以 PTO 也可以用作脉宽调制输出 PWM。

表 1-11　Micro850 支持 PTO 和运动轴数量

控制器型号	内置的 PTO	支持的运动轴数
2080-LC50-24QVB；2080-LC50-24QBB	2	2
2080-LC50-48QVB；2080-LC50-48QBB	3	3

每一个运动轴都需要多个输入/输出信号来控制，Micro850 控制器内置的 PTO 脉冲和 PTO 方向就可以用来控制轴运动，多余的 PTO 的输入/输出通道可以禁止或是作为普通 I/O 使用。表 1-12 所示为本地 PTO 输入/输出点信息。

表 1-12 固定 PTO 输入/输出

运动控制信号	PTO0（EM_00）		PTO1（EM_01）		PTO2（EM_02）	
	在软件中的名称	端子名称	在软件中的名称	端子名称	在软件中的名称	端子名称
PTO 脉冲	_IO_EM_DO_00	O-00	_IO_EM_DO_01	O-01	_IO_EM_DO_02	O-02
PTO 方向	_IO_EM_DO_03	O-03	_IO_EM_DO_04	O-04	_IO_EM_DO_05	O-05
下限位开关	_IO_EM_DI_00	I-00	_IO_EM_DI_04	I-04	_IO_EM_DI_08	I-08
上限位开关	_IO_EM_DI_01	I-01	_IO_EM_DI_05	I-05	_IO_EM_DI_09	I-09
绝对归零开关	_IO_EM_DI_02	I-02	_IO_EM_DI_06	I-06	_IO_EM_DI_10	I-10
触摸探头输入开关	_IO_EM_DI_03	I-03	_IO_EM_DI_07	I-07	_IO_EM_DI_11	I-11

1.3.5 高速计数器和可编程限位开关

Micro850 控制器（交流输入除外）都支持 100 kHz 高速计数器（High-Speed Counter，HSC）功能，最多的能支持 6 个 HSC。高速计数器功能块包含两部分：一部分是位于控制器上的本地 I/O 端子，另一部分是 HSC 功能块指令。HSC 的参数设置以及数据更新都需要在 HSC 功能块中设置。

可编程限位开关（Programmable Limit Switch，PLS）的功能允许用户组态 HSC 为 PLS 或者是凸轮开关。

图 1-16 是 HSC 组态为 PLS 的示意图，通过对 HSC 数据结构的设置，可以将 HSC 组态为 PLS 使用。通过图 1-16 可以看到，原“HscAppData.OFSetting”标签用作了 PLS 的 Overflow（上溢）值的设定值，且最大不超过 2 147 483 647；“HscAppData.UFSetting”标签用作了 PLS 的 Underflow（下溢）值的设定值，且最小不能低于-2 147 483 648；“HscAppData.HPSetting”用作了 High Preset（高位置位）设定值；“HscAppData.LPSetting”用作了 Low Preset（低位置位）设定值。这就相当于一个限位开关，具有 4 个挡位，当 HSC 计数时会与这 4 个设定值进行比较，如果高于 High Preset，则 HSC 的“HscStsInfo.HpReached”会被置位；如果高于 Overflow，则“HscStsInfo.HpReached”和“HscStsInfo.OVF”都会被置位；如果低于 Low Preset，则“HscStsInfo.LPReached”会被置位；如果低于 Underflow，则“HscStsInfo.LPReached”和“HscStsInfo.UNF”都会被置位。

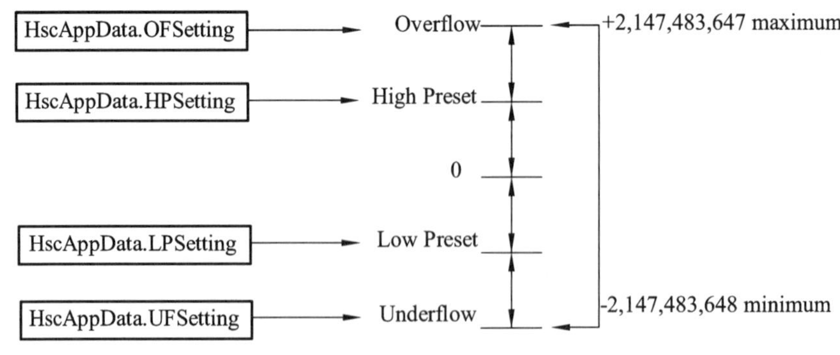

图 1-16 HSC 组态为 PLS 的示意图

Micro850 控制器（除了 2080-LCxx-xxAWB）都有 100 kHz 的高速计数器。每个主高速计数器有 4 个专用的输入，每个副高速计数器有 2 个专用的输入。不同点数控制器 HSC 个数如表 1-13 所示。

表 1-13　不同点数控制器 HSC 个数

	10/16 点	**24 点**	**48 点**
HSC 个数	2	4	6
主 HSC	1(计数器 0)	2 (计数器 0,2)	3 (计数器 0, 2 and 4)
副 HSC	1(计数器 1)	2 (计数器 1,3)	3 (计数器 1, 3 and 5)

每个 HSC 使用的本地输入号如表 1-14 所示。

表 1-14　每个 HSC 使用的本地输入号

HSC	**使用的输入点**
HSC0	0 ~ 3
HSC1	2 ~ 3
HSC2	4 ~ 7
HSC3	6 ~ 7
HSC4	8 ~ 11
HSC5	10 ~ 11

由表 1-14 可见，HSC0 的副计数器是 HSC1，其他 HSC 与之类似。所以每组 HSC 都有共用的输入通道，表 1-15 列出了 HSC 的输入使用本地 I/O 情况。

表 1-15　HSC 的输入使用本地 I/O 情况

HSC	**本地 I/O**											
	0	01	02	03	04	05	06	07	08	09	10	11
HSC0	A/C	B/D	复位	保持								
HSC1			A/C	B/D								
HSC2					A/C	B/D	复位	保持				
HSC3							A/C	B/D				
HSC4									A/C	B/D	复位	保持
HSC5											A/C	B/D

表 1-16 列出了 Micro850 控制器的 HSC 的计数模式。

主 HSC 可以使用 4 个输入端口，但是副 HSC 只能使用后两个输入端口，具体接线方式取决于计数模式。

表 1-16　Micro850 控制器 HSC 的计数模式

计数模式	输入 0 (HSC0) 输入 2 (HSC1) 输入 4 (HSC2) 输入 6 (HSC3)	输入 1 (HSC0) 输入 3 (HSC1) 输入 5 (HSC2) 输入 7 (HSC3)	输入 2 (HSC0) 输入 6 (HSC2)	输入 3 (HSC0) 输入 7 (HSC2)	用户程序中，模式的值
以内部方向计数(模式 1a)	增计数		未使用		0
以内部方向计数，外部提供复位和保持信号(模式 1b)	增计数	未使用	复位	保持	1
以外部方向计数(模式 2a)	增/减计数	方向	未使用		2
外部提供方向，复位和保持信号(模式 2b)	计数	方向	复位	保持	3
两输入计数器(模式 3a)	增计数	减计数	未使用		4
两输入计数器，外部提供复位和保持信号(模式 3b)	增计数	减计数	复位	保持	5
差分计数器(模式 4a)	A 型输入	B 型输入	未使用		6
差分计数器，外部提供复位和保持信号(模式 4b)	A 型输入	B 型输入	Z 型复位	保持	7
差分 X4 计数器(模式 5a)	A 型输入	B 型输入	未使用		8
差分 X4 计数器，外部提供复位和保持信号(模式 5b)	A 型输入	B 型输入	Z 型复位	保持	9

1.4　Micro850 控制器的扩展

1.4.1　通过功能性插件模块扩展

通过功能性插件模块，可以增强基本单元控制器的功能，同时又不增加控制器的体积。Micro800 支持以下功能性插件模块：硬件特性除 2080-MEMBAK-RTC 外，所有其他功能性插件模块都可以插入 Micro850 控制器的任意插件插槽中。Micro850 控制器支持的功能性插件模块如表 1-17 所示，主要有扩展数字量 I/O 模块、模拟量 I/O 模块、温度测量模块、高速计数、可调电位计模拟量输入（可为速度、位置和温度控制添加 6 个模拟量预设值）以及通信模块。

表 1-17　Micro850 控制器功能性插件模块

类型	产品目录号	说明
数字量 I/O	2080-IQ4	4 点，DC 12/24 V 灌入型/拉出型输入
	2080-IQ4OB4	8 点，组合型，DC 12/24 V 灌入型/拉出型输入，DC 12/24 V 拉出型输出
	2080-IQ4OV4	8 点，组合型，DC 12/24 V 灌入型/拉出型输入，DC 12/24 V 灌入型输出
	2080-OB4	4 点，DC 12/24 V 拉出型输出
	2080-OV4	4 点，DC 12/24 V 灌入型输出
	2080-OW4I	4 通道继电器输出

续表

类型	产品目录号	说明
模拟量 I/O	2080-IF4	4 通道模拟量输入，0~20 mA，0~10 V，非隔离，12 位
	2080-IF2	2 通道模拟量输入，0~20 mA，0~10 V，非隔离，12 位
	2080-OF2	2 通道模拟量输出，0~20 mA，0~10 V，非隔离，12 位
专用	2080-RTD2	2 通道热电阻温度监测输入，非隔离，±1.0 °C
	2080-TC2	2 通道热电偶温度监测输入，非隔离，±1.0 °C
	2080-TRIMPOT6	6 通道可调电位计模拟量输入，可为速度、位置和温度控制添加 6 个模拟量预设值
	2080-MOT-HSC	HSC 高速计数功能扩展模块（输入频率最大值 250 kHz）
	2080-MEMBAK-RTC	高精度实时时钟，备份项目数据和应用项目代码
通信	2080-SERIALISOL	RS232/485 隔离型串行端口
	2080-DNET20	DeviceNet 扫描器主站/从站，用于多达 20 个节点

Micro850 功能性插件模块如图 1-17 所示，第一行从左至右依次为 MEMBAK-RTC、OF2、SERIALISOL、IQ4OV4、IQ4OB4、OW4I、MOT-HSC，第二行从左至右依次为 TRIMPOT6、RTD2、TC2、OV4、OB4、IQ4、DNET20。

图 1-17　Micro830 控制器功能性插件模块

1.4.2　通过扩展 I/O 模块扩展

Micro850 控制器支持多种离散量和模拟量扩展 I/O 模块。可以连接任意组合的扩展 I/O 模块到 Micro850 控制器上，最多可以扩展 4 个模块，但要求本地、内置、扩展的离散量 I/O 点数小于或等于 132。Micro850 扩展模块如表 1-18 所示。

表 1-18　Micro850 扩展模块

扩展模块型号	类别	说明
2085-IA8	离散	8 点，120 V 交流输入
2085-IM8	离散	8 点，240 V 交流输入

续表

扩展模块型号	类别	说明
2085-OA8	离散	8 点，120/240 V 交流可控硅输出
2085-IQ16	离散	16 点，12/24 V 拉出/灌入型输入
2085-IQ32T	离散	32 点，12/24 V 拉出/灌入型输入
2085-OV16	离散	16 点，12/24 V 直流灌入型晶体管输出
2085-OB16	离散	16 点，12/24 V 直流拉出型晶体管输出
2085-OW8	离散	8 点，交流/直流继电器型输出
2085-OW16	离散	16 点，交流/直流继电器型输出
2085-IF4	模拟	4 通道，14 位隔离电压/电流输入
2085-IF8	模拟	8 通道，14 位隔离电压/电流输入
2085-OF4	模拟	4 通道，12 位隔离电压/电流输出
2085-IRT4	模拟	4 通道，16 位隔离热电阻（RTD）和热电偶输入模块
2085-ECR	终端	2085 的总线终端电阻

Micro850 可以通过功能性插件模块及在右侧扩展的 I/O 模块扩展，如图 1-18 所示，最多支持 5 个功能性插件和 4 个扩展 I/O 模块。

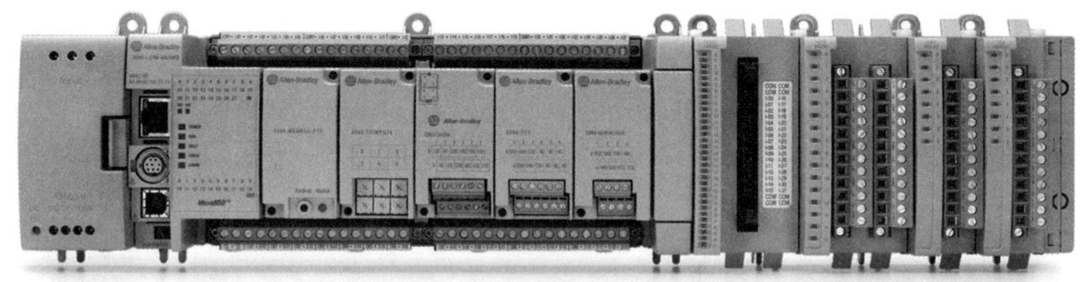

图 1-18　Micro850 控制器的扩展

1.5　Micro850 控制器的网络通信

1.5.1　NetLinx 网络架构

NetLinx 是罗克韦尔自动化有限公司利用开放式网络技术制定的从顶层到车间层的无缝集成策略，其主要思想是将网络系统与设备有机结合在一起，用以监控生产，将信息流扩展至整个生产过程，以及利用企业的其他信息，将工厂各个车间连接成网络，实现过程控制数据与信息方便可靠地在 PLC（可编程控制器）、HMI（人机界面）、变频器、FCS（现场总线控制系统）、DCS（分布式控制系统）之间进行交换传递，从而建成一个透明的、开放式结构体系的自动化系统。

NetLinx 基于三级网络层：信息层、控制层以及设备层。其系统结构如图 1-19 所示，各层网络的功能非常明晰。

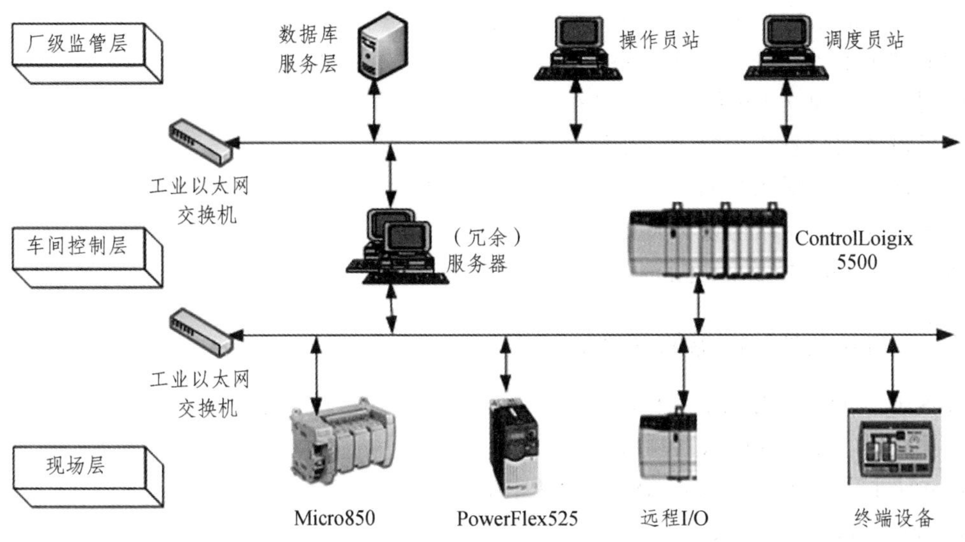

图 1-19　NetLinx 的体系结构

1. 信息层

信息层采用符合标准 TCP/IP 协议的以太网结构，上层计算机系统通过以太网访问车间级的数据，主要为全厂范围控制系统的数据采集、监控、计算管理、统计、设备维护管理、生产流程以及物流跟踪服务，同时可以使计算机访问使用结构化查询语言（SQL）的开放性数据库。系统管理员可在这层网络上对系统进行监控，对控制器中的程序进行修改，使计算机系统存取生产现场的数据达到实时监控的目标，并对 PLC 提供支持。由于采用了 TCP/IP 协议，可以方便地将工业控制网络接入企业局域网（Intranet），实现控制系统和企业资源计划（Enterprise Resource Planning，ERP）系统的集成。

2. 控制层

控制层在各个 PLC 之间及其与各种智能化控制设备之间进行控制数据的交换、控制的协调、网上编程和程序维护、远程设备的组态，以及编程和故障处理，也可以连接各种人机界面产品进行监控。这一层上的网络称作控制网，采用控制与信息（Control and Information Protocol，CIP）协议和生产者/客户（Producer/Consumer）模式，这种模式允许网络上的所有节点同时从单个的数据源存取相同的数据，并共享数据和信息。控制网主要完成智能化的高速实时控制和 I/O 数据网络以及准确的数据传输功能，它满足连接 PLC 处理器、HMI 以及其他智能化设备所需的实时、高信息吞吐量应用的要求。

3. 设备层

在设备层上采用的设备网，主要把底层的工业设备直接连接到车间控制器上，并对其进行配置和监视。这种连接无需通过 I/O 模块，即可方便快速地实现工业现场大量设备的高速数据采集，极大地减少了接线。设备网是一种柔性、开放性的网络，可与世界范围内各设备厂商提供的产品兼容。

NetLinx 与其他工业控制网络相比，具有突出的优点。它采用由 Net（网络）和 Linx（开放式接口）组成的结构，能更有效地实现系统组态、数据采集和控制。其中 Net 是基于生产者/消费者的通信模型，它定义了一系列超级服务协议，支持多播式、事件触发、周期性触发等发送机制，完全独立于网络介质，可在不同网络介质中组态。控制层/设备层利用现场总线技术把现场设备的信息作为整个企业信息网的基础，提高了控制系统的信息处理能力和运行可靠性，方便了用户对系统的组态、管理和维护。这种开放的现场总线网络，集成了多种网络服务，采用通用的网络协议和开放的软件接口，保证了无缝的信息和控制数据流传输。可以方便地与 Intranet、Internet 连接起来，使得其本来就很强大的网络功能更加强大。

1.5.2 Micro800 系列控制器的网络通信组态

Micro850 控制器具有以下三种嵌入式通信通道：非隔离式 RS232/485 组合端口、非隔离式 USB 编程端口、RJ-45 以太网端口。

Micro850 控制器通过嵌入式 RS232/485 串行端口支持的通信协议包括：

- Modbus RTU 主机和从机；
- CIP（Common Industrial Protocol，通用工业协议）串行客户/服务器（仅 RS232）；
- ASCII（仅 RS232）。

嵌入式以太网通信通道允许 Micro850 控制器连接到由各种设备组成的局域网，而该局域网可在各种设备间提供 10/100 Mb/s 的传输速率。Micro850 控制器支持以下以太网协议：

- EtherNet/IP 客户/服务器；
- Modbus/TCP 客户/服务器；
- DHCP 客户端。

图 1-20 所示为一个 Micro850 网络通信实例，图中，上位机、HMI、PLC、变频器以及其他设备之间通过串口或以太网组成一个网络，通信协议可以选择 Modbus 或者 CIP。

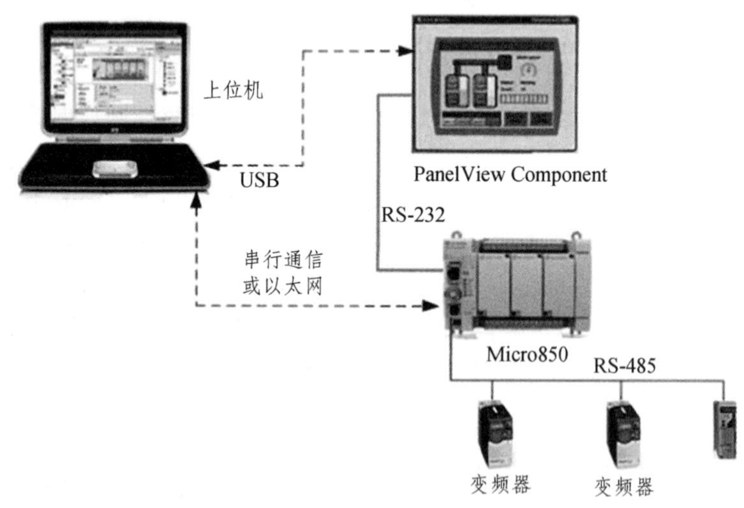

图 1-20　Micro850 网络通信实例

Modbus 是一个全双工的主从通信协议，Modbus 网络主机可以读写从机的位和寄存器。Modbus RTU 运行在串口通信网络上，一个主机可以最多与 247 个从机通信。Micro850 控制器支持 Modbus RTU 主机和 Modbus RTU 从机协议。Modbus/TCP 客户/服务器运行在以太网上，与 Modbus RTU 使用相同的映射特征。Modbus 从机作为 Modbus/TCP 服务器，为客户机提供查询服务。Micro850 控制器同时支持 16 个 Modbus/TCP 客户连接和 16 个 Modbus/TCP 服务器连接。

CIP 是符号客户服务器通信协议，EtherNet/IP 以太网和 CIP 串口都支持 CIP 符号，这个协议允许 HMI 很容易连接到 Micro850 控制器。Micro850 控制器同时支持 16 个 EtherNet/IP 客户连接和 16 个 EtherNet/IP 服务器连接。CIP 串口支持 AB 公司的数据链路层通信协议 DF1，可以建立两个设备间的点对点通信连接。

1.6 习题

1. 罗克韦尔公司的 Micro 800 系列 PLC 产品主要有哪几个型号？
2. Micro800 系列 PLC 的 USB 端口的作用是什么？都有以太网接口吗？
3. Micro850 控制器按点数来分，有几种配置？
4. Micro850 控制器可以通过什么方法扩展模拟量输入/输出？
5. Micro850 控制器需要什么样的供电电源？它的离散量输入信号分为哪两种？它的离散量输出信号分为哪三种？
6. Micro850 控制器的 I/O 点数最多可以扩展多少个？具体扩展方案是什么？
7. 说出 2080-LC50-48QBB 和 2080-LC50-48QVB 的区别。
8. Micro850 控制器的串口和以太网接口各支持什么通信协议？
9. Micro850 控制器的高速输入和输出有什么作用？分别对应哪些 I/O?
10. Micro850 控制器的功能性插件和扩展 I/O 有什么区别？
11. 如果基于 Micro850 的控制系统需要扩展 8 路热电阻温度输入，需要怎样扩展系统？

第2章 Micro850 控制器编程语言和编程环境

【内容提要】

本章主要介绍 Micro800 编程软件 CCW 的使用方法，着重介绍梯形图语言、结构化文本和功能块图语言的语法规则，以及使用 CCW 软件进行 PLC 应用程序开发与调试的基本流程。

【教学目标】

• 梯形图语言、功能块语言和结构化语言编程的基本规则；
• CCW 编程软件的组成结构、功能和操作方法；
• 基于 CCW 的 PLC 应用程序开发与调试流程。

2.1 编程软件

Micro850 PLC 采用 CCW（Connected Components Workbench）软件进行编程。CCW 是一套一体化编程组态编程工具，它以罗克韦尔自动化和 Microsoft Visual Studio 技术为基础，具有控制器编程、设备组态以及与 HMI 编辑器集成的功能，可用于对控制器进行编程、对设备进行组态，以及设计操作员界面。

2.1.1 CCW 的安装

下面以 CCW10 为例，简单介绍 CCW 的安装过程。

打开 CCW 的安装包 10.01.00-CCW-INT-Std-DVD，找到安装文件“setup”，鼠标左键双击“setup”图标，打开安装向导（见图 2-1）。

图 2-1 安装向导

鼠标左键单击下拉菜单，选择安装语言为“中文”，点击“继续”，打开安装界面（见图 2-2）。

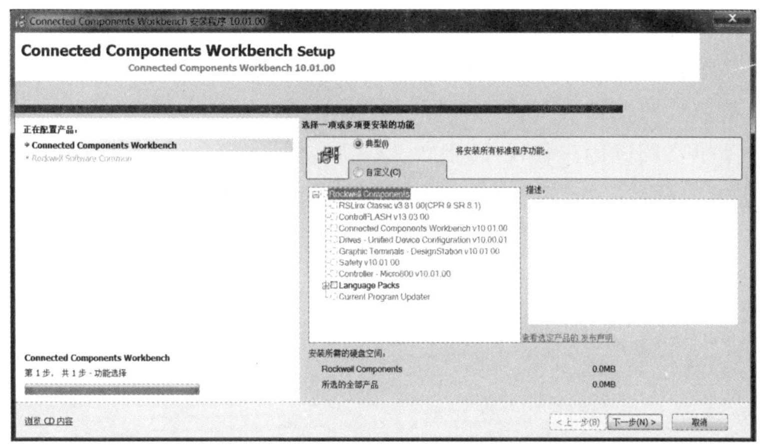

图 2-2　程序安装界面

选择“典型”安装复选框，鼠标左键单击下一步，便开始程序安装过程。按照安装向导提示操作，直到安装完毕。

2.1.2　CCW 的简单操作

1. CCW 的启动

鼠标左键双击 CCW 软件图标，或者单击 Windows 窗口左下角的“开始”按钮，找到“Connected Components Workbench”选项，单击后可以打开 CCW 编程组态的主界面（见图 2-3）。通过这个工作窗口，可以进行控制系统硬件组态、软件编程、程序下载、运行监控及检查调试。

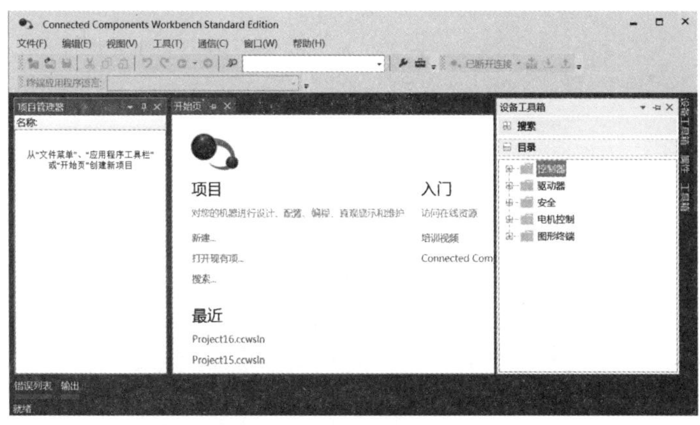

图 2-3　CCW 主界面

2. CCW 主界面简介

主界面的菜单栏有“文件”“编辑”“视图”“工具”“通信”“窗口”“帮助”7 个菜单。

- “文件”菜单：进行项目文件的新建、打开、保存或关闭，项目的导入和导出，设备的添加、搜索或导入等操作；
- “编辑”菜单：进行文件的编辑操作，如剪切、复制、粘贴等；
- “视图”菜单：打开项目管理器、设备工具箱等窗口；

- “工具”菜单：进行编程软件的设置；
- “通信”菜单：进行通信驱动程序配置；
- “窗口”菜单：对窗口布局进行设置；
- “帮助”菜单：阅读用户使用手册。

主界面的主窗口分成三个部分。左端的是项目管理器，中间是工作窗口，右端用来显示设备工具箱、设备属性或工具箱。

（1）项目管理器：可以被看作一个容器，通过向里面添加各种控制组件，如控制器、外围设备、程序、变量等，可以搭建控制系统网络。项目管理器也可以被看成一个索引文件，通过该窗口可以直观地展现整个工程应用项目的骨干结构及其构成，为下一步的编程操作提供便捷的途径。

（2）工作窗口：主要用来显示设备文件信息、进行设备参数设置、编辑调试程序，以及完成程序文件的上传、下载、连接与调试等。

（3）右端窗口有三个选择标签，分别用于显示设备工具箱、属性和工具箱。设备工具箱以树形结构列举了常见的控制系统硬件设备，使用时可以用鼠标左键选中相关设备，将其拖拽到项目管理器中进行控制系统设备组态。属性窗口用来显示设备文件属性，通过该窗口可以对设备文件的基本属性进行设置。工具箱窗口则是为程序文件的编辑提供基本元件。

3. 应用程序的创建

如果要为 PLC 控制系统建立一个应用，需要新建一个项目（Project）。鼠标左键单击菜单“文件”→“新建”，出现如图 2-4 所示对话框。

图 2-4　新建项目

在“名称”输入框内输入项目名称，在“位置”输入框内输入项目文件的存储位置，或者通过“浏览”按钮选择存储位置，再用鼠标左键单击“创建”按钮，就可以创建一个新的项目文件，新建文件将出现在项目管理器窗口中（Project Organizer）（见图 2-5）。

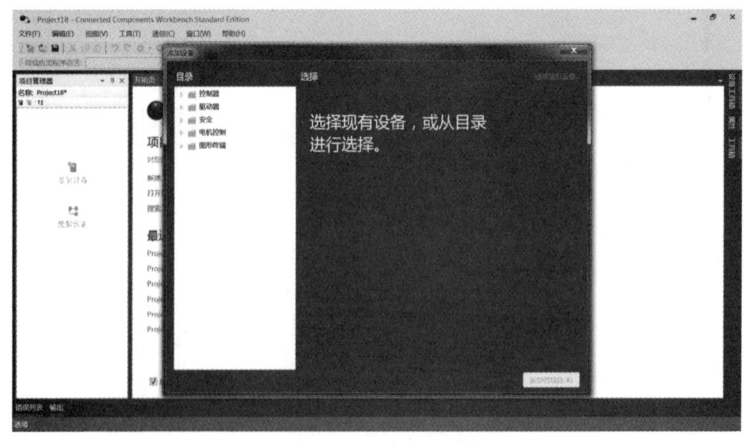

图 2-5　新增项目

如果需要打开一个已有的项目文件，可以用鼠标左键单击菜单“文件”→“打开”，在弹出的对话框中选择项目文件地址和文件名，就可以打开一个已有的项目。

项目管理器窗口一般浮于主界面窗口的左边，如果不慎关闭了该窗口，可以通过鼠标左键单击菜单“视图”→“项目管理器”将其重新打开。

4. 硬件设备的添加

在项目管理器中新建一个空白项目文件后，第一步需要为项目添加控制器等硬件设备。添加硬件设备的方法有三种：

（1）新建项目文件时，会同步弹出“添加设备”对话框（见图 2-6）。对话框左边窗口以树形结构列举了常用的 PLC 控制系统设备。找到并选中所需设备，该设备图标及基本参数会在右边窗口显示。用鼠标左键单击“选择”按钮，相应设备将以列表形式出现在右边窗口（见图 2-7）。重复进行上述步骤，可以添加所有设备。

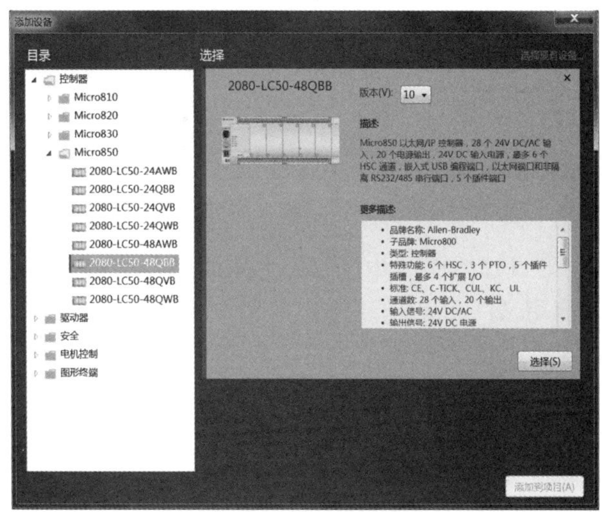

图 2-6 选择设备窗口

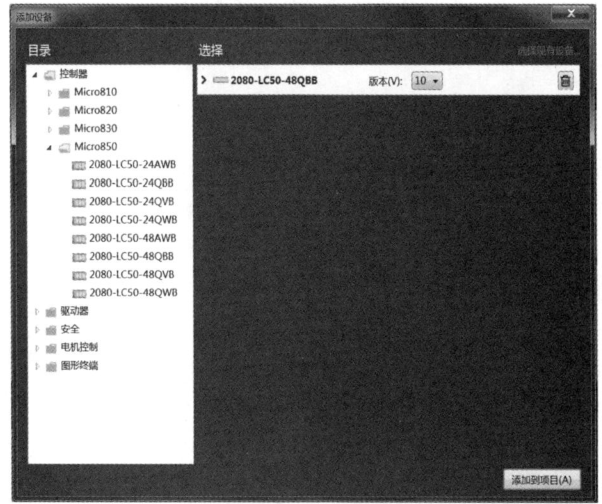

图 2-7 添加设备窗口

当所有设备选择完毕后，用鼠标左键单击对话框中的“添加到项目”按钮，可以把相关设备添加到项目管理器中，从而完成对控制系统硬件的添加。此时，在项目管理器窗口将出现所选控制设备图标（见图 2-8）。

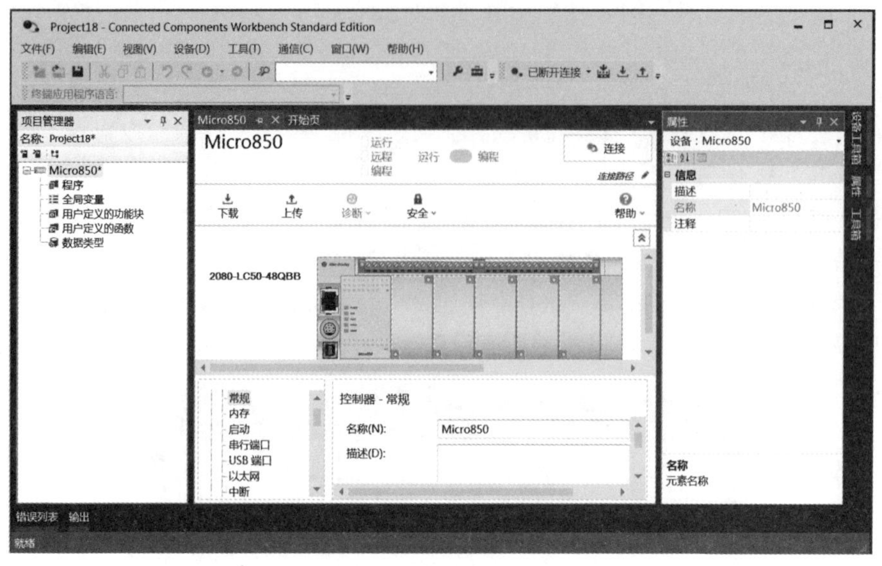

图 2-8　完成控制器添加后的项目

项目管理器窗口以树形目录结构列出了该项目组成结构。PLC 控制器下的二级目录包括“程序”“全局变量”“用户定义的功能块”“用户定义的函数”“数据类型”5 个子目录。其中：

- “程序”：用于编辑和管理用户程序；
- “全局变量”：用于管理系统全局变量；
- “数据类型”：用于管理程序所涉及的变量类型；
- “用户定义的功能块”和“用户定义的函数”：用于编辑和管理用户自定义的功能模块和函数模块。

如果有新添加的硬件设备，也会在项目管理器窗口中显示出来。

另外，如果在项目管理器中选中相关设备，在工作窗口中部将出现该设备的图形和基本信息（见图 2-8），通过这个窗口，可以进行扩展模块等的添加、设备参数的选择与设置、应用程序的上传下载及连接调试等操作。

（2）新建空白项目文件后，在空白的“项目管理器”窗口中，鼠标左键双击“添加设备”标签，也可以打开如图 2-7 所示的添加设备对话框，进行设备添加操作。

（3）鼠标左键单击主界面右侧的“设备工具箱”标签，或者点击菜单“视图→设备工具箱”，在工作窗口的右侧将会出现如图 2-9 所示的设备工具箱窗口。该窗口与图 2-7 类似，以树形目录列举了常用设备。找到所需的设备，选中设备图标并拖拽到项目管理器窗口，也能完成相应硬件设备添加。

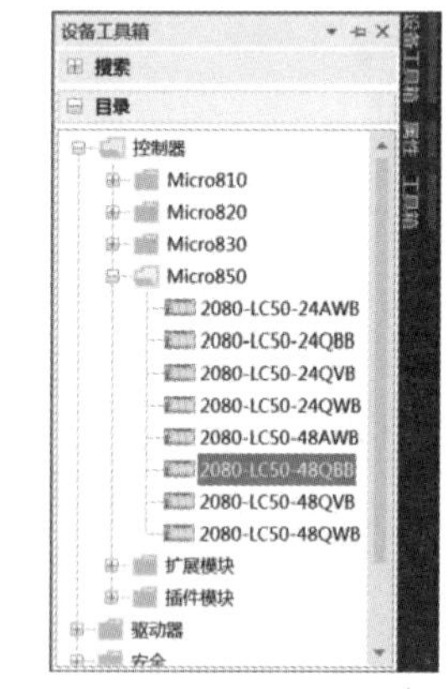

图 2-9　设备工具箱

2.2 编程语言

Micro850 PLC 支持三种编程方式：梯形图语言（Ladder Diagram，LD）、结构化文本（Structured Text，ST）和功能块语言（Function Block Diagram，FBD）编程。这三种程序文件可以通过 CCW 的项目管理器中控制器的二级目录“程序”生成。

在项目管理器窗口中，用鼠标右键单击控制器图标下面的二级目录“程序”图标，会弹出操作菜单。在菜单中用鼠标左键单击“添加”（Add），会显示三个选项：“新建 ST：结构化文本”“新建 LD：梯形图”“新建 FBD：功能块图”，分别用来创建 ST 程序、LD 程序和 FBD 程序，如图 2-10 所示。

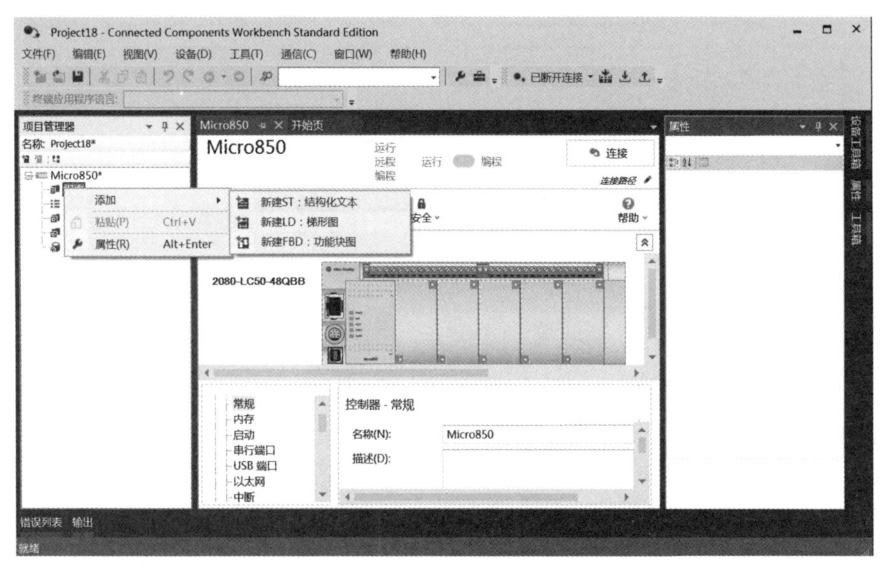

图 2-10 选择编程语言

用鼠标左键单击所需选项，就能在“程序”目录下新增第三级目录：相应类型的程序文件子目录，以及与该程序文件相关联的局部变量子目录（见图 2-11）。

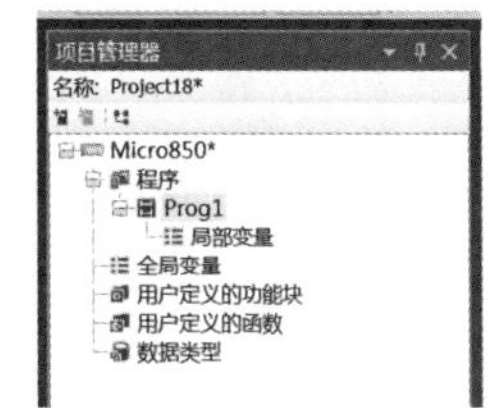

图 2-11 项目管理器

用鼠标左键单击程序子目录名称标签，或者选中该程序标签，在工作窗口右端的属性窗口中，找到名称输入框，输入程序名称，可以修改程序名称。用鼠标左键双击该程序标签，可以在工作窗口中部打开程序编辑窗口，用来编辑程序代码。双击“局部变量”标签，可以在工作窗口的中部打开上述程序所使用的局部变量列表，通过该表格，可以为程序添加、修改和删除局部变量。

2.2.1 梯形图语言

梯形图语言（Ladder Diagram，LD）是 IEC61131-3 标准支持的 5 种 PLC 控制器编程语言之一。LD 语言从继电器控制电路演变而来，其程序直观形象，编程操作简单，对于熟悉继电器控制电路的人来说非常容易接受，因而成为 PLC 控制领域广泛应用的编程语言。

梯级（RUNG）是 LD 程序的基本单元。一个梯级描述一条控制回路，完成一个或一组输出变量值的计算。每个梯级都介于左右母线之间，通常由输入和输出两个部分组成。输入部分自左母线开始，向右与输出元素连接。输入部分的运算结果代表本梯级输出元素的驱动条件，通常由触点的各种逻辑组合，或者各种计算模块构成。输出部分用于存储本梯级在当前输入条件下输出变量的结果。一般输出部分的左边与输入部分的右侧相连，右边连接右母线，由线圈或线圈的组合形式构成。需要注意的是，输出线圈只允许并联，不允许串联。

一个完整的梯形图程序通常由许多梯级堆叠而成，所有梯级均并联连接在左右母线之间，如图 2-12 所示。LD 程序在运行的时候遵循从上到下、从左到右，逐个梯级扫描的执行顺序。

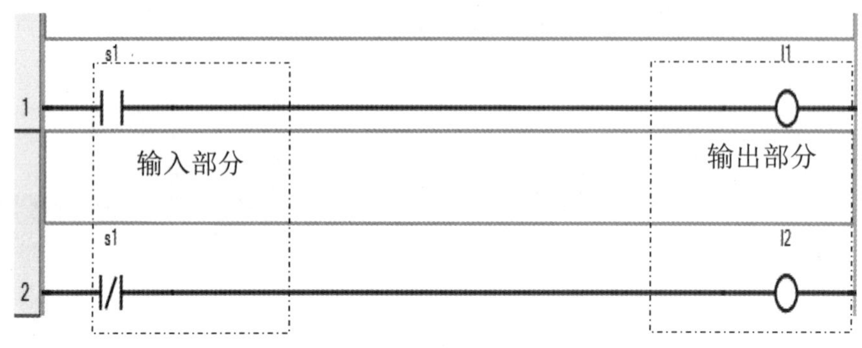

图 2-12　梯形图结构

1. CCW 软件的 LD 程序开发环境

在项目管理器窗口，用鼠标左键双击新建的 LD 程序图标，可以打开 LD 程序开发窗口。双击窗口左侧“项目管理器”目录中新建的 LD 程序“Prog1”图标，主界面中部将显示该程序的编辑窗口，用于编辑程序文件。主界面右边显示梯形图程序的基本属性。通过该窗口可以对 LD 程序的格式进行设置（见图 2-13）。

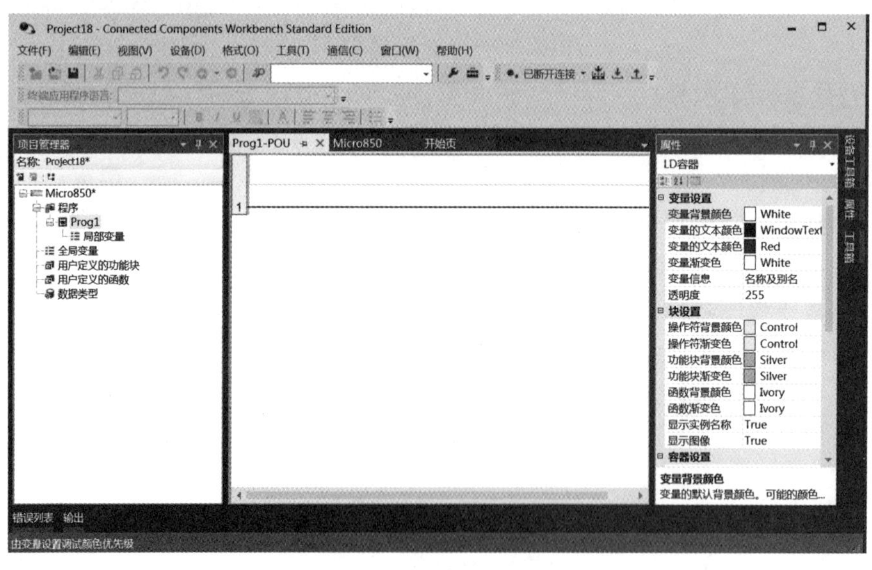

图 2-13　LD 程序开发主界面

编写 LD 程序文件所用的基本元素可以从“工具箱”（Toolbox）中选取。“工具箱”选择标签停靠在主界面右端。点击选择标签，则在主界面右端窗口显示工具箱选择窗口（见图

2-14）。如果编程界面中没有看见“工具箱”，也可以通过点击菜单“视图→工具箱”将其打开。

图 2-14　工具箱

“工具箱”窗口里面列出了所有的 LD 编程元件（梯形图元素）的图标，用鼠标左键选中需要的元件图标，拖至编程窗口相应位置，就可以实现编程元件图形的添加。

2. 梯形图编程元素

梯形图编程元素是用于编写 LD 程序的基本构件，如触点、线圈等。CCW 软件的 LD 编程中所用到的元素类型如表 2-1 所示。

表 2-1　LD 编程元素

元素类型	描述
梯级（Rung）	表示导致线圈被激活的一组回路元素
分支（Branch）	两个或多个并行指令
触点（Contact）	表示输入或内部变量的值或函数
线圈（Coil）	表示输出或内部变量的赋值。在 LD 程序中，线圈表示操作
块（Block）	指令包括运算符、函数和功能块
跳转（Jump）	表示控制梯形图执行的 LD 程序中的条件逻辑和无条件逻辑
返回（Return）	表示功能块图输出的条件结束

1）梯级元素

梯级表示导致线圈被激活的一组回路。梯级元素（Rung）是用于承载本梯级其他编程元素的载体。每个梯级的编程从梯级元素开始。用鼠标左键单击梯级元素的图标，选中并拖拽至编程窗口，即可出现一个新的梯级。

在梯级元素的上方可以输入注释。用鼠标左键双击梯级元素上方的矩形区域，输入本梯级的注释信息，输入完毕后单击编程窗口的任意位置即可保存输入的注释。注释不限文本格式，最终会以 RTF 格式保存在控制器中，仅用于存档，不参与控制。

梯级可以标注标签作为梯级的标识，与跳转元素相结合控制梯形图程序的执行流向。标签输入区域在梯级元素的左边。用鼠标左键单击每个梯级的左端，在提示区域输入标签的符号。标签的字符数不受限制，以字母或下划线字符开头，后跟字母、数字和下划线字符。标签中不能有空格或特殊字符（如“+”“-”等）。

2）分支元素

梯级中如果存在元件的并联，需要用分支元素（Branch）预先创建一个并联分支。在工具箱里，找到分支元素图标，选中并拖拽到编辑窗口指定位置，可以在指定位置放置一个并联分支。

3）触点元素

触点（Contact）也叫开关，主要用来模拟开关元件的通断情况，是 BOOL 类型数据。触点变量是常见的输入变量，触点以及不同触点的逻辑组合方式构成输出变量的操作方式。触点有常开、常闭等许多种类，表 2-2 中列出了 CCW 软件中的所有触点元素类型。

表 2-2 触点的类型及功用

触点类型	图形符号	说明
直接接触	┤├ 左侧连接 右侧连接	触点状态值与左侧做与运算或与上方做或运算
反向接触	┤/├ 左侧连接 右侧连接	触点状态的反变量值与左侧做与运算或与上方做或运算
脉冲上升沿接触	┤P├ 左侧连接 右侧连接	触点状态的上升沿与左侧做与运算或与上方做或运算
脉冲下降沿接触	┤N├ 左侧连接 右侧连接	触点状态的下降沿与左侧做与运算或与上方做或运算

直接接触（Direct Contact）指的是常开触点，又称常开开关。值为 1 时表示触点闭合，线路接通；值为 0 时表示触点断开，线路开断。

反向接触（Reverse Contact）指的是常闭触点，又称常闭开关。反向接触的取值与直接接触刚好相反，值为 0 时表示触点闭合，线路接通；值为 1 时表示触点断开，线路开断。

脉冲接触属于边沿触点。当触点由开到闭或由闭到开，其值由 0 变 1 或由 1 变 0 存在信号跳变时，短暂接通线路。脉冲接触根据脉冲边沿性质分成脉冲上升沿接触（Pulse Rising Edge Contact）和脉冲下降沿接触（Pulse Falling Edge Contact）两种。脉冲上升沿接触仅当触点取值由 0 变 1 时接通线路。脉冲下降沿接触则在触点取值由 1 变 0 时接通线路。

添加触点元素时，先根据触点性质，从“工具箱”中选中合适的触点元件图标，拖拽到编程窗口的相应梯级元素上的对应位置即可。触点元素对应的变量可以是全局变量，也可以是局部变量，可以从对应的“变量选择器”中选取。

在编程窗口中选中一个触点元素，按空格键可以切换触点类型。不断按下空格键，元素图标可以依次在直接接触、反向接触、脉冲上升沿接触、脉冲下降沿接触 4 种类型中切换。

4）线圈元素

线圈（Coil）通常被用来描述被控设备是否被通电驱动。线圈变量是常见的输出变量，有通电和不通电两种情况，因此是 BOOL 类型数据。在 LD 程序里，线圈表示一个存储变量，根据其取值与输入条件的关系可分为多种类型。表 2-3 中列出了 CCW 中的所有线圈元素类型。

表 2-3 线圈的类型及功用

线圈类型	图形符号	说明
直接线圈	─○─ 左侧连接 左侧连接	线圈变量的值与线圈左侧值相等

续表

线圈类型	图形符号	说明
反向线圈	-⊘- 左侧连接 左侧连接	线圈变量的值与线圈左侧的反变量值相等
脉冲上升沿的线圈	-Ⓟ- 左侧连接 左侧连接	仅当线圈左侧值出现上升沿时，线圈变量值为真
脉冲下降沿的线圈	-Ⓝ- 左侧连接 左侧连接	仅当线圈左侧值出现下升沿时，线圈变量值为真
设置线圈	-Ⓢ- 左侧连接 左侧连接	线圈左侧值为真时，线圈变量置位，并维持到接收到复位指令为止
重设线圈	-Ⓡ- 左侧连接 左侧连接	线圈左侧值为真时，线圈变量复位

直接线圈（Direct Coil）的值等于其左侧的输入结果。当输入部分计算结果为 1 时，线圈值为 1，反之为 0。

反向线圈（Reverse Coil）的值与其左侧输入的结果相反。当输入部分计算结果为 1 时，线圈值为 0，反之为 1。

脉冲线圈的值与其左侧输入结果的变化情况有关。当输入部分计算结果从 0 变为 1 时，脉冲上升沿线圈（Pulse Rising Edge Coil）输出一个扫描周期的脉冲；当输入部分计算结果从 1 变为 0 时，脉冲下降沿线圈（Pulse Falling Edge Coil）输出一个扫描周期的脉冲。

设置线圈（Set Coil）用于给输出变量置位。当线圈左边的输入部分计算结果为 1 时，给线圈变量的值置位为 1 并维持，直到接收到复位指令为止。

重设线圈（Reset Coil）用于给输出变量复位。当线圈左边的输入部分计算结果为 1 时，给线圈变量的值清 0。

添加线圈元素时，先从“工具箱”中选中合适的类型，拖拽到编程窗口的指定位置即可。线圈元素对应的变量名称从“变量选择器”中选取。

在编程窗口里选中一个线圈元素，按空格键其图标可以在上述 6 种线圈类型之间循环切换。

5）块元素

系统预定义的功能块、函数块、运算符，以及用户根据需要自定义的功能块，是功能块语言的基本构件。如果将这些功能块、函数块和运算符块接入梯级参与梯形图运算就被称为块元素（Block）。在梯级里，块元素的第一个输出参数值既可以充当本梯级的输出结果，也可以作为中间变量继续驱动其右侧的输出元素。

要将块元素添加到梯级，先从工具箱中选中块元素，拖拽到编程窗口指定位置。然后用鼠标左键双击块元素图标，或右键单击块元素图标，在弹出的菜单中选择“显示指令块选择器”（见图 2-15），弹出指令块选择器（见图 2-16）。然后在模块选择器的搜索文本框里输入模块类型符号，搜索到所需的模块后，用鼠标左键双击所选模块就完成了一个块元素的添加。模块输入/输出参数可以通过用左键双击相应参数标签，在已有的变量中选择，也可以用右键单击参数标签，在弹出的菜单中选择“变量选择器”，打开变量选择器进行选择、编辑。

LD 程序的梯级上进行的都是布尔运算，因此参与运算的变量都应该是 BOOL 型变量。将块元素作为 LD 程序的编程元素时，一般将该模块的第一个输入参数接口和第一个输出参数接口串接进梯级。如果该功能块第一个输入参数或输出参数类型不是 BOOL 类型，则需要启用 EN/ENO 充当第一个输入/输出参数。具体做法是：打开模块选择器（见图 2-16）选中要添加的模块时同时勾选表格下方的 EN/ENO 复选框，点击确定，就可以为该模块添加 EN 和 ENO 端口。

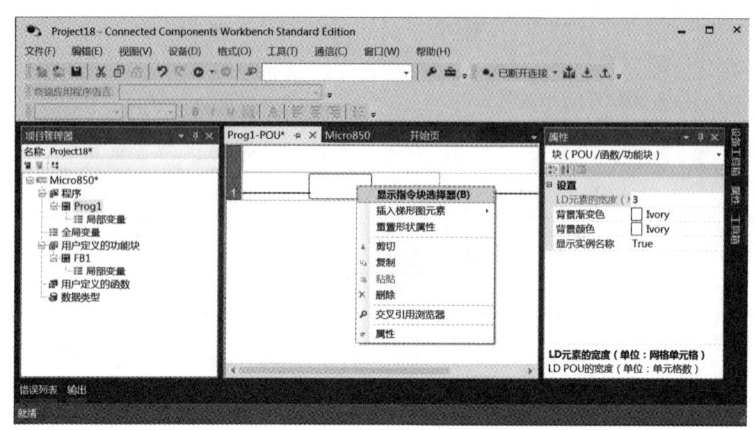

图 2-15　显示指令块选择器

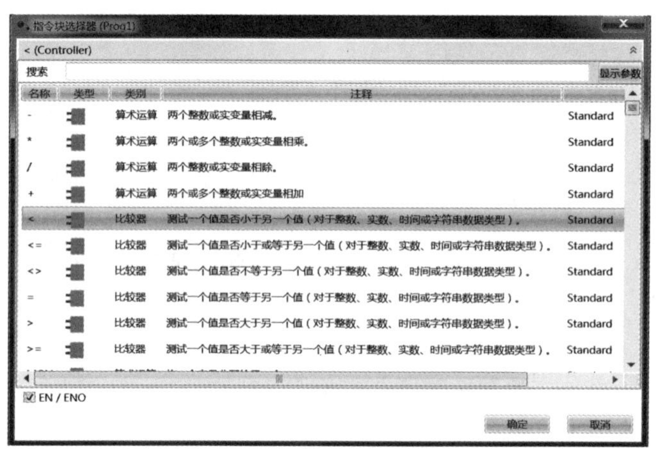

图 2-16　指令块选择器

图 2-17 所示为添加了 EN/ENO 端后的 ABS 函数模块。其中，EN 是模块使能参数，当连接的输入信号为 TURE 时，将执行该函数指令，否则不执行函数计算。ENO 是模块的输出使能参数，其输出值始终与该功能块的第一个输入变量值相等。

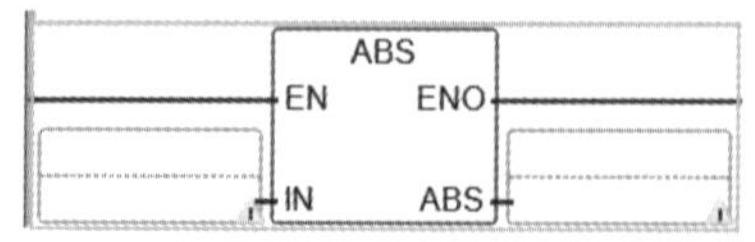

图 2-17　添加 EN/ENO 后的 ABS 模块

6）跳转元素

跳转元素（Jump）用于作为控制 LD 程序执行流向的条件或无条件元素。后接梯级标签，表示满足跳转条件时程序指针跳转到标签所示的梯级继续执行。

7）返回元素

返回元素（Return）用来标识梯形图的条件性结束。当满足条件时，结束程序扫描，不再执行返回指令之后的所有指令。

2.2.2 功能块语言

功能块语言（Function Block Diagram，FBD）是 IEC61131-3 标准支持的 5 种 PLC 控制器编程语言之一。FBD 语言通过功能块间信号的输入输出连接关系描述数据的处理方法和处理流程。

FBD 语言的基本构件是功能块。每个功能块通常用一个矩形块表示，描述一种特定的数据处理功能。每个功能块都有固定的输入连接点和输出连接点，输入和输出都有固定的数据类型规定。一般输入点在功能块的左边，输出点在右侧。一个功能块的典型结构如图 2-18 所示。

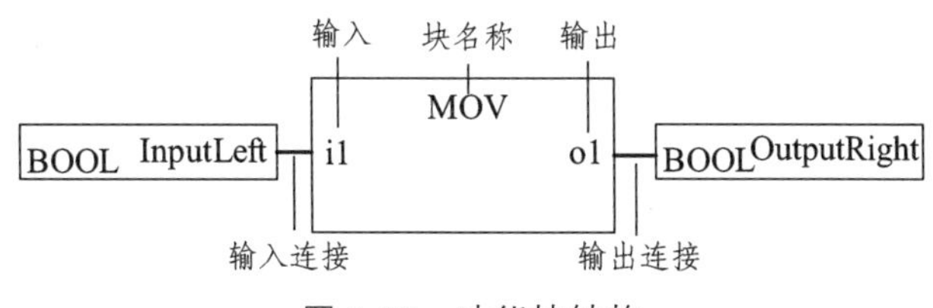

图 2-18　功能块结构

通过输入/输出连接在一起的一组功能块被称为一个网络，一个用户程序通常由多个网络组成。功能块在编程时摆放比较随意，在执行时，一般按照从左至右、从上至下的顺序依次执行。在执行功能块前，必须解析所有输入。同时解析两个或多个功能块的输入时，根据功能块的位置按照从左至右、从上至下的顺序执行，功能块的位置依据其左上角位置确定。

1. CCW 软件的 FBD 程序开发环境

在项目管理器中，双击已经生成的 FBD 程序标签，可以打开 FBD 程序编辑界面，该界面位于主界面的中部（见图 2-19）。

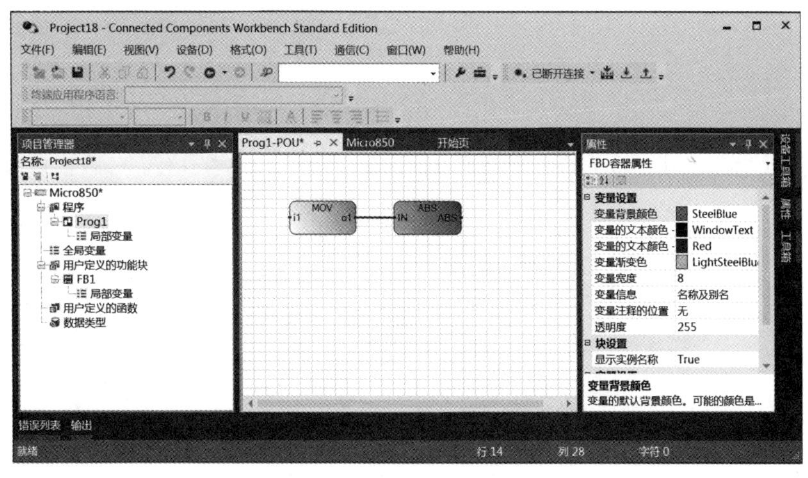

图 2-19　FBD 程序编辑界面图

与 LD 编程一样，FBD 编程所需要的基本编程元素也可以通过工具箱获取。用鼠标左键单击主界面右端的工具箱标签，将显示 FBD 编程元素工具箱窗口（见图 2-20），用鼠标左键双击或拖拽相关元素，可以将编程元素添加到编程窗口。

图 2-20　FBD 工具箱

在 FBD 编程中，除了大量指令块元素以外，LD 程序中用到的梯级、线圈、触点等元素都可以作为一个功能块接入 FBD 程序中，只不过放置比较随意，没有严格规定。

2. 用户自定义功能块

除了系统预定义的功能块以外，用户可以根据自己的需要自定义功能块。在定义功能块时，可以使用 LD 语言中的元素，如线圈、连接开关按钮、跳转、标签和返回等，也可以使用 FBD 语言或 ST 语言。

用鼠标右键单击“用户定义的功能块”标签，在弹出的菜单中选择“添加→新建 LD：梯形图”（见图 2-21），可以新增用 LD 语言编写的功能块。

鼠标右键单击新建的功能块程序标签，在弹出的菜单中选择“参数”，将会弹出功能块参数设置对话框（见图 2-22）。在该对话框中，用鼠标左键单击“新建输入”“新建输出”可以为功能块新增输入、输出变量。通过对话框底部的文本输入框，可以对新增变量的名称和数据类型、维度等属性进行修改。

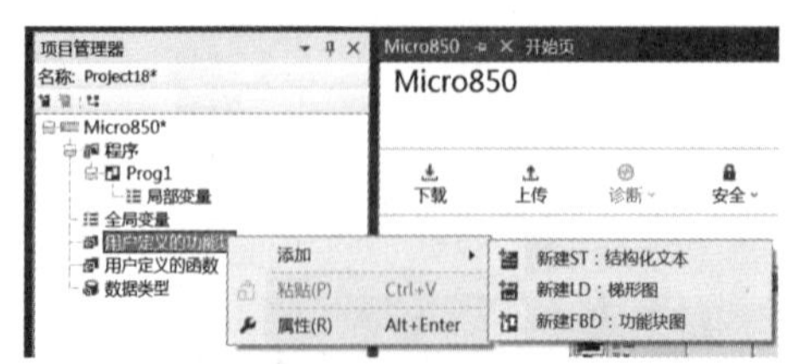

图 2-21　添加用户自定义功能块

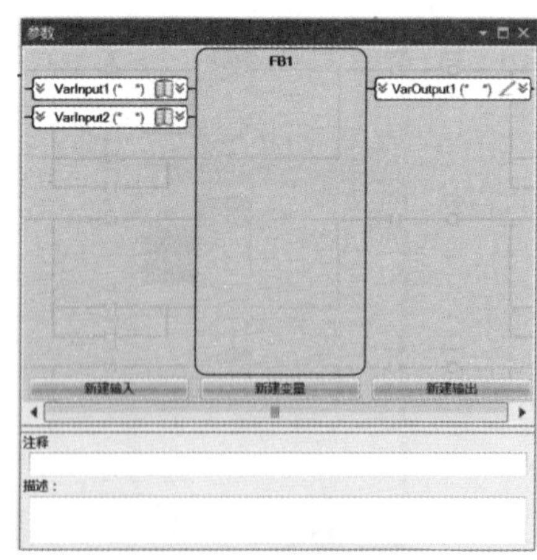

图 2-22　自定义功能块的参数编辑界面

用鼠标左键双击新建的功能块程序标签，可以打开功能块程序编辑窗口，其操作方式与

LD、FBD、ST 编程方式一致。新生成的功能块将加入指令块选择器，供其他程序编程调用。自定义功能块时允许功能块嵌套使用，但是嵌套层数不得超过 5 层，否则会导致编译错误。

2.2.3 结构化文本语言

结构化文本（Structured Text，ST）是 IEC61131-3 标准支持的五种 PLC 控制器编程语言之一。ST 语言类似 BASLC 语言，由于其通俗易懂，程序编写简单方便，适合用于实现一些复杂的计算。

1. ST 语言的语法规则

ST 语言的主要语法规则如下：

（1）一行可以有一条或多条语句，但是每条语句必须以分号结束。

（2）如果以“//”开始，则表示该行直至行尾都是注释。

（3）注释也可以用“(*”和“*)”符号括起来，表示被括部分是注释，该注释符号允许嵌套使用。

2. ST 语言的语句类型

ST 语句有 4 种类型。

1）赋值语句

赋值语句的语法为

变量 := 表达式;

例如：

```
Variable1:= SIN(Variable2);
```

表达式是 ST 语言最基本单元，用来计算输出的值。表达式由操作符与操作数组成。

操作符是执行表达式运算的重要工具。一个表达式可以包含 1 个或多个操作符。当表达式存在多个操作符时，其计算的先后顺序根据操作符的优先级来确定，最高优先级的操作符先执行，然后依次执行下一个优先级的操作符，直到表达式中所有操作符被处理完。如果存在两个相同优先级的操作符并列，则按从左到右的顺序依次执行。ST 语言常见的操作符及其优先级如表 2-4 所示。

表 2-4 常见操作符及其优先级

优先级	符号	结合性	作用	优先级	符号	结合性	作用
1	( )		括号	4	SIZEOF	右	对象大小
2	[,,]	左	数组调用	4	ADR	右	取地址
2	(,,)	左	POU 调用	5	**	左	幂函数
2	.	左	成员选择	6	*	左	乘
3	^	右	解指针	6	/	左	除
4	+	右	正	6	MOD	左	求余
4	-	右	负	7	+	左	加
4	NOT	右	求补	7	-	左	减

续表

优先级	符号	结合性	作用	优先级	符号	结合性	作用
8	<	左	小于	10	AND	左	与
8	>	左	大于	11	XOR	左	异或
8	<=	左	小于等于	12	OR	左	或
8	>=	左	大于等于	13	:=	右	赋值
9	=	左	等于	13	=>	左	输出赋值
9	<>	左	不等于				

操作数可以是常量、变量和函数，也可以是另一个表达式。操作数要注意类型匹配。如果不匹配，则需要通过数据类型转换，转换成匹配类型，否则会报错。

2）函数/功能块调用

ST 语言可以在任何表达式中调用函数。其语法为

变量名 := 函数名（输入变量 1，…）;

变量名 := 函数名（输入参数 1:=输入变量 1，…）;

例如：

Variable3 := EXPT（Variable1,Variable2）;

Variable3 := EXPT（In:=Variable1,Pwr:=Variable2）;

上式中，Variable1、Variable2 是输入变量，In 和 Pwr 是函数输入参数，函数根据输入变量计算输出结果后，赋值给 Variable3。两种表达式的计算结果是相同的。第二个式子与第一个式子不同之处在于其输入参数的位置可以互换，不影响运算结果。

功能块是系统预定义或由用户自定义的能够完成特定功能的程序块。被实例化后的功能块实例可以被表达式调用。其语法为

功能块实例名（输入变量 1，…，功能块输出参数 1=>输出变量 1，…）;

功能块实例名（功能块输入参数 1:=输入变量 1，…，功能块输出参数 1=>输出变量 1，…）;

例如：

RS_1（TRUE，Variable1，Variable2，Q=>Variable3）;

RS_2（EN:=TRUE，SET:=Variable1，RESET:=Variable2，Q=>Variable3）;

上式中，RS_1 和 RS_2 都是功能块 RS 的实例，第一个式子直接将输入变量作为功能块的输入参数进行运算，第二个式子则是先将输入变量逐个赋值给功能块的输入参数，然后再计算，两种表达式运算结果也是一样的。

上述功能块调用也可以分开来，写成如下两步：

第 1 步，激活功能块：RS_1（TRUE，Variable1，Variable2）;

第 2 步，输出变量赋值：Variable3:=RS_1.Q。

3）条件语句

条件语句主要有两种：IF 语句和 CASE 语句。

IF 语句的语法规则是：

IF 条件表达式 1 THEN

语句组 1;

```
ELSEIF 条件表达式 2 THEN
      语句组 2;
ELSE
      语句组 3;
END_IF;
```

执行 IF 语句时，如果条件表达式 1=TRUE，则执行语句组 1；如果条件表达式 2=TRUE，则执行语句组 2；否则执行语句组 3。IF 语句中允许有多个 ELSEIF 分支，也允许没有 ELSEIF 或 ELSE 分支。

CASE 语句的语法规则是：

```
CASE 表达式 OF
数字 1：语句 1;
数字 2：语句 2;
          …
ELSE
          语句 3;
END_CASE;
```

执行 CASE 语句时，计算表达式的值，其值必须是一个整型数。当值为数字 1 时，执行语句 1；当值为数字 2 时，执行语句 2；以此类推，如果列举的数字都不是时，执行语句 3。也允许没有 ELSE 分支。

4）循环语句

循环语句主要有 4 种：FOR 语句、WHILE 语句、REPEAT 语句、EXIT 语句。

FOR 语句的语法规则是：

```
FOR 循环变量:=初值 TO 最大值 BY 增加值 DO
      语句组;
END_FOR;
```

FOR 语句先给循环变量赋初值，再与最大值比较，如果不大于最大值，则执行一遍语句组；然后以增加值为步长，逐次增加循环变量，每增加一次，与最大值比较一次，如果不大于最大值就执行一遍语句组，直至循环变量大过最大值。FOR 语句中，循环变量取值均应该是整型数。BY 分支及增加值可以缺省，此时默认增加值为 1。

WHILE 语句的语法规则是：

```
WHILE 条件表达式 DO
          语句组;
END_WHILE;
```

WHILE 语句执行时，先计算表达式的值，如果条件表达式为 TRUE 时，执行语句组；如此反复，直到条件表达式为 FALSE 时，停止循环。

REPEAT 语句的语法规则是：

```
REPEAT
          程序组;
UNTIL
```

条件表达式

END_REPEAT;

REPEAT 语句执行过程与 WHILE 类似，所不同的是，WHILE 语句先判断条件表达式，满足条件才运行语句组。而 REPEAT 首先执行一遍语句组，再判断条件，当条件表达式为 TRUE 时，中止循环，否则反复执行语句组。

3. CCW 软件的 ST 程序开发环境

用鼠标左键双击 ST 程序标签，可以打开 ST 程序编辑界面。点击界面右端的工具箱，可以显示 ST 语言常见的编程语句，选中并拖拽到编程空间，可以进行程序编辑（见图 2-23）。

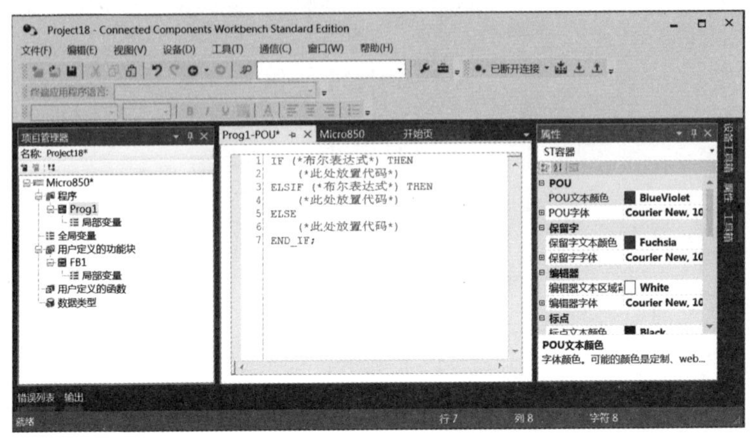

图 2-23　ST 程序编程界面

2.3　变量及内存分配

2.3.1　变量

Micro850 控制器的变量分为全局变量和局部变量。全局变量在整个项目的任何一个程序或功能块中都可以使用，而局部变量只能在它所定义的程序块中使用。

系统预定义了部分变量，有固定名称，用于执行特定功能。例如 I/O 变量默认为全局变量。实际引用过程中也可以为其定义别名，具有相同功能。

除系统预定义的变量之外，用户也可以根据编程需要自定义变量，包括全局变量和局部变量。需注意：变量名的首字符必须为字符，后续字符可以为字母、数字或者下划线，总共不能超过 128 个字符。

添加自定义变量的方法：在项目管理器窗口中，用鼠标左键双击“局部变量”图标，打开局部变量列表（见图 2-24）。然后在表中带“*”标志的一行中添加新的局部变量。同理，新增全局变量可以在项目管理器窗口中双击“全局变量”图标，打开全局变量列表后添加。

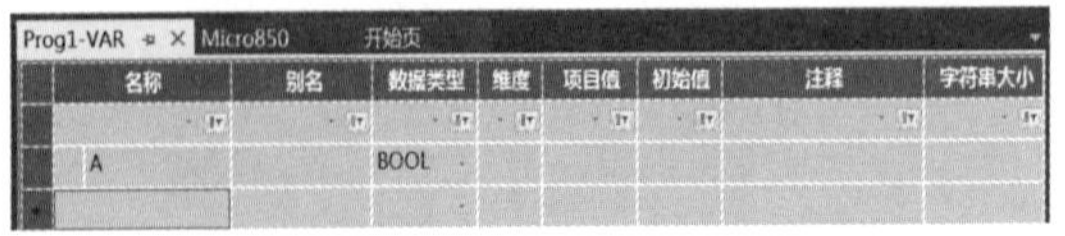

名称	别名	数据类型	维度	项目值	初始值	注释	字符串大小
A		BOOL					

图 2-24　局部变量列表

新增变量后，用户必须继续完善数据信息，例如为其选择合适的数据类型，确定数据维度等。点击变量列表新增变量的“数据类型”栏的下三角符号，可以为新增变量选择数据类型。

Micro850 控制器常用的变量类型如表 2-5 所示。

表 2-5 常用数据类型

数据类型	描述	数据类型	描述
BOOL	布尔量	LINT	长整型
SINT	单整型	ULINT、LWORD	无符号长整型
USINT、BYTE	无符号单整型	REAL	实型
INT、WORD	整型	LREAL	长实型
UINT	无符号整型	TIME	时间
DINT、DWORD	双整型	DATE	日期
UDINT	无符号双整型	STRING	字符串

用户也可以根据编程需要，自己定义新的数据类型以备选用。具体做法：在项目管理器窗口中，用鼠标左键双击“数据类型”图标，打开如图 2-25 所示的数据类型列表。该列表有“数组”和“已定义的字”两个选项标签，分别用来显示已定义的数组和字。可以在列表下方标注有“*”的行增加新的数据类型。数组变量需要对维度进行设定。假设建立 1×10 的一维数组，则可在“维度”一栏中写入“1..10”。其中，1 为一维数组索引的起点，10 为索引的终点。如果需要建立 10×10 的二维数组，则可在“维度”一栏里填入“1..10,1..10”。

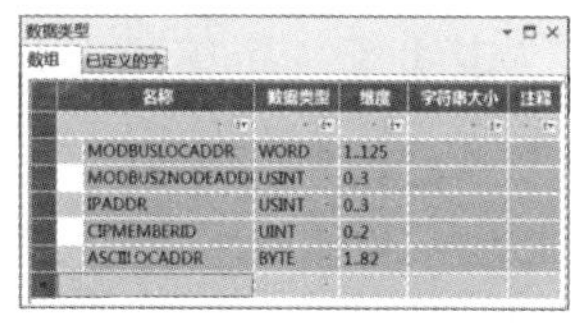

图 2-25 数据类型

在编程的时候，需要给元素选择变量名。此时需要用到“变量选择器”。在 LD 程序和 FBD 程序中，当选择需要赋予变量的元素，或用鼠标左键双击元素标签时，都能打开变量选择器（见图 2-26）。在 ST 程序中，可以通过单击右键弹出菜单，选择“显示变量选择器”打开。

所有预定义和自定义的变量都可以在“变量选择器”中查询得到。在变量选择器中，将这些变量划分成“用户全局变量”“局部变量”“系统变量”“I/O”和“已定义的字”5 种，分别选中相应的标签，能够以列表的形式显示相应种类的变量名称及属性。同时，用户可以在表格最后标有“*”的行中添加变量名，这个操作与通过双击项目管理器中的“局部变量”或“全局变量”所打开的变量编辑器添加变量的操作效果是等效的。

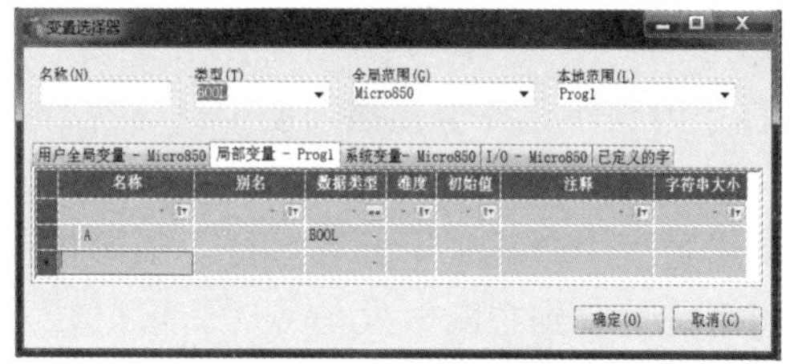

图 2-26 变量选择器

2.3.2 内存分配

Micro850 控制器的内存分成两个部分，分别用来存储数据文件和程序文件。具体分配情况如表 2-6 所示。

表 2-6 Micro850 控制器的内存分配

属性	10/16 点	24/28 点
程序字	4K	10K
数据字节	8Kb	20Kb

值得注意的是：创建 Micro850 项目时，系统会以程序内存或数据内存的形式在编译时动态分配内存，如果数据文件较小，则程序文件就可以占用较多的内存，反之亦然。所以表 2-6 中的内存分配数据仅作为参考。

数据文件用来存储用户定义的各种变量以及程序编译期间由编译器产生的常量和临时变量；程序文件用来存储程序和功能块。

用户可以为单个项目添加多个程序。添加程序的时候注意：

（1）一个项目最多可包含 256 个程序。

（2）程序名必须以字母或下划线开头，后接字母、数字或单个下划线，最多不超过 128 个字符。

（3）每个程序或程序组织单元（Program Organization Unit，POU）最大可占用的内部地址空间为 64 Kb。建议单个程序不要太长，以方便调试，同时增加可读性。

新程序添加到项目中后，CCW 为其分配一个编号，并按这个顺序显示程序图标和执行程序。编号也可以自行修改。编号修改后，要等到关闭程序后重新打开项目文件时才能生效。

除了系统预定义的函数和功能块指令之外，用户根据编程需要也可以自定义功能块（UDFB）。这些 UDFB 可以在程序中调用，相当于子程序。UDFB 可以嵌套使用，但是必须注意：由 UDFB 嵌套调用 UDFB 不能超过 5 层，否则系统会报错。

2.4 程序的执行方式

Micro850 控制器周期性执行用户程序。一个扫描周期需要完成读入输入、执行用户程序、更新输出、执行通信内务等 4 个方面的任务。一个扫描回路通常包含如图 2-27 所示的 8 个步骤。

与扫描周期关联的全局系统变量有：

- 周期计数器（SYSVA_CYCLECNT）；
- 当前循环时间（SYSVA_TCYCURRENT）；
- 上次启动后的最大循环时间（SYSVA_TCYMAXIMUM）。

Micro850 控制器支持程序内跳转。一个扫描周期中，在执行主程序的过程中，如果出现优先级更高的控制器活动，则正常的程序执行过程将被中断。例如：如果将程序代码封装成用户定义的功能块，则在调用过程中会转入子例程运行。如果将程序块分配给一个可用的中断作为中断服务子程序，当系统接收到中断触发信号时，可以转入中断调用。如果将程序分配给用户的故障例程，则在控制器进入故障模式之前可以调用一次故障处理子程序。能中断正常程序执行过程的控制器活动包括：

- 用户中断事件，即 STI、EII 和 HSC 中断；
- 接收和传送通信数据包；
- 运动引擎的周期执行。

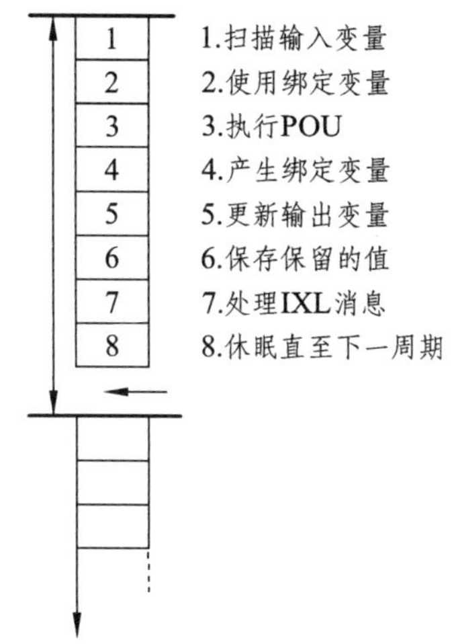

图 2-27　扫描周期工作步骤

在实际应用中，确定扫描周期的时候要考虑上述活动的影响。如果这些活动占用的控制器执行时间较多，则会造成扫描周期时间延长。如果扫描时间过长，有可能触发看门狗超时故障。所以，如果预料到系统运行过程中有可能存在负荷过重的活动，就应该在计算看门狗超时设置时设置合理的缓冲。而对于那些需要精确的控制周期来完成控制功能的控制，如 PID 控制采样，则尽量避免采用依赖扫描周期的执行方式，建议采用定时器中断（STI）方式执行，以保证相对稳定的执行周期。

2.5　CCW 编程应用示例

下面通过一个简单实例来介绍使用 CCW 编程开发 PLC 控制项目的整个流程。

【例 2-1】以 Micro850 作为控制器，编写 LD 语言程序实现如下功能：有两盏灯 L1 和 L2，在第一盏灯亮 2 s 以后，熄灭第 1 盏灯，点亮第 2 盏灯。

具体步骤如下。

1. 连接设备（见图 2-28）

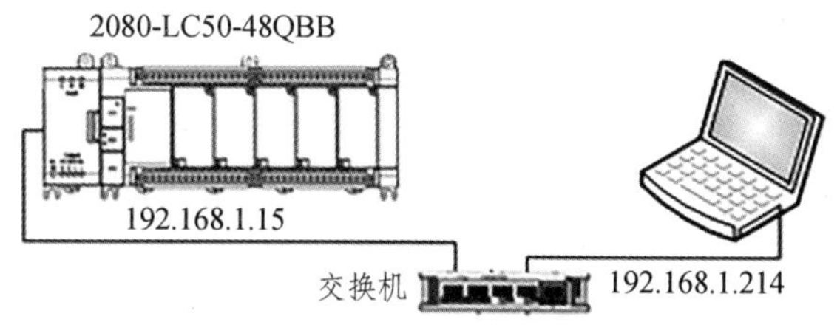

图 2-28　设备连接

2. 设置 IP 地址

为了方便将编写的程序下载到 PLC，需要给 PLC 设置 IP 地址。BOOTP-DHCP TOOL、RSLinx Classic 等软件都可以用于 IP 地址设置。这里选用 BOOTP-DHCP TOOL。首先，用鼠标左键单击左下角的开始按钮，找到 BOOTP-DHCP TOOL 菜单，单击打开软件，单击“Add Relation”，打开输入窗口，输入 PLC 控制器的 MAC 码，设定好 IP 地址后，点击“ok”后，该控制器出现在图 2-29 所示对话框下部，表明完成了 PLC 的 IP 地址设定。

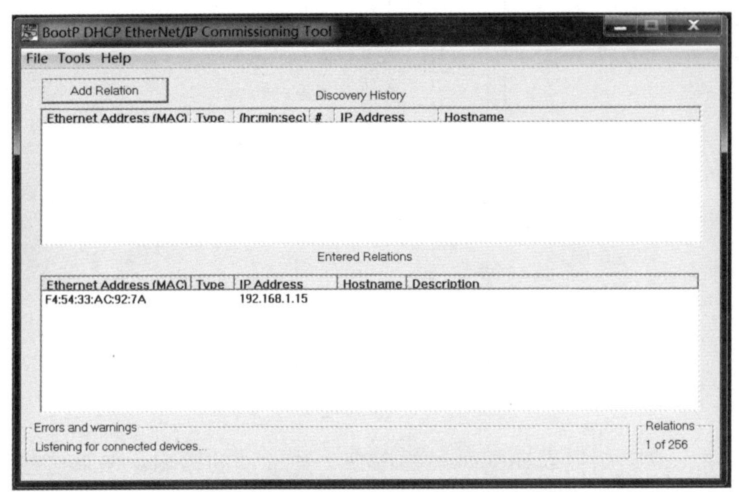

图 2-29 设置 IP 地址

然后，用鼠标左键双击“RSLinx Classic Launch Control Panel”图标，打开操作界面，单击“Start”按钮，建立网络连接（见图 2-30）。

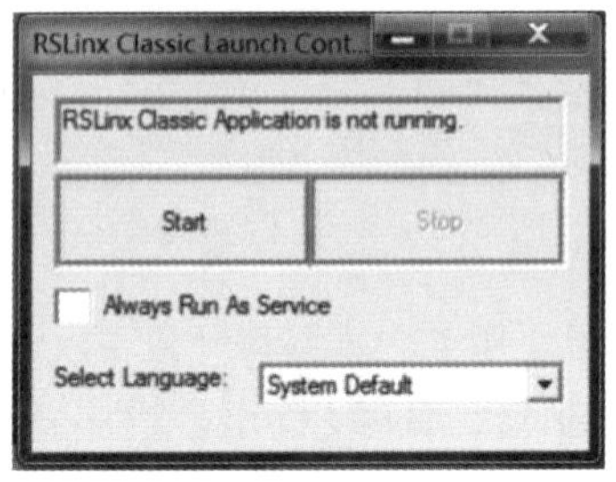

图 2-30 启动网络连接

3. 创建应用项目

用鼠标左键双击 CCW 图标，打开编程软件。单击“新建”菜单，将出现“新建项目”对话框。在对话框的“名称”输入框内输入“Project21”，地址栏输入“C:\Users\Rockwell\Documents\CCW”，单击“创建”按钮，将弹出“添加设备”对话框。在对话框里的树形目录中依次点开“控制器→Micro850”，选中相应 PLC 控制器型号 2080-LC50-48QBB，单击“选择”按钮，选择所需的 PLC 控制器设备。最后单击“添加设备”对话框右下方的“添加到项目”按钮，便完成了新的应用项目的创建。在本项目中只涉及一台 Micro850 PLC，因此只需添加一台 2080-LC50-48QBB 控制器即可。新建项目如图 2-31 所示。

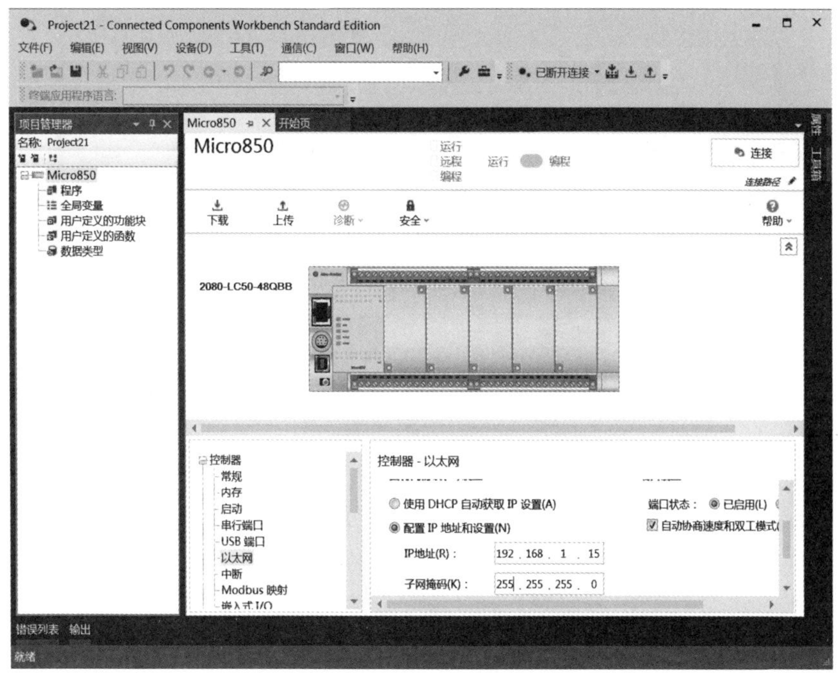

图 2-31　新建应用项目

4. 进行软件编程

1）创建控制程序

控制程序的编程语言可以选 LD 语言、ST 语言、FBD 语言。这里选择 LD 语言。用鼠标右键单击“程序”图标，在弹出的菜单栏里依次选择“添加→新建 LD：梯形图”，在项目管理器的“程序”目录下，出现二级目录“Prog1”和“局部变量”（见图 2-32）。

图 2-32　新建 LD 程序

2）创建编程所需要的变量

主要变量有启动按钮 SW、第一盏灯 L1、第二盏灯 L2 和计时器 T。上述变量可用全局变量，也可用局部变量，在此采用局部变量。双击“局部变量”图标，打开局部变量列表，在“*”号所示的行添加所需变量，并选择相应数据类型为 BOOL 型（见图 2-33）。

3）绘制梯形图程序

双击“Prog1”图标，打开 LD 程序编程界面。点击主界面右侧的“工具箱”标签，编程元素选择框。

首先，绘制第一梯级。

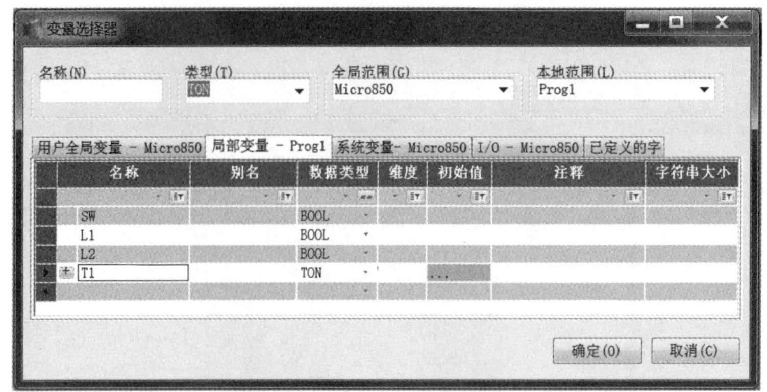

图 2-33　新增编程变量

点击“直接接触”元素并拖曳到编程窗口第一梯级的左端，在弹出的“变量选择器”对话框中选中 SW，点击“确定”按钮，完成启动按钮的添加。

在“工具箱”里选择“设置线圈”元素，并拖曳到第一梯级的右端，设定变量 L1，完成第一盏灯的控制。到此完成第一梯级程序的编写（见图 2-34）。

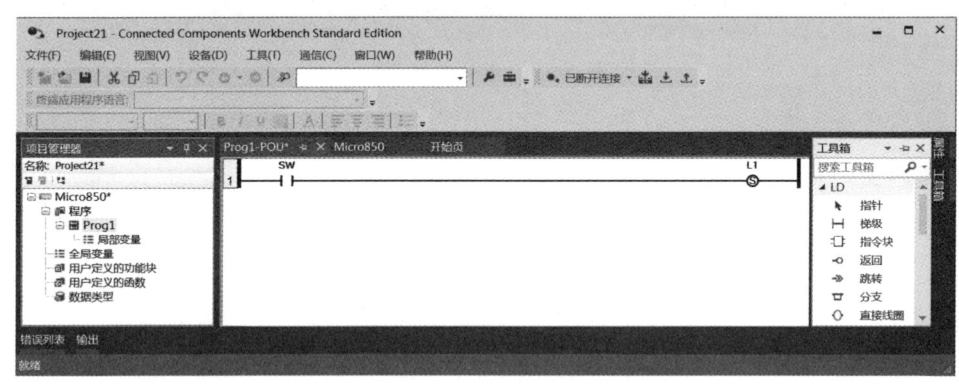

图 2-34　绘制第一梯级

然后，绘制第二个梯级。

从“工具箱”中选择“梯级”元素，双击该元素，在编程界面第一梯级的下面添加第二梯级。

选择“直接接触”元素并拖曳到第二梯级的最左端，设定变量 L1。

由于计时器的创建需要用到块指令。在“工具箱”中，选择“指令块”元素拖曳到第二梯级 L1 元素之后，会自动弹出“指令块选择器”。选择通电延时模块 TON，修改计时器实例名称为 T1，点击“指令块选择器”右下端的“确定”按钮，完成计时器的添加。计时器需要设定延时参数。双击计时器的 PT 输入参数标签，输入 T#2s，设定延时参数。

选择“设置线圈”并拖曳到定时器的右端，设定变量 L2。

由于熄灭第一盏灯同时，需要点亮第二盏灯，因此第二梯级输出部分需要一个并行分支。从“工具箱”中拖曳分支元素到计时器后面的梯级上，将在 L2 下面出现一个并联分支结构。从“工具箱”拖曳“重设线圈”元素至此，设定变量 L1，完成第二梯级编程。

此时所有功能已经实现，总的梯形图程序如图 2-35 所示。

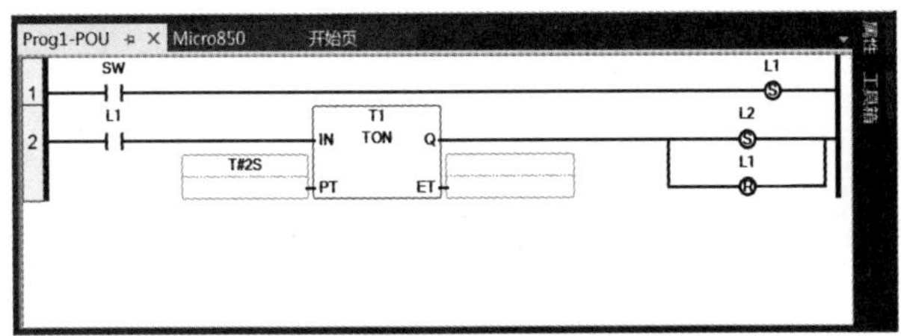

图 2-35

5. 程序编译与下载

双击“项目管理器”中的“Micro850”标签，打开控制器参数设置界面，点击“控制器→以太网”，选择“配置 IP 地址和设置”复选框，在 IP 地址栏中输入 PLC 控制器的 IP 地址：192.168.1.15。

右键单击“Micro850”图标，在弹出的菜单中选择“生成”，对程序进行编译。程序编译无误会提示编译完成（见图 2-36）。

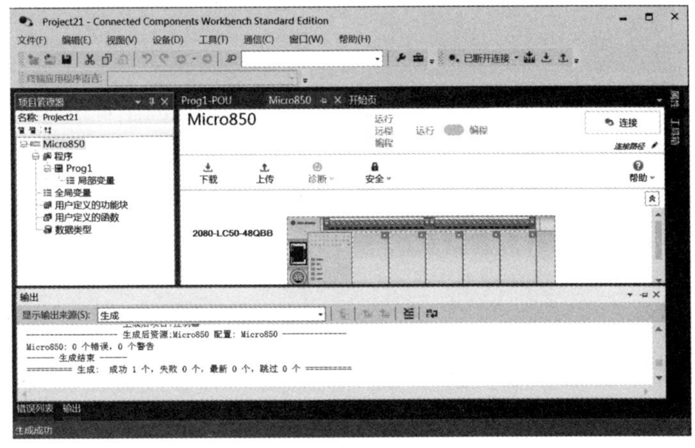

图 2-36　程序编译

编译成功的程序需要下载到 PLC 控制器中执行。具体步骤是：用鼠标左键单击上图中间窗口中的左上端的“下载”标签，会弹出“连接浏览器”对话框，选择要下载的目标控制器（见图 2-37）。单击“确定”，然后在弹出的“下载确认”对话框中，选择“下载”后开始程序下载。程序的下载也可以通过鼠标右键单击“Micro850”图标，在弹出的菜单中选择“下载”。程序下载前会对程序进行编译，因此，程序编写完毕后，可以不经过“生成”操作，直接进行“下载”操作。

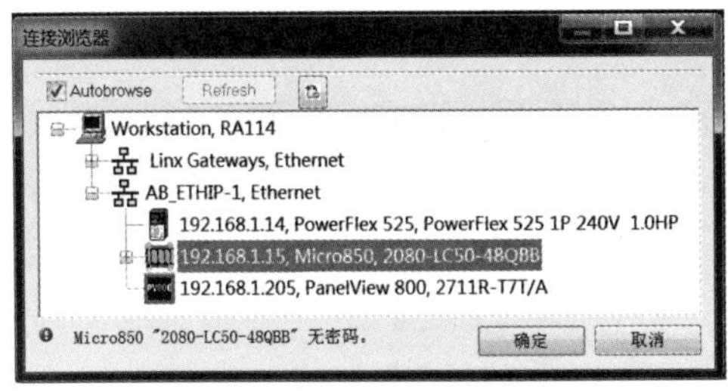

图 2-37　选择下载目标控制器

程序成功下载到控制器之后，系统会显示下载成功提示（见图 2-38）。

图 2-38　下载成功界面

点击“是”，开始运行控制程序。

6. 程序的运行和调试

如图 2-36 所示，在中间窗口中可以看到 Micro850 控制器的图标、参数，以及控制功能。此时可以进行控制器的相关参数设置、扩展设备的接入，也可以完成程序的上传、下载，控制器的连接与断开、程序的运行与停止、实现远程操控等操作。

当程序处在运行阶段时，打开程序窗口，可以进行在线调试（见图 2-39）。

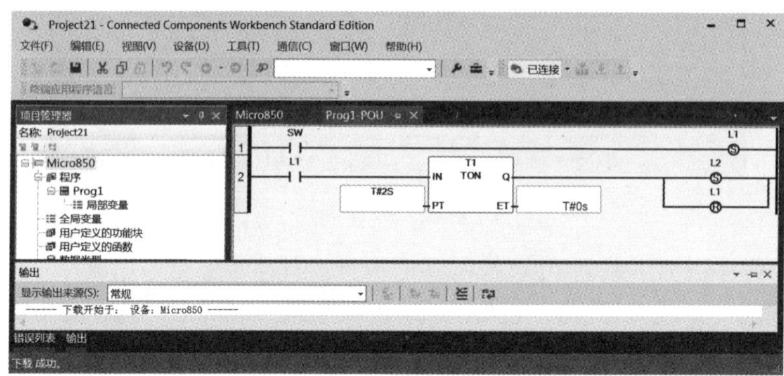

图 2-39　在线调试窗口

用鼠标右键单击 SW 或 L1、L2 等元素变量，在弹出的菜单中，选择“变量监视”菜单，弹出“变量监视”对话框（见图 2-40）。该对话框显示了程序各变量的取值情况。通过该对话框也可以对程序变量进行强制赋值，以观察程序运行情况。

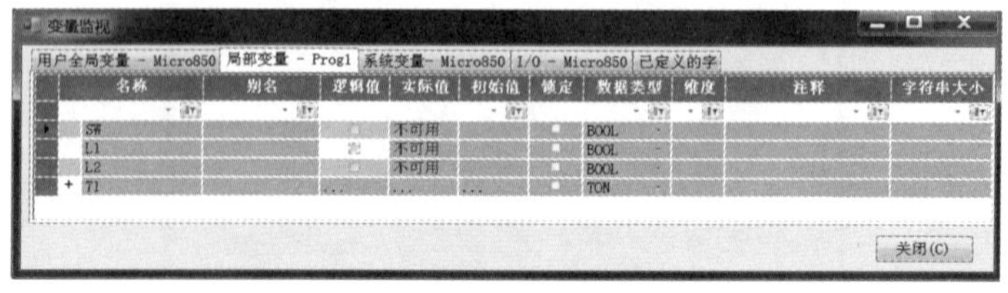

图 2-40　变量监视

在图 2-40 中，勾选 SW 一行中的“逻辑值”选择框，则将 SW 的值设置为“TRUE”（见图 2-41）。如果需要对输入端口赋值，为防止程序运行过程中输入值被改写，可以选择“锁定”选择框，此时输入端口的值将被强制在设定值上。

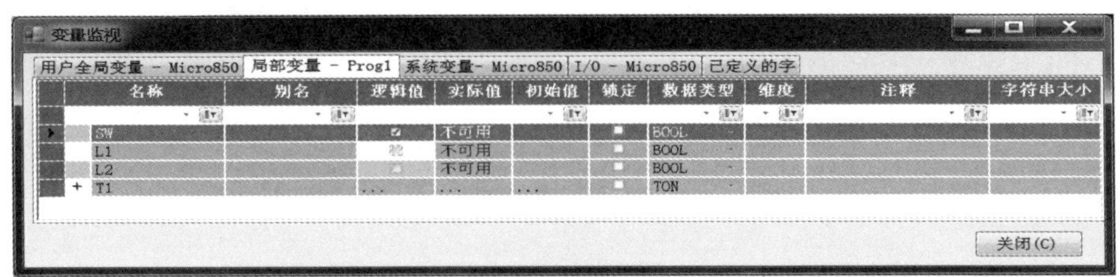

图 2-41　设置调试变量值

通过变量的设置，结合梯形图程序窗口，可以了解程序运行情况，从而完成程序的在线调试，如图 2-42 所示。

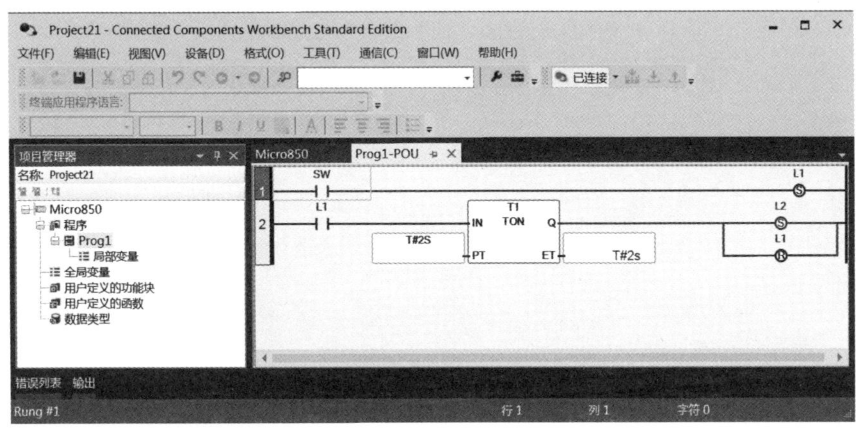

图 2-42　程序在线调试

2.6　习题

1. 填空

（1）Micro850 控制器的编程语言主要有______、______和______三种。

（2）CCW 中的变量有______和______两种。

（3）将块元素接入梯形图时，需要将块元素的______和______接入梯级。如果块元素的第一个输入和第一个输出不是布尔变量，需要启用______作为第一个输入和输出端。

（4）触点在梯形图程序中作为______变量，CCW 中，触点有______、______、______和______四种。

（5）线圈在梯形图程序中作为______变量，根据功能不同，CCW 中的线圈有______、______、______、______、______、______六种。

（6）可用于编写用户功能块的语言有______、______和______语言。

（7）ST 语言中的循环指令有______、______、______和______四种。

2. 简述 Micro850 控制器一个扫描周期的工作过程。
3. 简述 CCW 程序中定义用户变量的方法。
4. 简述采用 CCW 开发 Micro850 控制器应用程序的过程。
5. 简述 CCW 中设备工具箱的作用。
6. 简述 CCW 中工具箱的作用。

第 3 章 Micro850 控制器指令系统

【内容提要】

本章主要介绍了 Micro850 控制器的指令系统，包括运算符、函数和功能块。其中详细介绍了功能块指令的种类、功能、参数和使用方法。

【教学目的】

- 了解 Micro850 控制器的指令系统的组成和种类；
- 掌握功能块指令的功能和使用方法。

3.1 概述

Micro850 控制器的指令系统提供了大量的指令，利用这些指令可以方便地完成逻辑运算、四则运算、定时计数、数据处理、运动控制、过程控制、通信连接等各种编程任务。这些编程指令按照使用方式不同分成运算符、函数和功能块三种。

（1）运算符主要用于连接变量，完成变量间特定的运算功能。

（2）函数主要通过对输入参数的处理完成特定的运算功能。函数可以被引用，但是不能被实例化，一般有输入/输出参数，其参数可以传递，但不能被存储。

（3）功能块与函数类似，也是通过对输入参数的处理实现指定的运算功能。与函数不同的是，功能块可以实例化，其参数可以被保存。

3.2 运算符

Micro800 控制器编程所用的运算符有四则运算、判断、逻辑运算、位运算与数据类型转换 5 种。具体运算符类型及其功能简介如表 3-1 所示。

表 3-1　运算符及其功能

运算符	功能	运算符	功能
+	加	*	乘
–	减	/	除

续表

运算符	功能	运算符	功能
>	大于	>=	大于等于
<	小于	<=	小于等于
<>	不等于	=	等于
AND	逻辑与	OR	逻辑或
NOT	逻辑取反	XOR	逻辑异或
NOT_MASK	位到位取反掩码	AND_MASK	位到位与掩码
OR_MASK	位到位或掩码	XOR_MASK	整型位到位异或掩码
ROL	循环左移	ROR	循环右移
SHL	左移	SHR	右移
ANY_TO_BOOL	转换为布尔	ANY_TO_SINT	转换为短整型
ANY_TO_BYTE	转换为 BYTE	ANY_TO_STRING	转换为字符串
ANY_TO_DATE	转换为日期	ANY_TO_TIME	转换为时间
ANY_TO_DINT	转换为双整型	ANY_TO_UDINT	转换为无符号双整型
ANY_TO_DWORD	转换为双字	ANY_TO_UINT	转换为无符号整型
ANY_TO_INT	转换为整型	ANY_TO_ULINT	转换为无符号长整型
ANY_TO_LINT	转换为长整型	ANY_TO_USINT	转换为无符号短整型
ANY_TO_LREAL	转换为长实型	ANY_TO_WORD	转换为字
ANY_TO_LWORD	转换为长字	ANY_TO_REAL	转换为实型

3.3 函数

Micro850 控制器所用的函数及其功能简介如表 3-2 所示。

表 3-2 函数名称及其功能

函数名	功能	函数名	功能
ABS	绝对值运算	EXPT	指数运算
POW	幂运算	LOG	对数运算
MOD	模运算	SQRT	平方根运算
MOV	赋值	RAND	随机数（[0,base-1]间）
MAX	求最大值	MIN	求最小值
NEG	乘以-1	TRUNC	截断小数，保留整数
SIN	正弦运算	SIN_LREAL	正弦运算（64 位）
COS	余弦运算	COS_LREAL	余弦运算（64 位）
TAN	正切运算	TAN_LREAL	正切运算（64 位）
ASIN	反正弦运算	ASIN_LREAL	反正弦运算（64 位）
ACOS	反余弦运算	ACOS_LREAL	反余弦运算（64 位）

续表

函数名	功能	函数名	功能
ATAN	反正切运算	ATAN_LREAL	反正切运算（64 位）
MUX4B	4 选 1（含 BOOL 型）	MUX8B	8 选 1（含 BOOL 型）
TTABLE	根据输入列表输出	TRIMPOT_READ	读取微调电位值
LCD	在 LCD 上显示字符串或数字	LCD_BKLT_REM	更改 LCD 背光颜色和模式
LCD_REM	在 LCD 上显示消息	TDF	计算时间差
RHC	读取高速时钟	RPC	读取用户程序校验和
SYS_INFO	读取系统状态	STIS	从控制程序启动 STI
UIC	清除特定用户中断	UID	禁用特定用户中断
UIE	启用特定用户输入	UIF	刷新特定用户输入
LIMIT	将输出限制在给定范围	TND	停止当前扫描循环
ASCII	将字符转换为 ASCII 码	LEFT	提取字符串的左侧
CHAR	将 ASCII 码转化为字符	MID	提取字符串的中间
DELETE	删除子字符串	MLEN	获取字符串长度
FIND	查找子字符串	REPLACE	替换子字符串
INSERT	插入字符串	RIGHT	提取字符串的右侧
DOY	时钟位于“年”设置范围内，开启输出	TOW	时钟位于“周”设置范围内，开启输出

3.4 功能块

功能块指令是重要的编程指令，它涵盖了实际应用中的大多数编程功能。Micro850 控制器编程指令体系中的功能块指令种类及功能简介如表 3-3 所示。

表 3-3　功能块指令种类及功能

种类	功　能
警报类指令	用于在达到配置的上限或下限时发出提醒
布尔操作类指令	对信号上升/下降沿及置位或复位操作
计时器类指令	各种定时功能
计数器类指令	各种计数功能
数据操作类指令	取平均，最大最小值
输入/输出类指令	控制器与模块之间的输入输出操作
通信操作类指令	部件间的通信操作
运动控制类指令	驱动电机轴运动
过程控制类指令	PID 控制相关操作以及堆栈

3.4.1 警报

· LIM_ALRM 指令

LIM_ALRM 指令用于在输入变量超限时产生报警信号。其功能块图形如图 3-1 所示，时序如图 3-2 所示，指令参数如表 3-4 所示。

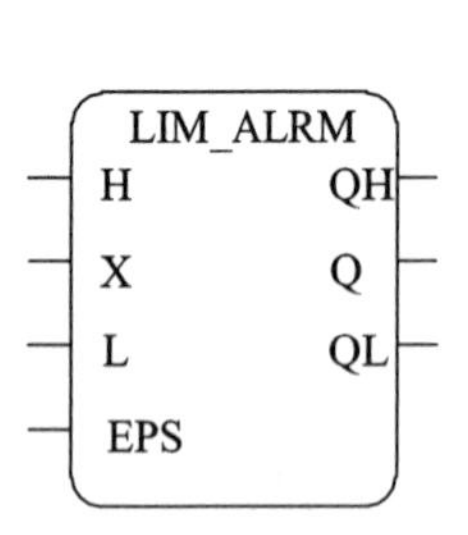

图 3-1 LIM_ALRM 功能块

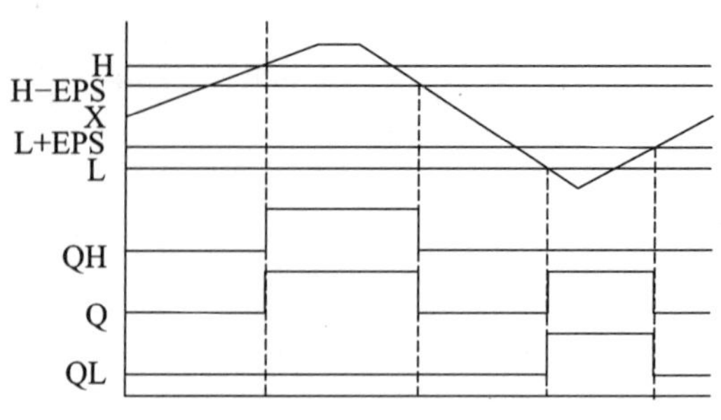

图 3-2 LIM_ALRM 功能块时序图

表 3-4 LIM_ALRM 指令参数

参数	参数类型	数据类型	说明
H	Input	REAL	上限值
X	Input	REAL	输入：任意实数
L	Input	REAL	下限值
EPS	Input	REAL	滞后值（必须大于零）
QH	Output	BOOL	上限报警：如果 X 大于上限值 H 时为真
Q	Output	BOOL	报警：如果 X 超过限位范围时为真
QL	Output	BOOL	下位报警：如果 X 小于下限值 L 时为真

【指令说明】

（1）当输入信号 X 达到上限值 H 时，功能块上限警报 QH 置位为 TRUE。当 QH 置位以后，只有当 X 小于 H-EPS 后，QH 才能复位为 FALSE。其中，EPS 是设定的一个正常数。

（2）当输入信号 X 小于下限值 L 时，功能块下限警报 QL 置位为 TRUE。当 QL 置位以后，只有当 X 大于 L+EPS 后，QL 才能复位为 FALSE。

（3）Q 为报警信号，即当 QH 或者 QL 任一信号输出为 TRUE 时，Q 输出为 TRUE。

3.4.2 布尔操作

布尔操作类功能块有 4 种，其种类与用途如表 3-5 所示。

表 3-5 布尔操作指令种类及用途

功能块	描 述
F_TRIG	下降沿检测
R_TRIG	上升沿检测
RS	复位优先的双稳态触发
SR	置位优先的双稳态触发

1. F_TRIG 指令

F_TRIG 指令功能块图形如图 3-3 所示，时序如图 3-4 所示，指令参数如表 3-6 所示。

图 3-3　F_TRIG 功能块

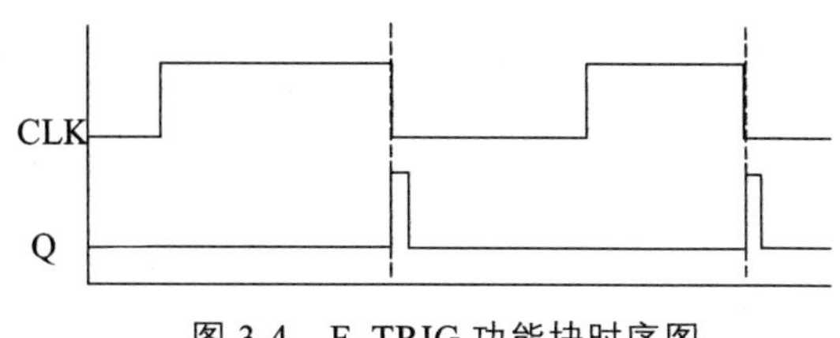

图 3-4　F_TRIG 功能块时序图

表 3-6　F_TRIG 指令参数

参数	参数类型	数据类型	说明
CLK	Input	BOOL	任意布尔量
Q	Output	BOOL	当 CLK 从真变假时为真，其他情况为假

【指令说明】

（1）F_TRIG 指令用于检测布尔变量的下降沿。

（2）当 CLK 出现下降沿的时候，Q 产生一个扫描周期的脉冲输出。

2. R_TRIG 指令

R_TRIG 指令功能块图形如图 3-5 所示，时序如图 3-6 所示，指令参数如表 3-7 所示。

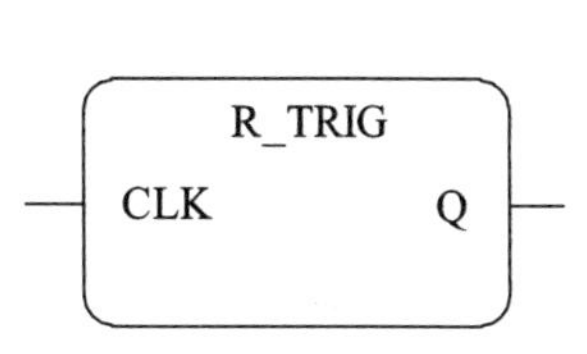

图 3-5　R_TRIG 功能块

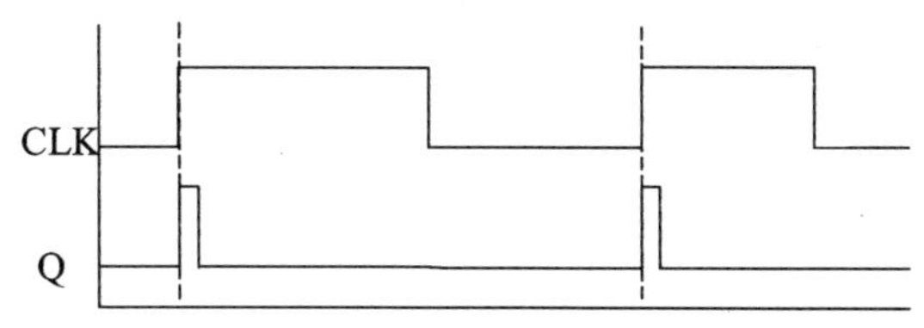

图 3-6　R_TRIG 功能块时序图

表 3-7　R_TRIG 指令参数

参数	参数类型	数据类型	说　明
CLK	Input	BOOL	任意布尔量
Q	Output	BOOL	当 CLK 从假变真时为真，其他情况为假

【指令说明】

（1）R_TRIG 指令用于检测布尔变量的上升沿。

（2）当输入信号 CLK 由 FALSE 变为 TRUE 时，Q 产生一个扫描周期的脉冲信号。

3. RS 指令

RS 指令功能块图形如图 3-7 所示，时序如图 3-8 所示，指令参数如表 3-8 所示。

表 3-8　RS 指令参数

参数	参数类型	数据类型	说　明
SET	Input	BOOL	如果为真，则将 Q1 置位
RESET1	Input	BOOL	如果为真，则将 Q1 复位（优先）
Q1	Output	BOOL	布尔内存状态

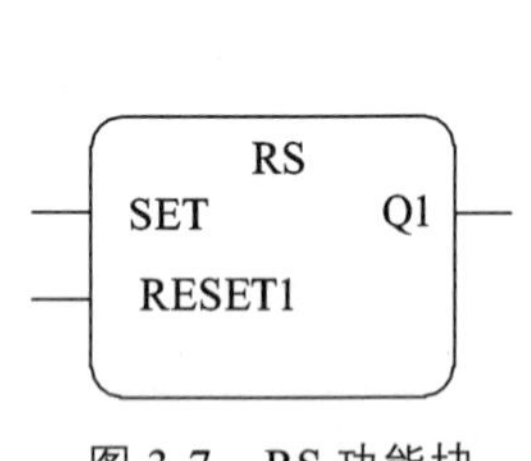

图 3-7　RS 功能块

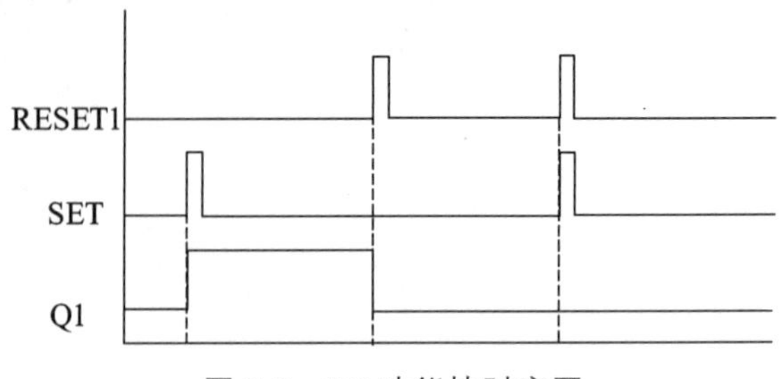

图 3-8　RS 功能块时序图

【指令说明】

（1）RS 指令用于产生双稳态信号。

（2）当 SET 信号值为 TRUE 时，Q1 输出为 TRUE。

（3）当 RESET1 信号值为 TRUE 时，Q1 输出为 FALSE。

（4）如果 SET 和 RESET1 信号同时为 TRUE 时，Q1 输出为 FALSE。

4. SR 指令

SR 指令功能块图形如图 3-9 所示，时序如图 3-10 所示，指令参数如表 3-9 所示。

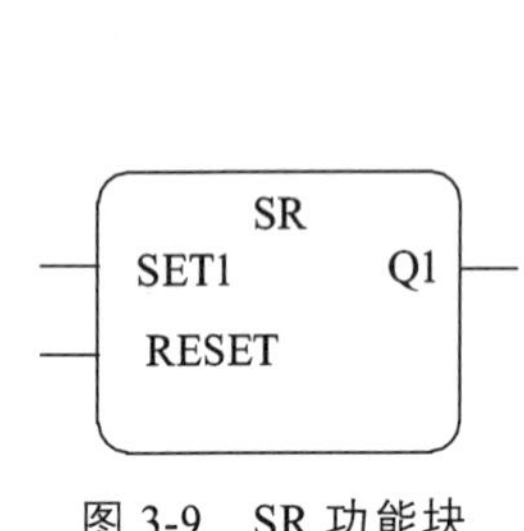

图 3-9　SR 功能块

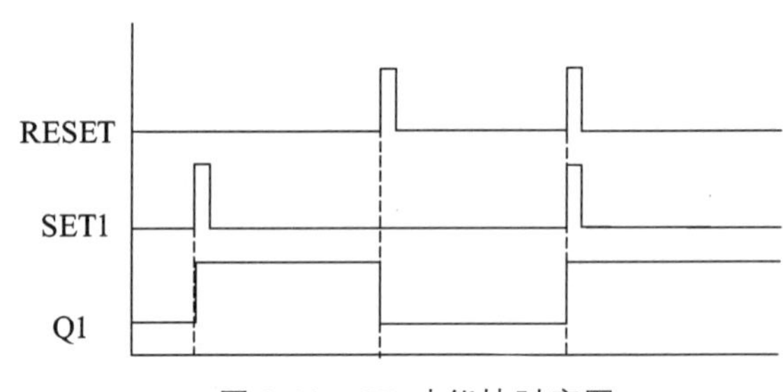

图 3-10　SR 功能块时序图

表 3-9　SR 指令参数

参数	参数类型	数据类型	说　明
SET1	Input	BOOL	如果为真，则将 Q1 置位（优先）
RESET	Input	BOOL	如果为真，则将 Q1 复位
Q1	Output	BOOL	布尔内存状态

【指令说明】

（1）SR 指令用于产生双稳态信号。

（2）当 SET1 信号值为 TRUE 时，Q1 输出为 TRUE。

（3）当 RESET 信号值为 TRUE 时，Q1 输出为 FALSE。

（4）如果 SET1 和 RESET 信号同时为 TRUE 时，Q1 输出为 TRUE。

3.4.3 计时器

计时器功能块有 5 种，其种类与用途如表 3-10 所示。

表 3-10 计时器指令种类及用途

功能块	描 述
TOF	关断延时计时
TON	接通延时计时
TONOFF	接通/关断延时计时
TP	脉冲计时
RTO	保持时间。保存累加时间直到重置指令启动

1. TOF 指令

TOF 指令功能块图形如图 3-11 所示，时序如图 3-12 所示，指令参数如表 3-11 所示。

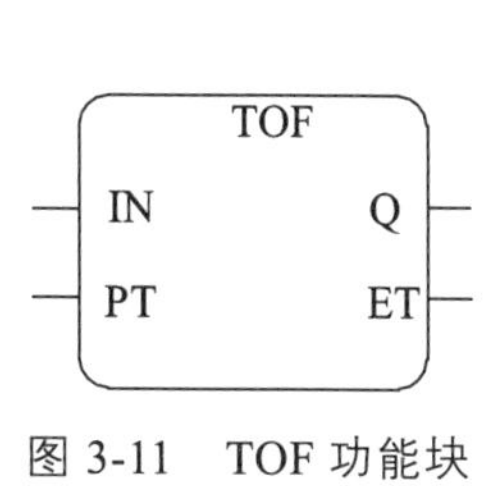

图 3-11 TOF 功能块

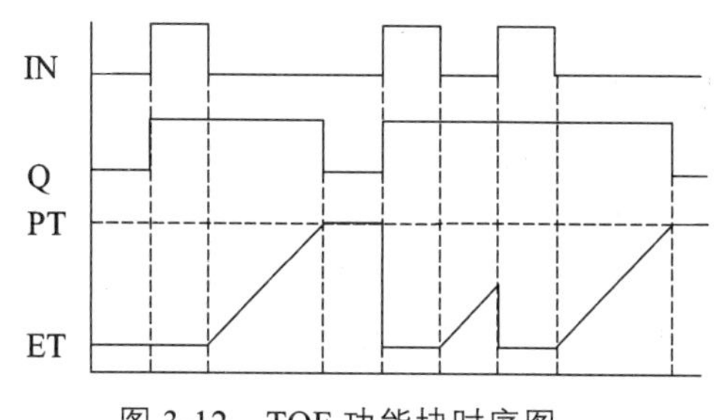

图 3-12 TOF 功能块时序图

表 3-11 TOF 指令参数

参数	参数类型	数据类型	说 明
IN	Input	BOOL	输入信号
PT	Input	TIME	定时时长
Q	Output	BOOL	IN 为真，或由真到假不足 PT 时长时为真，其他为假
ET	Output	TIME	当前已过去的时间

【指令说明】

（1）TOF 指令用于产生延时关断信号。

（2）当 IN 信号为 TRUE 时，Q 输出为 TRUE，且 ET 值为零。

（3）当 IN 信号从 TURE 变成 FALSE 时，ET 开始增计时。当 ET=PT 时，Q 输出由 TRUE 变成 FALSE，且 ET 值不再变化，直到下一次 IN 信号变为 TRUE，ET 复位为零。

2. TON 指令

TON 指令功能块图形如图 3-13 所示，时序如图 3-14 所示，指令参数如表 3-12 所示。

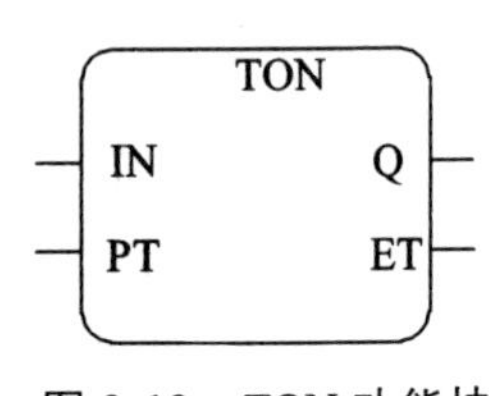

图 3-13　TON 功能块

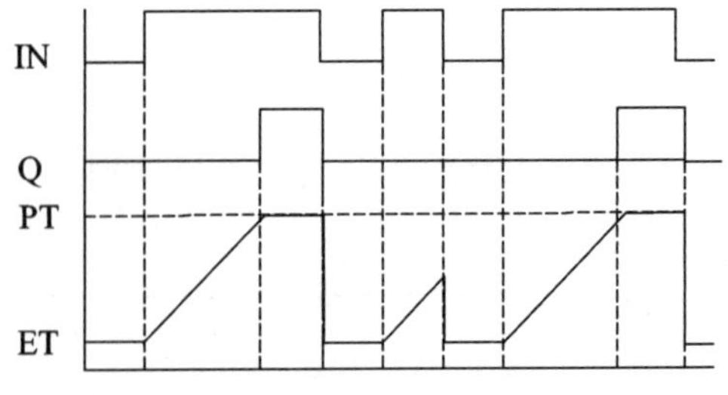

图 3-14　TON 功能块时序图

表 3-12　TON 指令参数

参数	参数类型	数据类型	说　明
IN	Input	BOOL	输入信号
PT	Input	TIME	定时时长
Q	Output	BOOL	IN 为真，且由假到真超过 PT 时长时为真，其他为假
ET	Output	TIME	当前已过去的时间。值的范围：0 ms ~ 1193 h　2 min　47 s 294 ms。 IN 为假时复位为零，由假到真开始计时，大于 PT 时保持

【指令说明】

（1）TON 指令用于产生延时接通信号。

（2）当 IN 信号从 FALSE 变成时 TURE，ET 开始增计时。当 ET=PT 时，Q 输出为 TRUE，且 ET 值不再变化，直到 IN 信号变为 FALSE，ET 复位为零。

（3）当 IN 信号为 FALSE 时，Q 输出为 FALSE，且 ET 值为零。

3. TONOFF 指令

TONOFF 指令功能块图形如图 3-15 所示，时序如图 3-16 所示，指令参数如表 3-13 所示。

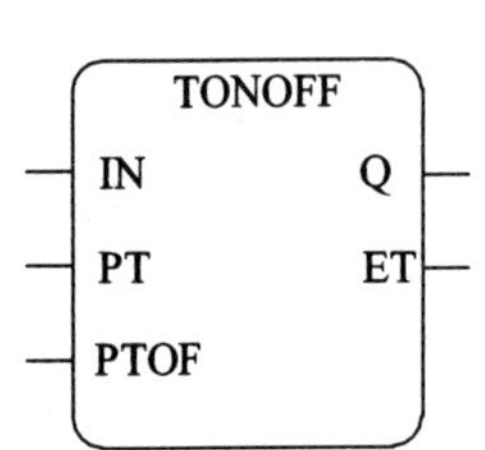

图 3-15　TONOFF 功能块

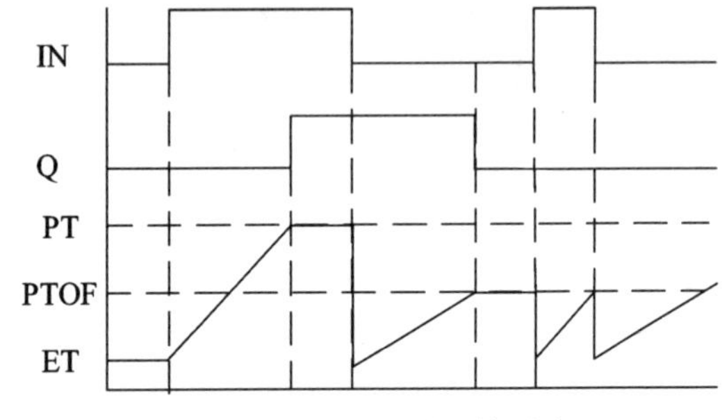

图 3-16　TONOFF 功能块时序图

表 3-13　TONOFF 指令参数

参数	参数类型	数据类型	说　明
IN	Input	BOOL	输入信号
PT	Input	TIME	接通定时时长
PTOF	Input	TIME	关断定时时长
Q	Output	BOOL	IN 由假到真超过 PT，由真到假不足 PTOF 时为真，其他为假

续表

参数	参数类型	数据类型	说　明
ET	Output	TIME	当前已过去的时间。值的范围：0 ms ~ 1193 h 2 min 47 s 294 ms。 保存当前定时时长至下一轮定时开始刷新

【指令说明】

（1）TONOFF 指令用于产生延时接通/关断信号。

（2）当 IN 信号从 FALSE 变成 TURE 时，ET 开始增计时。当 ET=PT 时，Q 输出为 TRUE，且 ET 值不再变化，直到 IN 信号变为 FALSE，ET 复位为零。

（3）当 IN 信号由 TRUE 变为 FALSE，ET 复位为零，重新开始增计数。当 ET=PTOF 时，Q 输出为 FALSE，且 ET 值不再变化，直到 IN 信号再次变为 TRUE 时，ET 复位为零。

4. TP 指令

TP 指令功能块图形如图 3-17 所示，时序如图 3-18 所示，指令参数如表 3-14 所示。

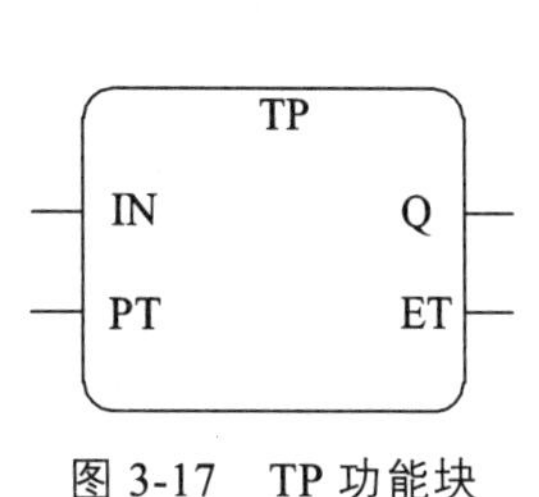

图 3-17　TP 功能块

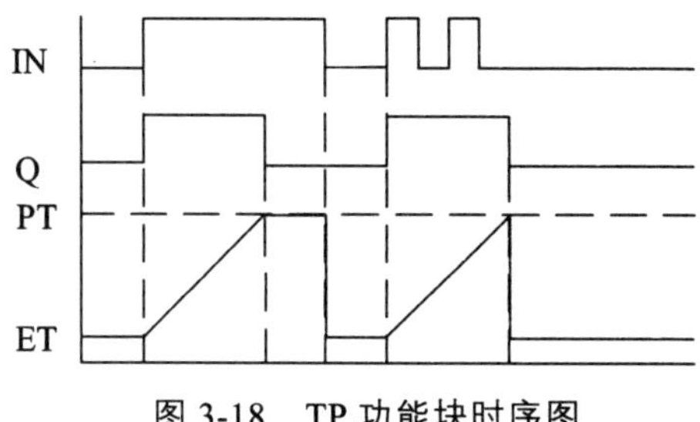

图 3-18　TP 功能块时序图

表 3-14　TP 指令参数

参数	参数类型	数据类型	说　明
IN	Input	BOOL	输入信号
PT	Input	TIME	定时时长
Q	Output	BOOL	定时器正在计时时为真，否则为假
ET	Output	TIME	当前已过去的时间

【指令说明】

（1）TP 指令用于产生单稳态信号。

（2）IN 由 FALSE 到 TRUE 时开始计时，Q 输出为 TRUE。

（3）ET 为计时时间值，其范围为 0 ms ~ 1193 h 2 min 47 s 294 ms。当 ET=PT 时，Q 输出为 FALSE。

（4）当 ET=PT 时，如果 IN 为 TRUE，则 ET 保持不变；如果 IN 为 FALSE，则 ET 复位。

5. RTO 指令

RTO 指令功能块图形如图 3-19 所示，时序如图 3-20 所示，指令参数如表 3-15 所示。

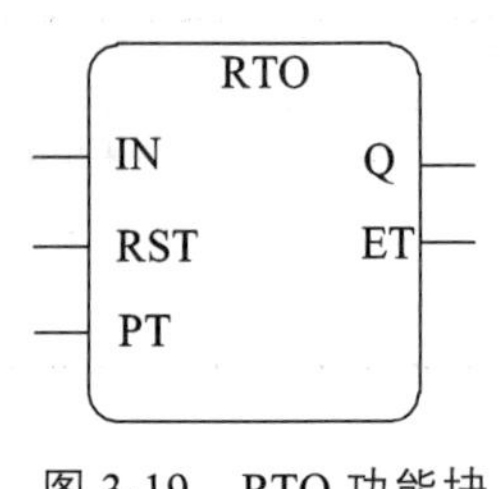

图 3-19　RTO 功能块

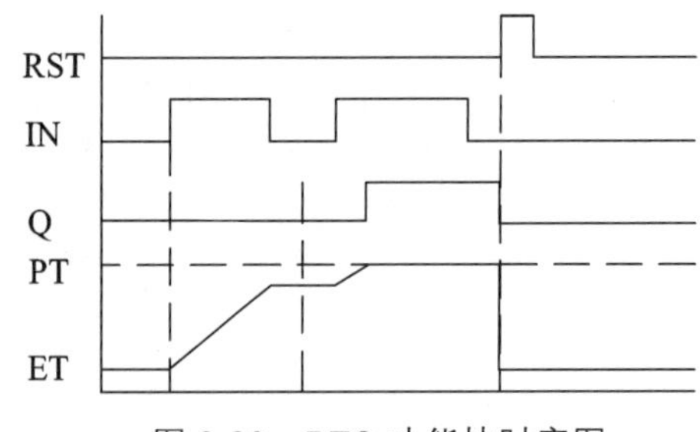

图 3-20　RTO 功能块时序图

表 3-15　RTO 指令参数

参数	参数类型	数据类型	说　明
IN	Input	BOOL	输入信号
RST	Input	BOOL	定时器复位信号
PT	Input	TIME	定时时长
Q	Output	BOOL	定时时长已过后为真，否则为假
ET	Output	TIME	当前已过去的时间

【指令说明】

（1）RTO 指令用于产生延时接通信号，与 TON 相似，不同之处在于需要复位信号。

（2）IN 信号从 FALSE 变为 TRUE，开始计时。当 ET=PT 时，Q 输出为 TRUE，同时 ET 保持不变。

（3）如果 ET<PT 时，IN 变为 FALSE，则 ET 不变。下次 IN 信号为 TRUE 时，在原有基础上继续计时。

（4）当 RST 为 TRUE 时，ET 复位为零。

3.4.4　计数器

计数器指令有普通计数器和高速计数器两种。

普通计数器指令有 3 种，其种类与用途如表 3-16 所示。

表 3-16　计数器指令种类及用途

功能块	描　述
CTD	减计数
CTU	增计数
CTDU	增/减计数

高速计数器指令有 2 种，其种类与用途如表 3-17 所示。

表 3-17　高速计数器指令种类及用途

功能块	描　述
HSC	将高预设、低预设和输出源值应用到高速计数器
HSC_SET_STS	手动设置或重置 HSC 计数状态

高速计数器指令是与高速计数器（HSC）相配合，用于对高速脉冲进行处置设定、计数与高速计数器中断触发的功能块，用以管理 Micro850 控制器硬件中的高速计数器执行方式。与普通计数器不同，高速计数器计数方式采用中断执行方式，具有如下特点：

（1）以 100 kHz 的频率实现高速输出。

（2）采用 32 位带符号整型数据计数，最大计数范围为±2 147 483 647。

（3）可以对高预设与低预设进行编程。

（4）可以自主设定上溢和下溢点。

（5）可以基于累加计数的情况自动触发中断处理。

（6）运行时可以通过用户编程编辑 HSC 指令参数。

1. CTD 指令

CTD 指令功能块图形如图 3-21 所示，指令参数如表 3-18 所示。

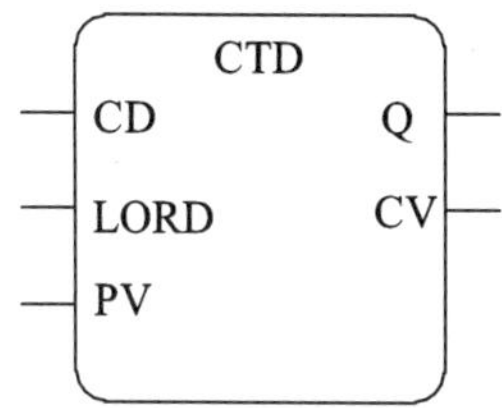

图 3-21　CTD 功能块

表 3-18　CTD 指令参数

参数	参数类型	数据类型	说　明
CD	输入	BOOL	对输入进行计数
LOAD	输入	BOOL	加载命令
PV	输入	DINT	编程初始值
Q	输出	BOOL	下溢：当 CV <= 0 时为 TRUE
CV	输出	DINT	计数器结果

【指令说明】

（1）CTD 指令为减计数指令。

（2）当功能块被驱动后，对 CD 端输入信号的上升沿进行计数，每检测到 1 个上升沿，计数器当前值 CV 减 1。

（3）当 CV 减至 0 以下时，输出结果 Q 为 TRUE。

（4）当 LOAD 端信号为 TRUE 时，CV 重新置位为 PV 值，Q 值复位为 FALSE。

2. CTU 指令

CTU 指令功能块图形如图 3-22 所示，指令参数如表 3-19 所示。

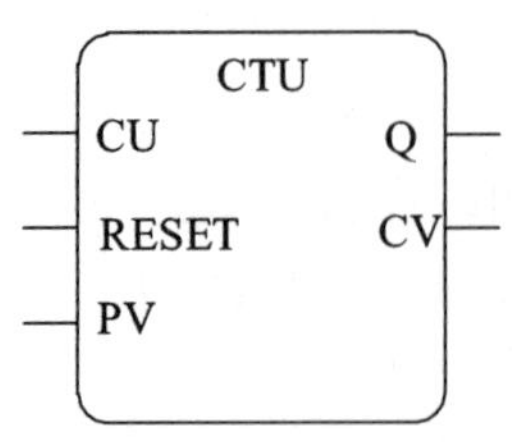

图 3-22　CTU 功能块

表 3-19　TON 指令参数

参数	参数类型	数据类型	说　明
CU	输入	BOOL	对输入进行计数
RESET	输入	BOOL	重置基准命令
PV	输入	DINT	编程最大值
Q	输出	BOOL	溢出：当 CV >= PV 时为 TRUE
CV	输出	DINT	计数器结果

【指令说明】

（1）CTU 指令用于增计数。

（2）当功能块被驱动后，功能块对 CU 端信号的上升沿计数。每检测到 1 个上升沿，计数器当前值 CV 增 1。

（3）当 CV 值增至设定值 PV 以上时，功能块输出 Q 值为 TRUE。

（4）当 RESET 端输入信号为 TRUE 时，CV 值复位为 0，同时 Q 值为 FALSE。

3. CTUD 指令

CTUD 指令功能块图形如图 3-23 所示，指令参数如表 3-20 所示。

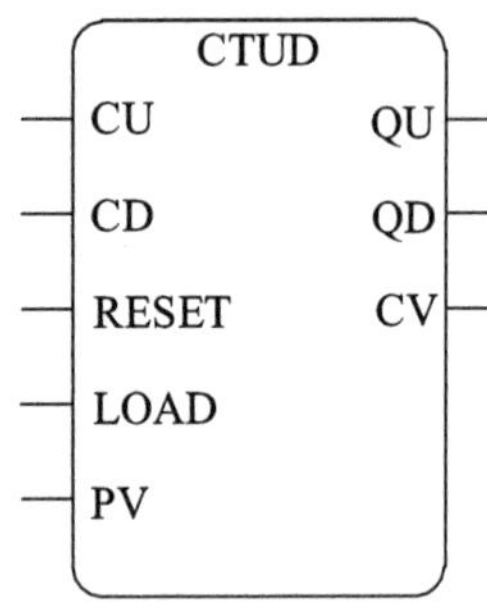

图 3-23　CTUD 功能块

表 3-20　CTUD 指令参数

参数	参数类型	数据类型	说　明
CU	输入	BOOL	向上计数
CD	输入	BOOL	向下计数
RESET	输入	BOOL	重置基准命令
LOAD	输入	BOOL	加载命令
PV	输入	DINT	编程最大值

续表

参数	参数类型	数据类型	说　明
QU	输出	BOOL	溢出：当 CV >= PV 时为 TRUE
QD	输出	BOOL	下溢：当 CV <= 0 时为 TRUE
CV	输出	DINT	计数器结果

【指令说明】

（1）CTUD 指令用于增/减计数。

（2）功能块的增计数信号从 CU 端接入，减计数信号从 CD 端接入。

（3）CU 端信号的每个上升沿使得功能块当前值 CV 增 1，CD 端信号的每个上升沿使得 CV 减 1。

（4）当 CV 值增至 PV 设定值以上时，增计数输出 QU 为 TRUE，当 CV 值减至 0 以下时，减计数输出 QD 为 TRUE。

（5）当 LOAD 端值为 TRUE 时，CV 置位为 PV 设定值，而当 RESET 端值为 TRUE 时，CV 复位为 0。

4. HSC 指令

HSC 指令为功能块图形如图 3-24 所示，指令参数如表 3-21 所示。

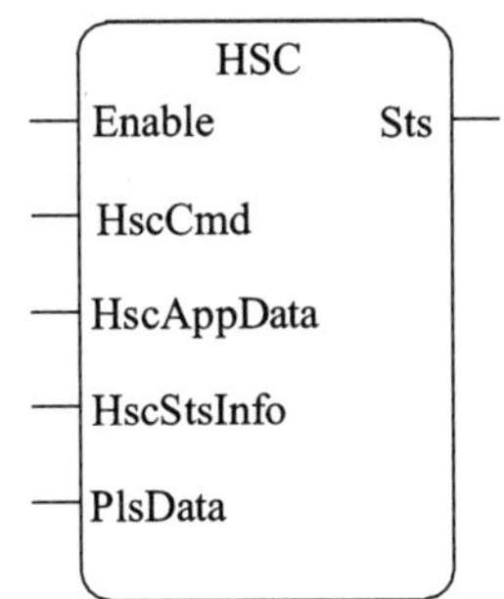

图 3-24　HSC 功能块

表 3-21　HSC 指令参数

参数	参数类型	数据类型	说　明
Enable	输入	BOOL	功能块启用
HscCmd	输入	USINT	向 HSC 发布命令
HSCAppData	输入	HSCAPP	HSC 应用程序配置（通常仅需一次）
HSCStsInfo	输入	HSCSTS	HSC 动态状态，在 HSC 计数期间不断更新
PlsData	输入	DINT UDINT	可编程限位开关数据结构
Sts	输出	UINT	HSC 执行状态

【指令说明】

（1）HSC 指令为高速计数器参数管理指令。

（2）Enable 为使能信号。当 Enable 为 TRUE 时，执行 HSC 命令参数中指定的 HSC 操作；

当 Enable 为 FALSE 时，不发布任何 HSC 命令。需要注意的是当高速计数器一旦被启动开始计数，通过 Enable 端无法停止计数器计数。

（3）HscCmd 是发布给高速计数器的命令字。当 Enable 为 TRUE 时，改变 HscCmd 的值，可以改变相应的高速计数器的工作状态。具体定义如表 3-22 所示。

表 3-22　HscCmd 命令字及功能

命令	命令描述	命令	命令描述
0x01	HSC 运行	0x03	HSC 加载/设置
0x02	HSC 停止	0x04	HSC 累加器重置

当输入 HscCmd 参数值：

① 为 1 时，启动 HSC。如果 HSC 原处于闲置模式，接收到该命令后，HSC 启动并过渡到运行模式开始计数；如果 HSC 原来处于运行模式，则更新 HSC 状态信息。注意：HSC 的 AppData.Accumalator 与 Sts.Accumulator 参数一起更新。

② 为 2 时，停止 HSC。接收到该命令后，停止 HSC 计数功能。注意，如果 HSC 处于运行模式下，通过将 Enable 设置为 FALSE 无法停止高速计数器计数。只有当发出 HscCmd=2 命令时，HSC 才会停止计数。

③ 为 3 时，重新加载 HSC 参数。接收到该指令后，重新加载 HSC 应用程序数据（HPSetting、LPSetting、HPOutput、LPOutput、OFSetting 和 UFSetting）。注意：此命令不会改变 HSC 的累加器的值。

④ 为 4 时，重新加载 HSC 累加器的值。接收到该指令后，将会用 AppData.Accumalator 的值替代 HSC 的 Acc 的值。注意，重设累加器值的同时，并不会停止计数器计数。

（4）HSCAppData 数据用于对 HSC 进行配置。它是一个数据组合，属于 HSCAPP 类型数据。该类型的数据结构如表 3-23 所示。

表 3-23　HSCAPP 数据类型结构

参数	数据类型	用户程序访问	说　明
PLSEnable	BOOL	读取/写入	启用或禁用可编程限位开关（PLS）
HSCID	UINT	读取/写入	定义 HSC
HSCMode	UINT	读取/写入	定义 HSC 模式
Accumulator	DINT	读取/写入	累加器初始值
HPSetting	DINT	读取/写入	高预设点设置
LPSetting	DINT	读取/写入	低预设点设置
OFSetting	DINT	读取/写入	上溢出点设置
UFSetting	DINT	读取/写入	下溢出点设置
OutputMask	UDINT	读取/写入	输出掩码
HPOutput	UDINT	读取/写入	达到高预设 32 位输出设置
LPOutput	UDINT	读取/写入	达到低预设 32 位输出设置

其中：

① PLSEnable 为启用或禁用可编程限位开关（PLS）的标志。当 PLSEnable 为 TRUE 时，启用 PLS 计数模式。此时 HSC 会启用 PLSData 参数的设置，并将 HSCAPP 参数对应设置挂起。具体参数对应关系如表 3-24 所示。

表 3-24　设置参数对应关系

HSCAPP 设置	PLSData 设置
HSCAPP.HpSetting	HSCHP
HSCAPP.LpSetting	HSCLP
HSCAPP.HPOutput	HSCHPOutput
HSCAPP.LPOutput	HSCLPOutput

② HSCID 用于指定所使用的 HSC，其取值规则如表 3-25 所示。

表 3-25　HSCID 取值与 HSC 编号对应关系

HSCID 参数的位	说　明
15～13	HSC 模块类型：0x00-嵌入式； 0x01-扩展； 0x02-插件端口
12～8	模块的插槽 ID：0x00-嵌入式； 0x01～0x05-插件端口 ID
7～0	模块中 HSC 的 ID：0x00～0x0F-嵌入式； 0x00～0x07-HSC 的扩展 ID； 0x00～0x07-HSC 的插件端口 ID

③ HSCMode 用于设定 HSC 的计数模式，HSC 共有 10 种计数模式，如表 3-26 所示。

表 3-26　HSC 的计数模式

HSCMode	计数模式说明
0	增计数
1	带外部重置和保存功能的增计数
2	采用外部方向的计数器
3	采用外部方向的计数器，同时可以通过输入端口进行复位和保持操作
4	双输入计数器
5	双输入计数器，同时可以通过输入端口进行复位和保持操作
6	正交计数器
7	正交计数器，同时可以通过输入端口进行复位和保持操作
8	正交 X4 计数器
9	正交 X4 计数器，同时可以通过输入端口进行复位和保持操作

高速计数器分为主 HSC 和子 HSC。主 HSC 可以执行上述 10 种工作模式，而子 HSC 只能执行 5 种，分别是模式 0、2、4、6、8。下面以 HCS0 为例（对应输入端口分别为嵌入式输

入 0 ~ 3)，介绍上述 10 种计数模式的工作过程。

当 HSCMode：

（a）为 0 时，执行增计数。嵌入式输入 0 端口每输入一个上升沿，则 HSC 的累加值加 1，当累加值到达预设值的时候清零，又从零开始计数。

（b）为 1 时，执行增计数。计数方式与模式 0 相同。所不同的是该模式使用了嵌入式输入 2 端作为复位端，嵌入式输入 3 端作为保持端。当嵌入式输入 3 端为 TRUE 时，保持当前累加器值，当嵌入式输入 2 端为 TRUE 时，累加器值清 0。其中保持信号优先。

（c）为 2 时，执行增/减计数。计数脉冲从嵌入式输入 0 端口输入，上升沿有效。计数方向由嵌入式输入 1 端值确定。当嵌入式输入 1 端值为 FALSE 时，累加器执行增计数，为 TRUE 时执行减计数。

（d）为 3 时，执行增/减计数。计数脉冲从嵌入式输入 0 端口输入，计数方向从嵌入式输入 1 端口输入。嵌入式输入 2 端作为复位端，嵌入式输入 3 端作为保持端。当嵌入式输入 3 端为 TRUE 时，保持当前累加器值，当嵌入式输入 2 端为 TRUE 时，累加器值清 0。其中保持信号优先。

（e）为 4 时，执行增/减计数。与模式 2/3 不同的是，其增减计数方向不由嵌入式输入 1 端口的值确定。HSC 的增计数脉冲从嵌入式输入 0 端口输入，每输入一个上升沿，累加器值加 1。减计数脉冲从嵌入式输入 1 端口输入，每输入一个上升沿，累加器值减 1。

（f）为 5 时，执行增/减计数。计数方式与模式 4 类似。不同的是该模式使用了嵌入式输入 2 端作为复位端，嵌入式输入 3 端作为保持端。当嵌入式输入 3 端为 TRUE 时，保持当前累加器值，当嵌入式输入 2 端为 TRUE 时，累加器值清 0。其中保持信号优先。

（g）为 6 时，执行正交计数。正交编码器 A 相计数脉冲从嵌入式输入 0 端口输入，B 相计数脉冲从嵌入式输入 1 端口输入。计数方向取决于 A、B 相信号间的相位角，如果 A 相信号超前于 B 相，则执行增计数，否则执行减计数。执行过程如图 3-25 所示。

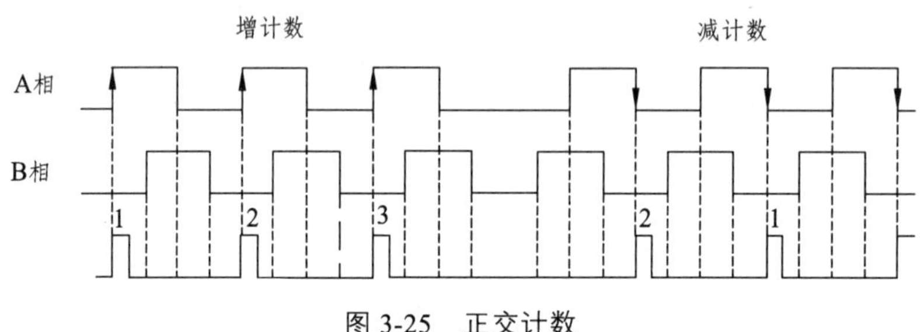

图 3-25　正交计数

（h）为 7 时，执行正交计数。计数方式与模式 6 类似。不同的是该模式使用了嵌入式输入 2 端作为复位端，接正交编码器的复位信号 Z。嵌入式输入 3 端作为保持端。当嵌入式输入 3 端为 TRUE 时，保持当前累加器值，当嵌入式输入 2 端为 TRUE 时，累加器值清 0。

（i）为 8 时，执行正交计数。正交编码器 A 相计数脉冲从嵌入式输入 0 端口输入，B 相计数脉冲从嵌入式输入 1 端口输入。与模式 6/7 不同，模式 8 执行 4 倍率增/减计数。每当 A 相或 B 相有跳变沿的时候进行计数。当 A 相为 FALSE，B 相有上升沿，累加器减 1，有下降沿加 1。当 A 相为 TRUE，B 相有上升沿，累加器加 1，有下降沿减 1。当 B 相为 FALSE，A 相有上升沿，累加器加 1，有下降沿减 1。当 B 相为 TRUE，A 相有上升沿，累加器减 1，有下降沿加减 1。其他情况下累加器值不变。

（j）为 9 时，执行正交计数。计数方式与模式 8 类似。不同的是该模式使用了嵌入式输入 2 端作为复位端，接正交编码器的复位信号 Z。嵌入式输入 3 端作为保持端。当嵌入式输入 3 端为 TRUE 时，保持当前累加器值，当嵌入式输入 2 端为 TRUE 时，累加器值清 0。

④ Accumulator 为累加器设定初值。当 HSC 刚开始启动的时候或者接收到 HscCmd=4 时，累加器将自动设为 Accumulator 的值。其后，在此基础上根据计数情况增减。

⑤ HPSetting、LPSetting、OFSetting、UFSetting 参数用于定义 HSC 的可以产生中断的累加器设定值。其中，HPSetting 为高预设点，OFSetting 为上溢出点，LPSetting 为低预设点，UFSetting 为下溢出点。当累加器的计数值大于 OFSetting 时会产生一个上溢中断信号，小于 UFSetting 时会产生一个下溢中断信号。OFSetting 应该大于 HPSetting 值，且两者一般都要大于 0。UFSetting 应该小于 LPSetting 值，且两者一般要小于 0，否则会报错。UFSetting、OFSetting 的取值范围为-2 147 483 648 ~ 2 147 483 647。

⑥ OutputMask 为输出掩码，用于不通过控制程序直接控制输出端口状态。OutputMask 的每个位分别对应控制器的输出端口（不存在的端口可以忽略），当位的值为 1 时，表示当累加器计数值到达高、低预设点时能够直接控制对应输出端口通或断。当位的值为 0 时，表示对应输出端口不受 HSC 控制。例如：用 HSC 来控制输出端口 0、1、3，则 OutputMask 可以设定为 2#1011，或者 11。

⑦ HPOutput 为高预设输出，LPOutput 为低预设输出。当累加器到达高预设值 HPSetting 时，直接根据 HPOutput 的各个位的值确定相对应输出端口的通断，其中 1 为通，0 为断。当累加器到达低预设值 LPSetting 时，直接根据 LPOutput 的各个位的值确定相对应输出端口的通断，同样 1 为通，0 为断。

（5）HSCStsInfo 存储高速计数器当前状态信息。当 HscCmd=1，高速计数器处于计数状态时，HSCStsInfo 信息被持续更新。如果计数发生错误，则会开启 Error_Detected 标记，并设置错误代码。HSCStsInfo 参数属于 HCSSTS 数据类型，数据结构如表 3-27 所示。

表 3-27　HSCSTS 数据类型结构

参数	数据类型	HCS 模式	用户程序访问	说　明
CountEnable	BOOL	0...9	只读	已启用计数
ErrorDetected	BOOL	0...9	读取/写入	检测到错误
CountUpFlag	BOOL	0...9	只读	向上计数标志
CountDwnFlag	BOOL	2...9	只读	向下计数标志
Mode1Done	BOOL	0 或 1	读取/写入	HSC 是模式 1A 或模式 1B； 累加器向上计数达到 HP 值
OVF	BOOL	0...9	读取/写入	检测到上溢
UNF	BOOL	0...9	读取/写入	检测到下溢
CountDir	BOOL	0...9	只读	1：向上计数；0：向下计数
HPReached	BOOL	2...9	读取/写入	达到高预设
LPReached	BOOL	2...9	只读	达到低预设

续表

参数	数据类型	HCS 模式	用户程序访问	说　明
OFCauseInter	BOOL	0...9	读取/写入	上溢造成了 HSC 中断
UFCauseInter	BOOL	2...9	读取/写入	下溢造成了 HSC 中断
HPCauseInter	BOOL	0...9	读取/写入	达到高预设，从而造成了 HSC 中断
LPCauseInter	BOOL	2...9	读取/写入	达到低预设，从而造成了 HSC 中断
PlsPosition	UINT	0...9	只读	启用 PLS 后可编程限位开关的位置
ErrorCode	UINT	0...9	读取/写入	显示 HSC 子系统检测到的错误代码
Accumulator	DINT		读取/写入	实际累加器读取
HP	DINT		只读	最终高预设设置
LP	DINT		只读	最终低预设设置
HPOutput	UDINT		读取/写入	最终高预设输出设置
LPOutput	UDINT		读取/写入	最终低预设输出设置

HSC 错误代码 ErrorCode 如表 3-28 所示。

表 3-28　HSC 操作错误代码

错误代码子元素	错误代码	错误描述
高字节（15～8 位）	0～255	高字节值非零表明由于 PLS 数据设置导致 HSC 错误，高字节值为零表明触发错误的 PLS 数据的元素
低字节（7～0 位）	0x00	未出现错误
	0x01	HSC 计数模式无效
	0x02	无效的高预设
	0x03	无效的溢出
	0x04	无效的下溢
	0x05	无 PLS 数据

（6）PlsData 用于配置可编程限位开关。当 PLSEnable 为 TRUE 时，启用 PlsData 参数。PlsData 参数属于 PLS 数据类型，该数据类型具有数组型结构，如表 3-29 所示，数组元素数目最大不能超过 255。

表 3-29　PLS 数据类型

元素	元素顺序	数据类型	元素描述
HSCHP	字 0...1	DINT	高预设
HSCLP	字 2...3	DINT	低预设
HSCHPOutput	字 4...5	UDINT	输出上限数据
HSCLPOutput	字 6...7	UDINT	输出下限数据

（7）Sts 为功能块执行状态代码。其对应情况如表 3-30 所示。

表 3-30　HCS 功能块执行状态代码

状态代码	说　明
0x00	未采取行动（未启用）
0x01	HSC 执行成功
0x02	HSC 命令无效
0x03	HSC ID 超出范围
0x04	HSC 配置错误

5. HSC_SET_STS 指令

HSC_SET_STS 指令功能块图形如图 3-26 所示，指令参数如表 3-31 所示。

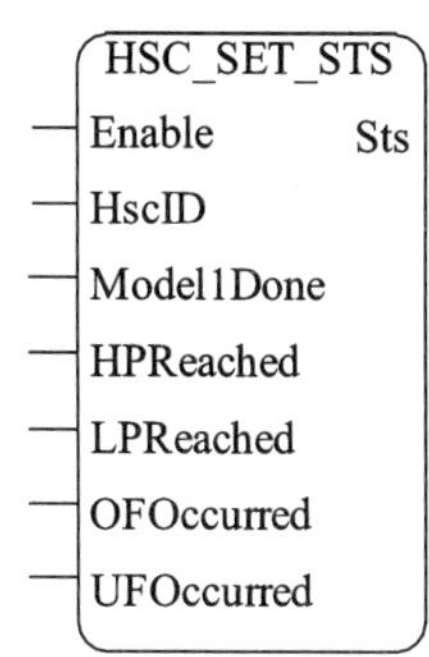

图 3-26　HSC_SET_STS 功能块

表 3-31　HSC_SET_STS 指令参数

参数	参数类型	数据类型	说　明
Enable	输入	BOOL	功能块启用
HscID	输入	UINT	HCS 地址
Mode1Done	输入	BOOL	模式 1A 或 1B 计数完成
HPReached	输入	BOOL	达到高预设
LPReached	输入	BOOL	达到低预设
OFOccurred	输入	BOOL	发生上溢出
UFOccurred	输入	BOOL	发生下溢出
Sts	输出	UINT	HSC 状态代码

【指令说明】

（1）HSC_SET_STS 指令用于手动设置或重置 HCS 状态。

（2）Enable 端用于启动模块重设 HSC 状态参数。当 Enable 为 FALSE 时，HSC 参数不变。

（3）本功能块要在 HCS 停止计数后才能工作，如果 HCS 仍然在计数状态，则该指令将被忽略。

6. 配置高速计数器用户中断

为高速计数器配置用户中断可以按照如下步骤进行：

（1）双击控制器，打开控制器配置工作区。

（2）点击控制器配置树中的“中断”，显示中断配置页面。

（3）右击空行，单击添加，显示中断属性配置页面（见图 3-27）。

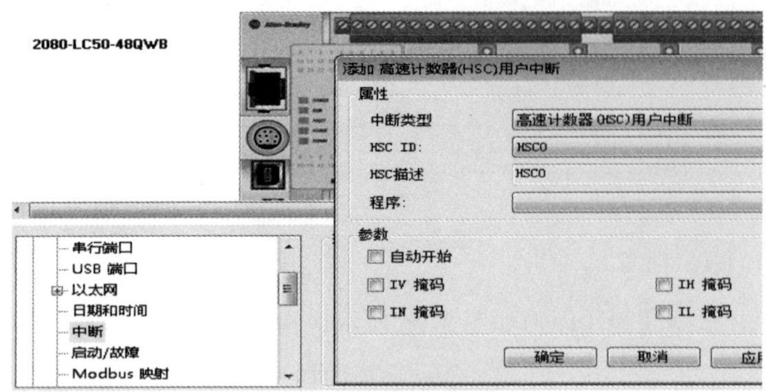

图 3-27　中断属性配置

（4）点击中断类型下拉选项，选择“高速计数器（HSC）用户中断”。

（5）点击 HSC ID 下拉选项，选择相应的高速计数器。

（6）点击程序下拉选项，从中选择用户程序作为中断服务程序。

（7）选择中断参数。其中“自动开始”定义是否只要控制器进入任意运动或测试模式就会自动启动 HSC 中断功能；IV、IN、IH、IL 分别为上溢出掩码、下溢出掩码、高预设掩码、低预设掩码，分别用于指示出现相关条件是否触发中断，如果该位为 0，则即使出现相关信号，也不会触发中断响应。

3.4.5　数据操作

数据操作类功能块有 2 种，其种类与用途如表 3-32 所示。

表 3-32　数据操作指令种类及用途

功能块	描述
AVERAGE	求平均值
COP	数据复制

1. AVERAGE 指令

AVERAGE 指令功能块图形如图 3-28 所示，指令参数如表 3-33 所示。

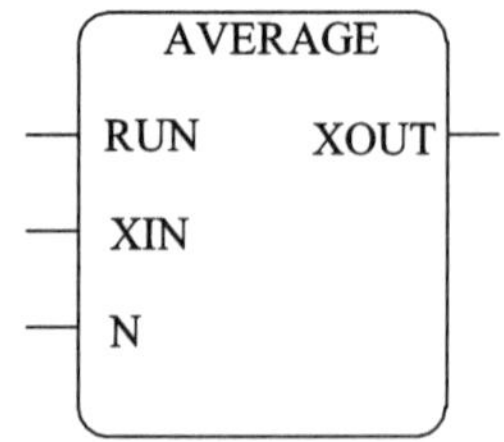

图 3-28　AVERAGE 功能块

表 3-33　AVERAGE 指令参数

参数	参数类型	数据类型	说　明
RUN	输入	BOOL	运行信号
XIN	输入	REAL	任何实型变量
N	输入	DINT	应用程序定义的示例数量
XOUT	输出	REAL	XIN 值的运行平均值

【指令说明】

（1）AVERAGE 指令用于求平均值。

（2）RUN 为指令的使能信号。当 RUN 为 TRUE 时，指令块工作；当 RUN 为 FALSE 时，指令块不做求平均值运算，XOUT 输出的数据直接与输入端 XIN 的值相等。

（3）数据输入口为 XIN。每执行一次指令，存储 XIN 送进的一个值。

（4）存储数目最大为 N，如果已经存储了 N 个值，则新存储的值依次替代最早的值。

（5）XOUT 输出的数据是已存储数据的平均值。其中 N 值不能大于 128。

（6）该指令用于 LD 编程时，RUN 作为第一个输入端，第一个输出端需要增加 ENO 使能端。

2. COP 指令

COP 指令功能块图形如图 3-29 所示，指令参数如表 3-34 所示。

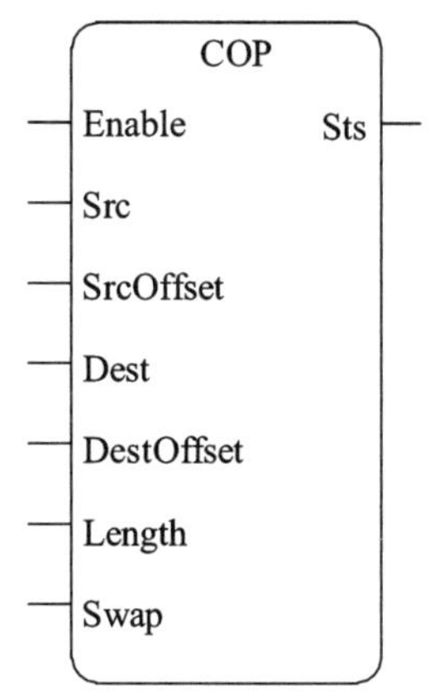

图 3-29 COP 功能块

表 3-34　COP 指令参数

参数	参数类型	数据类型	说　明
Enable	输入	BOOL	功能块启用
Src	输入	BOOL SINT USINT BYTE INT UINT WORD DINT UDINT DWORD REAL TIME DATE STRING LWORD ULINT LINT LREAL	要复制的初始元素
SrcOffset	输入	UINT	源元素偏移
Dest	输入	BOOL SINT USINT BYTE INT UINT WORD DINT UDINT DWORD REAL TIME DATE STRING LWORD ULINT LINT	被覆盖的初始元素

续表

参数	参数类型	数据类型	说明
DestOffset	输入	UINT	目标元素偏移量
Length	输入	UINT	要复制的目标元素个数
Swap	输入	BOOL	高低字节互换
Sts	输出	UINT	复制操作的状态

【指令说明】

（1）COP 指令用于将源数据复制给目标变量。

（2）当输入 Enable 为 TRUE，被功能块驱动后，执行从源数据到目的数据的复制；当 Enable 为 FALSE 时，功能块不工作。

（3）Src 是源数据的首地址，Dest 是目标数据的首地址。

① 如果复制数据是数组数据，则可以进行偏移复制。源数据从首地址开始算起，偏移至 Src+ SrcOffset 处开始，复制“Length”个数据，至目标数据的 Dest+DestOffset 处开始的位置。如果复制数据不是数组类型，则偏移值为 0。

② 如果源数据或目标数据是字符串数据类型，则另一方必须同样是字符串数据类型或者 USINT（UCHAR 和 BYTE）数据类型，否则将报告数据类型不匹配。

③ 如果 Swap 为 TURE，则复制数据的时候，执行数据的高低字节互换。但是，如果源数据类型或目标数据类型是字符串，或者源和目标都是长度为 1 个字节的数据，即使模块允许高低字节互换，也不执行该功能。

④ 如果执行至/自字符串数据类型的复制，则将对 USINT 数组中的数据使用 ODVA 短字符串格式。如果在任何其他数据类型对之间使用 COP，则即使源中的数据类型与目标中的数据类型不同，并且它们的格式无效，复制操作也有效。因此必须在应用程序级别验证该逻辑。

⑤ 如果要将 USINT 数组复制到字符串数组，USINT 数组中的数据必须采用如下格式：

字节 1：第一个字符串长度

字节 2：第一个字节字符

字节 3：第二个字节字符

…

字节 n：最后一个字节字符

字节$(n+1)$：第二个字符串长度

字节$(n+2)$：第二个字符串的第一个字节字符

…

（4）Sts 的值反映功能块的操作状态。具体对应关系如表 3-35 所示。

表 3-35　Sts 状态取值及其含义

状态值	状态说明	状态值	状态说明
0x00	未启用	0x03	源数据被截断
0x01	COP 功能块成功	0x04	副本长度无效
0x02	在从字符串复制时，目标中含有空余字节	0x05	当源或目标为字符串数据类型时，数据类型不匹配

续表

状态值	状态说明	状态值	状态说明
0x06	源数据太小而无法复制	0x09	目标数据偏移无效
0x07	目标数据太小而无法复制	0x0A	源或目标中的数据无效
0x08	源数据偏移无效		

3.4.6 输入/输出

输入/输出类指令有 15 种，其种类与用途如表 3-36 所示。

表 3-36 输入/输出指令种类及用途

功能块	描述	功能块	描述
DLG	将数据和全局/局部变量保存到 SD 卡数据记录文件	PLUGIN_RESET	重置类属插件模块
IIM	在进行正常输出扫描前更新输入	PLUGIN_WRITE	将数据写入类属插件模块
IOM	在进行正常输出扫描前更新输出	RCP	从 SD 内存卡读取配方数据/向其写入配方数据
KEY_READ	从可选 LCD 模块读取键状态	RTC_READ	读取实时时钟(RTC)模块信息
KEY_READ_REM	读取远程 LCD 上的键状态	RTC_SET	将实时时钟数据设置到实时时钟模块中
MM_INFO	读取内存模块标题信息	SYS_INFO	读取系统状态
PLUGIN_INFO	从类属插件模块中获取模块信息	TRIMPOT_READ	读取微调电位当前值
PLUGIN_READ	从类属插件模块中获取数据		

1. DLG 指令

DLG 指令功能块图形如图 3-30 所示，指令参数如表 3-37 所示。

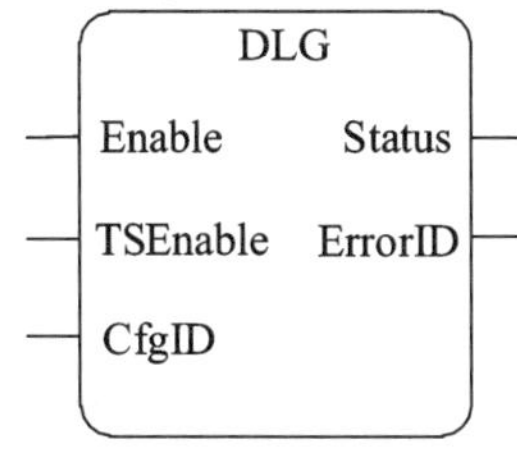

图 3-30 DLG 功能块

表 3-37 DLG 指令参数

参数	参数类型	数据类型	说 明
Enable	输入	BOOL	数据记录写入启用
TSEnable	输入	BOOL	日期和时间戳记录启用标志

续表

参数	参数类型	数据类型	说　明
CfgID	输入	USINT	数据记录配置 VA ID 编号，从 1 ~ 10
Status	输出	USINT	数据记录功能块当前状态
ErrorID	输出	UDINT	错误代码

【指令说明】

（1）DLG 指令用于将当前控制器数据转存到 SD 卡。

（2）当 Enable 为 TRUE 时开始工作。

（3）每天最多允许保存 50 个组文件夹，每个组文件夹含 50 个 4K ~ 8K 的文件。

（4）Status 是功能块当前状态代码，具体内容如表 3-38 所示。

表 3-38　Status 内容及含义

状态代码	说　明
0	数据记录“闲置”状态
1	数据记录“执行”状态
2	数据记录已完成——“成功”状态
3	数据记录已完成——“错误”状态

（5）ErrorID 是错误代码，具体内容如表 3-39 所示。

表 3-39　ErrorID 内容及含义

错误代码	错误名称	说　明
0	DLG_ERR_NONE	无错误
1	DLG_ERR_NO_SDCARD	SD 卡不存在
2	DLG_ERR_RESERVED	已保留
3	DLG_ERR_DATAFILE_ACCE SS	访问数据记录文件错误
4	DLG_ERR_CFG_ABSENT	数据记录配置文件不存在
5	DLG_ERR_CFG_ID	数据记录配置文件中的配置 ID 不存在
6	DLG_ERR_RESOURCE_BUS Y	与此数据记录 ID 链接的数据记录操作正在被另一个 FB 操作使用
7	DLG_ERR_CFG_FORMAT	数据记录配置文件格式无效
8	DLG_ERR_RTC	实时时钟无效
9	DLG_ERR_UNKNOWN	出现未指定的错误

2. IIM 指令

IIM 指令功能块图形如图 3-31 所示，指令参数如表 3-40 所示。

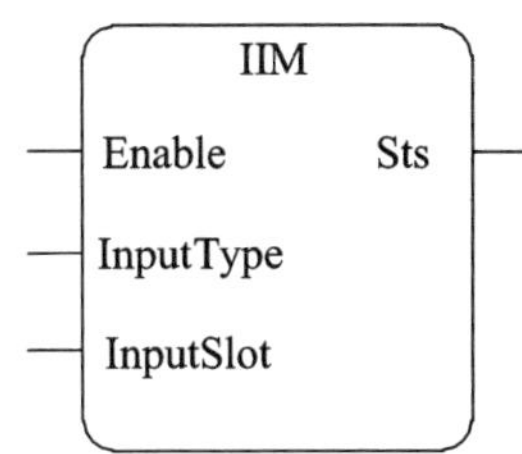

图 3-31　IIM 功能块

表 3-40　IIM 指令参数

参数	参数类型	数据类型	说明
Enable	输入	BOOL	功能块启用
InputType	输入	USINT	输入类型
InputSlot	输入	USINT	输入槽
Sts	输出	USINT	即时输入扫描状态

【指令说明】

（1）IIM 指令用于不等扫描周期的输入扫描阶段执行，便立即刷新输入端口的值。

（2）当 Enable 为 TRUE 时工作。由 InputType 和 InputSlot 共同指定待刷新输入端口的地址。

（3）InputType 用于指定输入端口类型。值为 0 时表示嵌入式输入，值为 1 时表示插件输入。

（4）InputSlot 用于指定输入槽。当输入槽为嵌入式输入时，其值为 0。为插件输入时，从最左端开始算起，其值依次为 1 ~ 5。

（5）Sts 是模块执行状态。具体含义如表 3-41 所示。

表 3-41　Sts 内容及含义

状态代码	说明
0x00	未执行操作
0x01	输入/输出扫描成功
0x02	输入/输出类型无效
0x03	输入/输出槽无效

3. IOM 指令

IOM 指令功能块图形如图 3-32 所示，指令参数如表 3-42 所示。

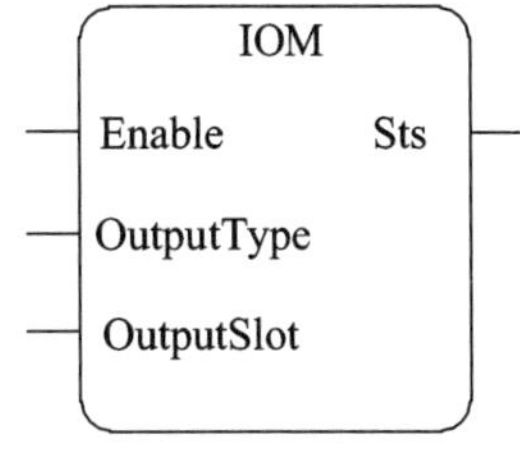

图 3-32　IOM 功能块

表 3-42　IOM 指令参数

参数	参数类型	数据类型	说明
Enable	输入	BOOL	功能块启用
OutputType	输入	USINT	输出类型
OutputSlot	输入	USINT	输出槽
Sts	输出	USINT	即时输出扫描状态

【指令说明】

（1）IOM 指令用于即时更新输出端口。

（2）当 Enable 为 TRUE 时，不用等到扫描周期的输出阶段，立即刷新输出端口的值。

（3）由 OutputType 和 OutputSlot 共同指定待刷新输出端口的地址。

（4）OutputType 用于指定输出端口类型。其值为 0 时表示嵌入式输出，为 1 时表示插件输出。

（5）OutputSlot 用于指定输出槽。当输出槽为嵌入式输出时，其值为 0；为插件输出时，从最左端开始计算，其值依次为 1 ~ 5。

（6）Sts 是模块执行状态，具体含义如表 3-41 所示。

4. KEY_READ 指令

KEY_READ 指令功能块图形如图 3-33 所示，指令参数如表 3-43 所示。

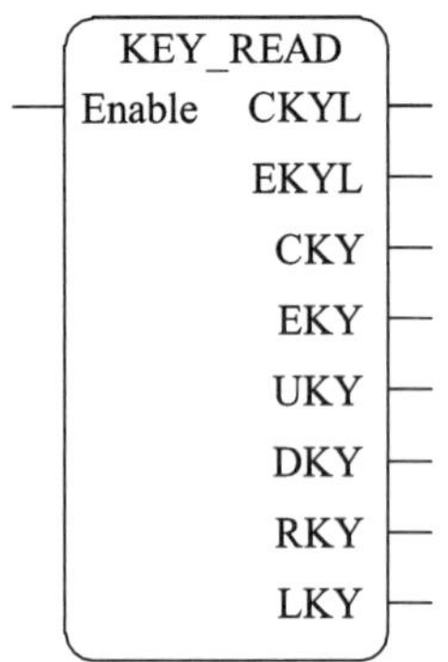

图 3-33　KEY_READ 功能块

表 3-43　KEY_READ 指令参数

参数	参数类型	数据类型	说　明
Enable	输入	BOOL	功能块启用
CKYL	输出	BOOL	按下 ESC 键持续 2 s 以上
EKYL	输出	BOOL	按下“确定”键持续 2 s 以上
CKY	输出	BOOL	按下 ESC 键
EKY	输出	BOOL	按下“确定”键
UKY	输出	BOOL	按下向上键
DKY	输出	BOOL	按下向下键
LKY	输出	BOOL	按下向左键
RKY	输出	BOOL	按下向右键

【指令说明】

（1）KEY_READ 指令用于读取 LCD 的按键状态。

（2）当 Enable 为 TRUE 时模块工作，从 LCD 中读取相应按键的状态。

（3）返回值为 TRUE，意味着该按键被按下了。

（4）需要注意的是本指令只适合 Micro810 控制器使用。

5. KEY_READ_REM 指令

KEY_READ_REM 指令功能块图形如图 3-34 所示，指令参数如表 3-44 所示。

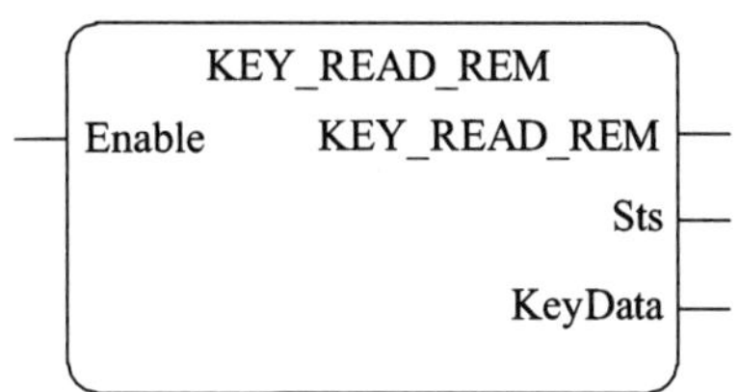

图 3-34　KEY_READ_REM 功能块

表 3-44　KEY_READ_REM 指令参数

参数	参数类型	数据类型	说明
Enable	输入	BOOL	功能块启用
KEY_READ_REM	输出	BOOL	成功读取远程 LCD 键数据标志
Sts	输出	UINT	指令的操作状态
KeyData	输出	UDINT	远程 LCD 键盘数据

【指令说明】

（1）KEY_READ_REM 指令用来读取 LCD 按键状态。

（2）当 Enable 为 TRUE 时，功能块开始工作，显示处于活动状态的 LCD 的键值。如果用户显示不处于活动状态，功能块的读取会标记一个错误。

（3）应激活 LCD 中的功能文件中的 P-BUTTON，否则所有按键值均为 FALSE。

（4）该指令仅用于 Micro820 控制器。

（5）Sts 为功能块状态参数，其状态代码具体含义如表 3-45 所示。

表 3-45　Sts 内容及含义

状态代码	说　明
0	Enable 输入为 False
1	已成功读取键数据
2	未检测到远程 LCD。可能是未将远程 LCD 物理连接到控制器（或配线错误）或串行端口设置不符合远程 LCD 要求
3	连接错误。可能是内部状态机器错误（控制器固件版本和 RLCD 固件版本之间不兼容）
4	用户显示未激活
5 ~ 65535	保留

（6）KeyData 存储读取的 LCD 各键状态。其数据位的值与键状态的对应关系如表 3-46 所示。

表 3-46　KeyData 内容及含义

键数据中的位编号	名称	说明	键数据中的位编号	名称	说　明
0	UKY	TRUE：按下向上键	8	F5KY	TRUE：按下 F5 键
1	DKY	TRUE：按下向下键	9	F6KY	TRUE：按下 F6 键
2	LKY	TRUE：按下向左键	10	EKY	TRUE：按下 Enter 键
3	RKY	TRUE：按下向右键	11	CKY	TRUE：按下 Cancel 键
4	F1KY	TRUE：按下 F1 键	12	EKYL	TRUE：按下 Enter 键持续 2 s 以上
5	F2KY	TRUE：按下 F2 键	13	CKYL	TRUE：按下 Cancel 键持续 2 s 以上
6	F3KY	TRUE：按下 F3 键	14～31	—	保留
7	F4KY	TRUE：按下 F4 键			

6. MM_INFO 指令

MM_INFO 指令功能块图形如图 3-35 所示，指令参数如表 3-47 所示。

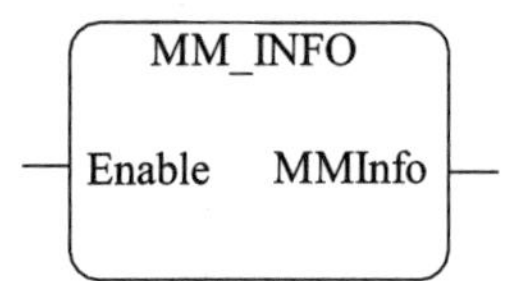

图 3-35　MM_INFO 功能块

表 3-47　MM_INFO 指令参数

参数	参数类型	数据类型	说明
Enable	输入	BOOL	功能块启用
MMInfo	输出	MMINFO	内存模块信息

【指令说明】

（1）MM_INFO 指令用来检查内存模块信息。

（2）当 Enable 为 TRUE 时，模块被激活，读取内存信息存储在 MMInfo 参数里面。

（3）如果没有内存则读取参数为 0。

（4）MMInfo 参数的数据类型是 MMINFO 类型，具体内容如表 3-48 所示。

表 3-48　MMINFO 数据类型结构

参数	数据类型	说　明
MMCatalog	MMCATNUM	内存模块的类型编号。在带有 SD 卡的控制器上使用 MM_INFO 指令时“SD CARD”
Series	UINT	内存模块系列。在带有 SD 卡的控制器上使用 MM_INFO 指令时为 0
Revision	UINT	内存模块版本。在带有 SD 卡的控制器上使用 MM_INFO 时为 0

续表

参数	数据类型	说　明
UPValid	BOOL	TRUE：用户程序有效
ModeBehavior	BOOL	TRUE：通电后转至 RUN
LoadAlways	BOOL	每次打开电源时，内存模块总是恢复至控制器
LoadOnError	BOOL	如果打开电源时出错，内存模块恢复至控制器
FaultOverride	BOOL	打开电源时出现覆盖错误
MMPresent	BOOL	内存模块存在

7. PLUGIN_INFO 指令

PLUGIN_INFO 指令功能块图形如图 3-36 所示，指令参数如表 3-49 所示。

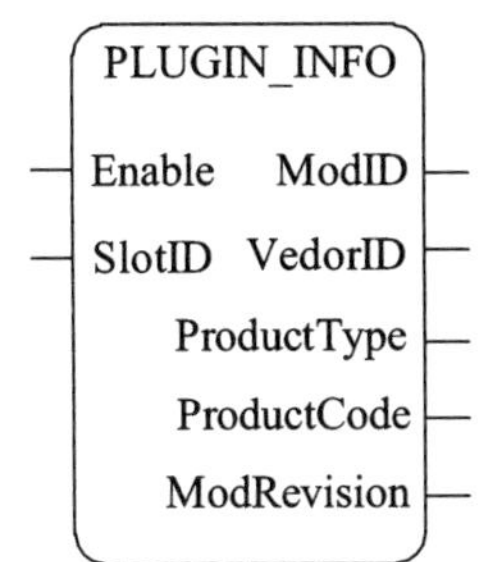

图 3-36　PLUGIN_INFO 功能块

表 3-49　PLUGIN_INFO 指令参数

参数	参数类型	数据类型	说　明
Enable	输入	BOOL	功能块启用
SlotID	输入	UINT	插件插槽编号
ModID	输出	UINT	插件类属模块物理 ID
VendorID	输出	UINT	插件类属模块供应商 ID
ProductType	输出	UINT	插件类属模块产品类型
ProductCode	输出	UINT	插件类属模块产品代码
ModRevision	输出	UINT	插件类属模块版本信息

【指令说明】

（1）PLUGIN_INFO 指令用于读取插件类型信息。

（2）当 Enable 为 TRUE 时，模块被激活，读取控制器插件的基本类型数据，并存储在相关输出参数里。

（3）SlotID 为插槽编号。从最左侧插槽开始，编号依次为 1 ~ 5。

（4）VendorID 为供应商编号。如果是 Allen Bradley 产品，供应商 ID 为 1。

8. PLUGIN_READ 指令

PLUGIN_READ 指令功能块图形如图 3-37 所示，指令参数如表 3-50 所示。

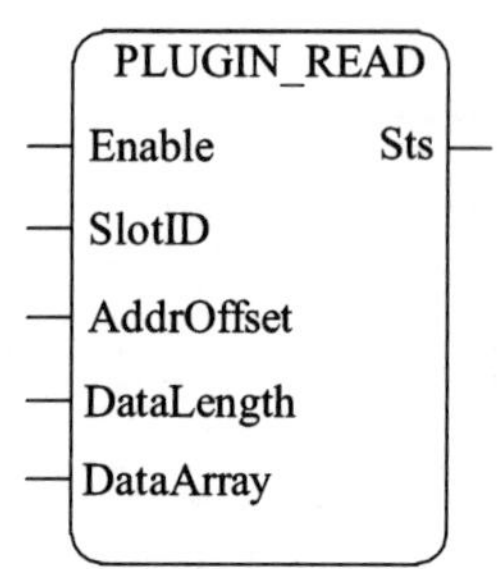

图 3-37　PLUGIN_READ 功能块

表 3-50　PLUGIN_READ 指令参数

参数	参数类型	数据类型	说　明
Enable	输入	BOOL	功能块启用
SlotID	输入	UINT	插件插槽编号
AddOffset	输入	UINT	要读取的首个数据的地址偏移
DataLength	输入	UINT	要读取的字节数量
DataArray	输入	USINT	存储从插件类属模块中读取的数据的数组
Sts	输出	UINT	状态代码

【指令说明】

（1）PLUGIN_READ 指令用于读取插件内容。

（2）当 Enable 为 TRUE 时，模块被激活，读取控制器插件的数据，存储在 DataArray 数组里。

（3）当 Enable 为 FALSE 时不进行读取操作，且相关数据无效。

（4）Offset 是从插件类属模块的首个字节开始计算，要读取的首个数据的地址偏移。

（5）Sts 参数是模块指令执行状态参数，其状态代码内容如表 3-51 所示。

表 3-51　Sts 内容及含义

状态代码	说　明	状态代码	说　明
0x00	未启用功能块	0x03	由于插件类属模块无效，插件操作失败
0x01	插件操作成功	0x04	由于数据操作超出范围，插件操作失败
0x02	由于插槽 ID 无效，插件操作失败	0x05	由于出现数据访问奇偶性错误，插件操作失败

9. PLUGIN_RESET 指令

PLUGIN_RESET 指令功能块图形如图 3-38 所示，指令参数如表 3-52 所示。

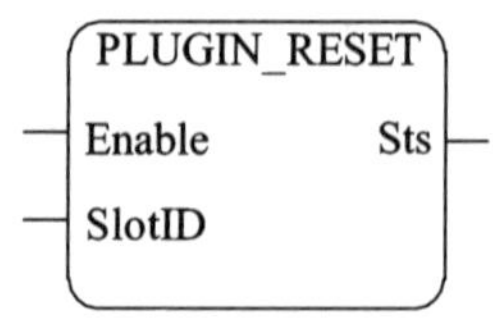

图 3-38　PLUGIN_RESET 功能块

表 3-52　PLUGIN_RESET 指令参数

参数	参数类型	数据类型	说明
Enable	输入	BOOL	功能块启用
SlotID	输入	UINT	插件插槽编号
Sts	输出	UINT	状态代码

【指令说明】

（1）PLUGIN_RESET 指令用于插件的参数重置。

（2）当 Enable 为 TRUE 时，插件模块硬件将被重置，重置后可以重新配置和操作。

（3）Sts 为功能块指令执行状态参数，具体结构同 PLUGIN_READ 指令相同。

10. PLUGIN_WRITE 指令

PLUGIN_WRITE 指令功能块图形如图 3-39 所示，指令参数如表 3-53 所示。

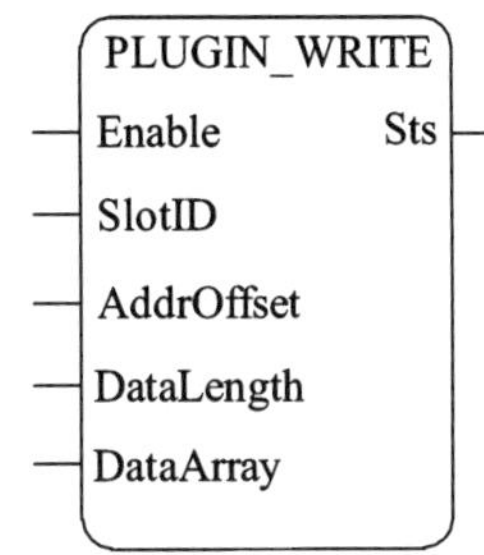

图 3-39　PLUGIN_WRITE 功能块

表 3-53　PLUGIN_WRITE 指令参数

参数	参数类型	数据类型	说明
Enable	输入	BOOL	功能块启用
SlotID	输入	UINT	插件插槽编号
AddOffset	输入	UINT	要写入的首个数据的地址偏移
DataLength	输入	UINT	要写入的字节数量
DataArray	输入	USINT	要写入插件类属模块的数据
Sts	输出	UINT	状态代码

【指令说明】

（1）PLUGIN_WRITE 指令用于将大量数据写入插件。

（2）当 Enable 为 TRUE 时，模块执行写入操作，将 DataArray 中的 DataLength 字节的数据写入第 SlotID 个插槽中的插件指定位置中。

（3）Sts 为功能块指令执行状态参数，具体结构同 PLUGIN_READ 指令相同。

11. RCP 指令

RCP 指令功能块图形如图 3-40 所示，指令参数如表 3-54 所示。

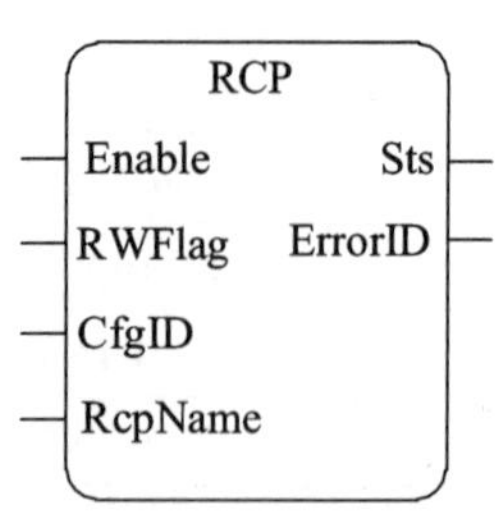

图 3-40　RCP 功能块

表 3-54　RCP 指令参数

参数	参数类型	数据类型	说明
Enable	输入	BOOL	功能块启用
RWFlag	输入	BOOL	读取/写入标志
CfgID	输入	USINT	配方配置 VA ID 索引
RcpName	输入	STRING	配方数据文件名称
Sts	输出	USINT	当前状态
ErrorID	输出	UDINT	错误 ID

【指令说明】

（1）RCP 指令用于从 SD 卡的配方文件中读取配方数据，或向配方文件中写入数据。

（2）RWFlag 为读写标志。值为 TRUE 时为写入 SD 卡，否则为从 SD 卡读取配方文件。

（3）RcpName 为在 SD 卡中的配方文件夹中运行的配方数据文件名称，最大长度为 30 个字符。

（4）Sts 是功能块指令执行后的状态代码，如表 3-55 所示。

表 3-55　Sts 内容及含义

状态代码	说明
0	配方“闲置”状态
1	配方“执行”状态
2	配方已完成——“成功”状态
3	配方已完成——“错误”状态

（5）ErrorID 是出错代码，如表 3-56 所示。

表 3-56　出错代码内容及含义

状态代码	说明	状态代码	说明
0	RCP_ERR_NONE	8	RCP_ERR_RESERVED
1	RCP_ERR_NO_SDCARD	9	RCP_ERR_UNKNOWN
2	RCP_ERR_DATAFILE_FULL	10	RCP_ERR_DATAFILE_NAME
3	RCP_ERR_DATAFILE_ACCESSSD	11	RCP_ERR_DATAFOLDER_INVALID
4	RCP_ERR_CFG_ABSENT	12	RCP_ERR_DATAFILE_ABSENT
5	RCP_ERR_CFG_ID	13	RCP_ERR_DATAFILE_FORMAT
6	RCP_ERR_RESOURCE_BUSY	14	RCP_ERR_DATAFILE_SIZE
7	RCP_ERR_CFG_FORMAT		

12. RTC_READ 指令

RTC_READ 指令功能块图形如图 3-41 所示，指令参数如表 3-57 所示。

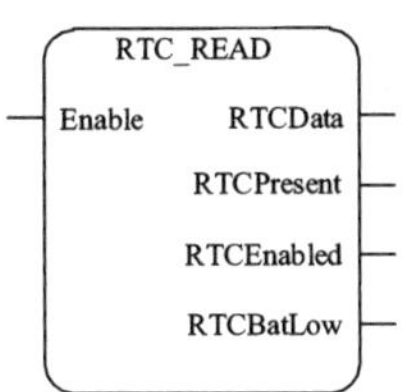

图 3-41　RTC_READ 功能块

表 3-57　RTC_READ 指令参数

参数	参数类型	数据类型	说　明
Enable	输入	BOOL	功能块读取/写入启用
RTCData	输出	RTC	RTC 数据信息
RTCPresent	输出	BOOL	已插入 RTC 硬件
RTCEnabled	输出	BOOL	已启用 RTC 硬件
RTCBatLow	输出	BOOL	RTC 电池电量低

【指令说明】

（1）RTC_READ 指令用于读取实时时钟的时间信息和状态信息。

（2）RTCPresent 用来显示是否插入 RTC 硬件。值为 TRUE 时，表示已插入。

（3）RTCEnabled 用来显示是否已启用 RTC 硬件。值为 TRUE 时，表示已启用。

（4）RTCBatLow 用来显示 RTC 电池电量。值为 TRUE 时，表示电池电量偏低。如果实时时钟是嵌入式模块，RTCBatLow 参数显示为 FALSE。

（5）RTCData 存储时间信息，它是 RTC 型数据，其格式为：yy/mm/dd、hh/mm/ss、星期，其数据类型结构如表 3-58 所示。如果 RTCEnable = 0 时，忽略此数据。

表 3-58　RTC 数据类型结构

参数	数据类型	说　明
Year	UINT	RTC 的年设置。16 位值，有效范围为： 2000（1 月 01 日 00:00:00）至 2098（12 月 31 日 23:59:59）
Month	UINT	RTC 的月设置
Day	UINT	RTC 的日设置
Hour	UINT	RTC 的小时设置
Minute	UINT	RTC 的分钟设置
Second	UINT	RTC 的秒钟设置
DayOfWeek	UINT	RTC 的星期设置

13. RTC_SET 指令

RTC_SET 指令功能块如图 3-42 所示，指令参数如表 3-59 所示。

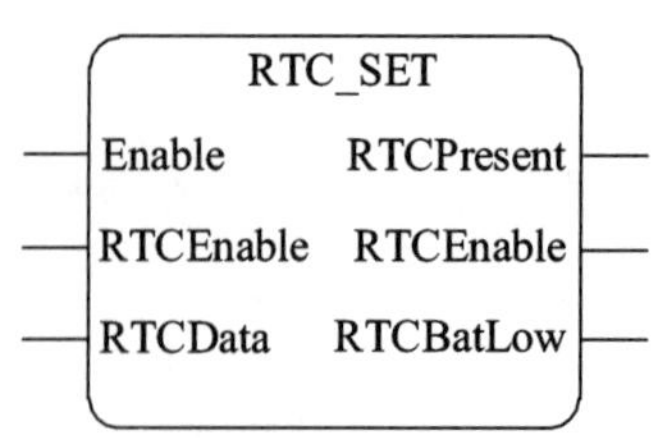

图 3-42　RTC_SET 功能

表 3-59　RTC_SET 指令参数

参数	参数类型	数据类型	说　明
Enable	输入	BOOL	功能块读取/写入启用
RTCEnable	输入	BOOL	启用 RTC 及指定的 RTC 数据
RTCData	输入	RTC	RTC 数据信息
RTCPresent	输出	BOOL	已插入 RTC 硬件
RTCEnabled	输出	BOOL	已启用 RTC 硬件
RTCBatLow	输出	BOOL	RTC 电池电量低

【指令说明】

（1）RTC_SET 指令用于设置实时时钟状态或写入实时时钟数据。

（2）Sts 是状态数据，其结构如表 3-60 所示。

表 3-60　Sts 内容及含义

状态代码	说明	状态代码	说明
0x00	未启用功能块	0x02	RTC 设置操作失败
0x01	RTC 设置操作成功		

14. SYS_INFO 指令

SYS_INFO 指令功能块图形如图 3-43 所示，指令参数如表 3-61 所示。

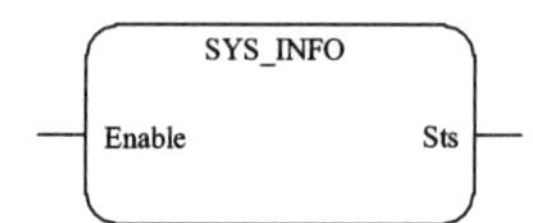

图 3-43　SYS_INFO 功能块

表 3-61　SYS_INFO 指令参数

参数	参数类型	数据类型	说明
Enable	输入	BOOL	功能块读取/写入启用
Sts	输出	SYSINFO	系统状态

【指令说明】

（1）SYS_INFO 指令用于读取系统状态，读取的数据存储在 Sts 参数里面。

（2）Sts 参数属于 SYSINFO 数据类型，其数据结构如表 3-62 所示。

表 3-62　SYS_INFO 数据类型结构

参数	数据类型	说　明
BootMajRev	UINT	启动主要版本
BootMinRev	UINT	启动次要版本
OSSeries	UINT	操作系统系列：0 表示一系列 A 设备；1 表示一系列 B 设备
OSMajRev	UINT	操作系统主要版本
OSMinRev	UINT	操作系统次要版本
ModeBehaviour	BOOL	模式行为（TRUE：通电后转至 RUN）
FaultOverride	BOOL	故障覆盖（TRUE：通电后覆盖错误）
StrtUpProtect	BOOL	启动保护（TRUE：通电后运行启动保护程序）
MajErrHalted	BOOL	主要错误停止（TRUE：主要错误停止）
MajErrCode	UINT	主要错误代码
MajErrUFR	BOOL	用户错误例程期间的主要错误
UFRPouNum	UINT	用户错误例程程序编号
MMLoadAlways	BOOL	通电后内存模块始终恢复到控制器（TRUE：已恢复）
MMLoadOnError	BOOL	如果通电后发生错误，则内存模块恢复到控制器（TRUE：已恢复）
MMPwdMismatch	BOOL	内存模块密码不匹配（TRUE：控制器与内存模块密码不匹配）
FreeRunClock	UINT	从 0 到 65 535 每 100 μs 递增一个数字，然后恢复为 0 的自由运行时钟
ForcesInstall	BOOL	启用强制（TRUE：已启用）
EMINFilterMod	BOOL	修改的嵌入式过滤器（TRUE：已修改）

15. TRIMPOT_READ 指令

TRIMPOT_READ 指令功能块图形如图 3-44 所示，指令参数如表 3-63 所示。

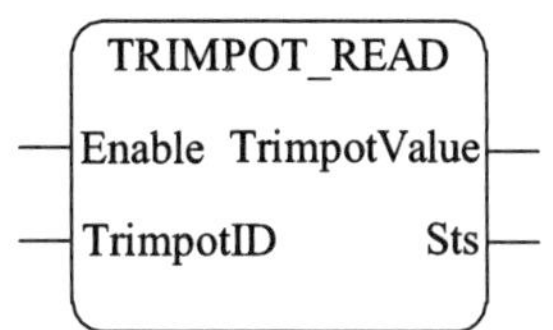

图 3-44　TRIMPOT_READ 功能块

表 3-63　TRIMPOT_READ 指令参数

参数	参数类型	数据类型	说明
Enable	输入	BOOL	功能块读取/写入启用
TrimpotID	输入	UINT	要读取的微调电位的 ID
TrimpotValue	输出	UINT	当前微调电位值
Sts	输出	UINT	读取操作状态

【指令说明】

（1）TRIMPOT_READ 指令用于读取微调电位器的当前电位值。

（2）微调电位 ID 的定义如表 3-64 所示。

表 3-64　微调电位 ID 的定义

状态代码位	说　明
15～13	微调电位的模块类型。0x00：嵌入式；0x01：扩展；0x02：插件端口
12～8	模块的插槽 ID。0x00：嵌入式；0x01-0x1F：扩展模块的 ID；0x01-0x05：插件端口的 ID
7～4	微调电位类型。0x00：保留；0x01：数字微调电位类型 1（LCD 模块 1）；0x02：机械微调电位模块 1
3～0	模块内的微调电位 ID。0x00-0x0F：嵌入式；0x00-0x07：用于扩展的微调电位的 ID；0x00-0x07：用于插件端口的微调电位的 ID

（3）读取操作状态信息 Sts 如表 3-65 所示。

表 3-65　Sts 内容及含义

状态代码	说　明
0x00	未启用功能块
0x01	读取/写入操作成功
0x02	读取/写入操作由于微调电位 ID 无效而失败
0x03	写入操作由于超范围值而失败

3.4.7　通信操作

通信操作类指令有 4 种，其种类与用途如表 3-66 所示。

表 3-66　通信指令种类及用途

功能块	描　述
MSG_CIPGENERIC	发送 CIP 泛型显式消息
MSG_CIPSYMBOLIC	发送 CIP 符号显式消息
MSG_MODBUS	发送 Modbus 消息
MSG_MODBUS2	通过以太网通道发送 MODBUS/TCP 消息

1. MSG_CIPGENERIC 指令

MSG_CIPGENERIC 指令功能块图形如图 3-45 所示，指令参数如表 3-67 所示。

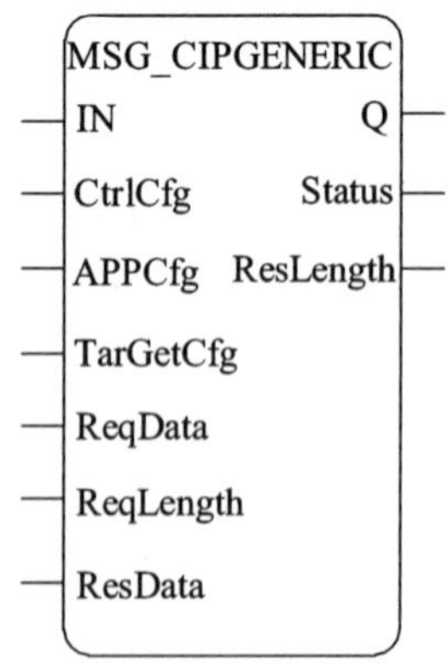

图 3-45　MSG_CIPGENERIC 功能块

表 3-67　MSG_CIPGENERIC 指令参数

参数	参数类型	数据类型	说　明
IN	输入	BOOL	上升沿启动功能块
CtrlCfg	输入	CIPCONTROLCFG	功能块执行控制配置
AppCfg	输入	CIPAPPCFG	CIP 服务和应用程序路径配置
TargetCfg	输入	CIPTARGETCFG	目标设备配置
ReqData	输入	USINT[1..1]	CIP 消息请求数据
ReqLength	输入	UINT	CIP 消息请求数据长度
ResData	输入	USINT[1..1]	CIP 消息响应数据
Q	输出	BOOL	TRUE：MSG 指令已完成； FALSE：MSG 指令未完成
Status	输出	CIPSTATUS	功能块执行状态
ResLength	输出	UINT	CIP 消息响应数据长度

【指令说明】

（1）MSG_CIPGENERIC 指令用于发送泛型显式消息。

（2）IN 为功能块启动参数。当 IN 有上升沿，且上一次通信已经完成，功能块开启下一次通信。

（3）CtrlCfg 为通信控制参数配置，其数据类型为 CIPCONTROLCFG，数据结构如表 3-68 所示。

表 3-68　CIPCONTROLCFG 数据结构

参数	数据类型	说　明
Cancel	BOOL	取消功能块的执行
TriggerType	USINT	触发类型
StrMode	USINT	保留

注意：

① 当功能块已经启动，但是通信尚未完成时，若 Cancel 置位为 TRUE，错误位 ER 会置位。

② 触发类型有一次触发和周期触发两种。当 TriggerType 值为 0 时，每次功能块被置位后，只发送一次信息；如果 TriggerType 为非零，则按固定周期反复发送，其值为周期长度，单位为毫秒，取值范围为 1 ~ 65 535。

（4）AppCfg 是服务类型和应用程序路径配置参数。其数据类型为 CIPAPPCFG，数据结构如表 3-69 所示。

表 3-69　CIPAPPCFG 数据结构

参数	数据类型	说　明
Service	USINT	服务代码。取值范围：1 ~ 127
Class	UINT	逻辑段类 ID 值。取值范围：1 ~ 65 535
Instance	UDINT	逻辑段实例 ID 值。取值范围：0 ~ 4 294 967 295

续表

参数	数据类型	说　明
Attribute	UINT	逻辑段特性 ID 值。取值范围：1～65 535；为 0 指未使用特性 ID
MemberCnt	USINT	成员 ID 计数
MemberId	UINT[3]	成员 ID 值。取值范围：0～65 535

（5）TargetCfg 是目标设备通信设置参数。其数据类型为 CIPTARGETCFG，数据结构如表 3-70 所示。

表 3-70　CIPTARGETCFG 数据结构

参数	数据类型	说　明
Path	STRING[80]	目标的路径
CipConnMode	USINT	CIP 连接类型
UcmmTimeout	UDINT	断开消息超时
ConnMsgTimeout	UDINT	Class3 连接超时
ConnClose	BOOL	连接关闭行为

① Path 用来标明目标的通信路径。通信路径允许两个跃点，其中第 1 个跃点是必备的，第 2 个跃点为可选项。通信路径的语法如下：

"<本地端口>,<第 1 个目标的地址>,[<第 1 个目标的本地端口>,<第 2 个目标的地址>]"

其中：

（a）<本地端口>：用于发送消息的本地端口应为活动的 EtherNet/IP 或 CIP 串行端口，不支持 USB 端口。

（b）<第 1 个目标地址>：对于 EIP，请指定目标 IP 地址。其地址应为单播地址且不应为 0、多播、广播、本地地址或回送（127.x.x.x）地址；对于 CIP 串行，需指定目标节点地址，支持的值为 1。

（c）<第 1 个目标的本地端口>：用于发送消息的本地端口。

（d）<第 2 个目标地址>：第 2 个跃点的目标地址。

例如：

（a）"0,0"：含义是“目标设备是本地设备”。

（b）"6,1"：含义是“过端口 6（Micro830 UPM 串行端口），到达位于 1 处的节点”。

（c）"4,192.168.1.100"：含义是“通过端口 4（Micro830 嵌入式以太网端口），到达位于 192.168.1.100 处的节点”。

（d）"4,192.168.1.100,1,0"：含义是“通过端口 4，到达位于 192.168.0.100 处的节点（Logix ENET 模块）；然后在 ENET 模块中，通过底板端口（端口 1），到达位于插槽 0 处的 Logix 控制器”。

② CipConnMode 用以指明 CIP 连接类型。值为 0 时表示断开连接，为 1 时表示 Class3 连接。默认为断开连接。

③ UcmmTimeout 用以设置等待断开消息回复时长。有效值为 250 ~ 10 000，单位为 ms。低于 250 则默认为 250，高于 10 000 则默认为 10 000。如果值为 0，则默认为 3 000。

④ ConnMsgTimeout 用以设置等待 Class3 连接回复消息时长，超过该值则会关闭已有连接。有效值为 800～10 000，单位为 ms。低于 800 则默认为 800，高于 10 000 则默认为 10 000。如果值为 0，则默认为 3 000。

UcmmTimeout 和 ConnMsgTimeout 两个定时器的工作状态如表 3-71 所示。

表 3-71　超时定时器工作状态说明

操　作	结　果
消息已启用	激活 UcmmTimeout 定时器
已请求连接	激活 ConnMsgTimeout 定时器
ConnMsgTimeout 定时器处于活动状态	禁用 UcmmTimeout 定时器
连接请求已完成	重新激活 UcmmTimeout 定时器

⑤ ConnClose 用于设定连接关闭模式。值为 TRUE 时，当消息完成后关闭对应连接；值为 FALSE 时，完成消息后不关闭连接，这也是默认模式。

模块启用后，上述参数设置与通信行为之间的对应情况如表 3-72 所示。

表 3-72　CIP/EIP 行为

条　件	行　为
消息请求已启用且 CipConnMode=1	如果不存在指向目标的连接，则建立 CIP 连接；如果已存在指向目标的连接，则使用现有 CIP 连接
消息请求已启用，CipConnMode=1，且消息的本地端口为以太网	如果不存在指向目标的 EIP 连接，则在建立 CIP 连接之前先建立 EIP 连接
消息请求已启用，CipConnMode=0，且消息的本地端口为以太网	如果不存在指向目标的 EIP 连接，则建立 EIP 连接
消息执行已完成，且 ConnClose 为 True	如果仅存在一个指向目标的连接，则关闭连接；如果存在多个指向目标的连接，则在完成最后一个消息执行后，关闭连接；当 CIP 连接关闭后，任何关联的 EIP 连接也会关闭；如果多个 CIP 连接使用同一 EIP 连接，则该 EIP 连接将在所有关联的 CIP 连接均已关闭后关闭
消息执行已完成，并且 ConnClose 为 False	连接不关闭
连接与活动的消息无关，并且在 ConnMsgTimeOut 参数指定时长内保持空闲	关闭连接
控制器从执行模式过渡到非执式	强制关闭所有活动连接

（6）ReqData 和 ResData 是本功能块用于存储发送或接收信息的参数。其大小应该不小于相应消息长度设定。即 ReqData 大小应大于等于 ReqLength，ResData 大小应大于等于 ResLength。每次触发或重新触发 MSG 时，ResData 数据会被清空。

（7）Status 是描述功能块执行状况的参数。它是 CIPSTATUS 类型数据，数据结构如表 3-73 所示。

表 3-73　CIPSTATUS 数据结构

参数	数据类型	说　明
Error	BOOL	通信出错标志
ErrorID	UINT	错误代码
SubErrorID	UINT	子错误代码
ExtErrorID	UINT	CIP 扩展状态错误代码
StatusBits	UINT	工作状态位标志

其中：

① Error 用来说明功能块在执行过程中是否出现错误。如果出现错误，则 Error 值为 TRUE。

② ErrorID 和 SubErrorID 用来标注出错种类。当 Error 为 TRUE 时，上述参数将给出执行过程中所出现错误类别或子类。错误类别及其错误代码如表 3-74 所示。

表 3-74　ErrorID 和 SubErrorID 内容

参数	数据类型	说　明
33	与参数配置有关的错误	
	32	通道编号错误
	36	CIP 连接类型不受支持
	40	CIP 符号数据类型不受支持
	41	CIP 符号名称无效
	43	CIP 类值或 MemberID 计数不受支持
	48	指令块的输入数据数组大小不够
	49	目标路径无效
	50	服务代码错误
	51	指令块的传输数据数组对于 CIP 通信而言太大
55	超时相关错误	
	112	在消息等待队列中等待时消息超时
	113	在等待建立与链接层的连接时消息超时
	114	在等待传输至链接层时消息超时
	115	在等待来自链接层的响应时消息超时
69	与服务器响应格式有关的错误代码	
	65	消息回复与请求不匹配
	68	消息回复数据类型无效/不受支持
208	未为该网络配置 IP 地址	
209	已达到最大连接数，无可用连接	
210	Internet 地址或节点地址无效	
217	用户已取消消息执行	
218	无可用网络缓冲空间	
222	保留	
224	CIP 响应错误代码	
255	通道已关闭或正在进行重新配置	

③ StatusBits 是状态位参数，用来描述功能块的工作状态。该参数只用到低五位信息。具体含义如表 3-75 所示。

表 3-75　StatusBits 各位信息

位	名称	说　明
0	EN	模块已启用
1	EW	启动等待传输
2	ST	启动等待回复
3	ER	消息传输失败
4	DN	消息成功传输

表 3-75 中：

（a）EN 位是模块启动标志。当梯级变为 TRUE 时，EN 设置并且一直保持；当 DN 位或 ER 位设置后，且梯级变为 FALSE 时，EN 位标志清除。

（b）EW 位是传输等待标志。当为消息请求分配通信缓冲时，EW 位设置，在 ST 位设置后清除。

（c）ST 位是回复等待标志。当消息已传输并且在等待回复时设置，DN 位设置后清除。

（d）ER 位是传输出错标志。当消息传输失败时设置，至下次梯级从 FALSE 变为 TRUE 时清除。

（e）DN 位是传输完成标志。当消息已成功传输，将设置 DN 位，并清除所有其他位以说明消息已成功完成。DN 位至下次梯级从 FALSE 变为 TRUE 时清除。

2. MSG_CIPSYMBOLIC 指令

MSG_CIPSYMBOLIC 指令功能块图形如图 3-46 所示，指令参数如表 3-76 所示。

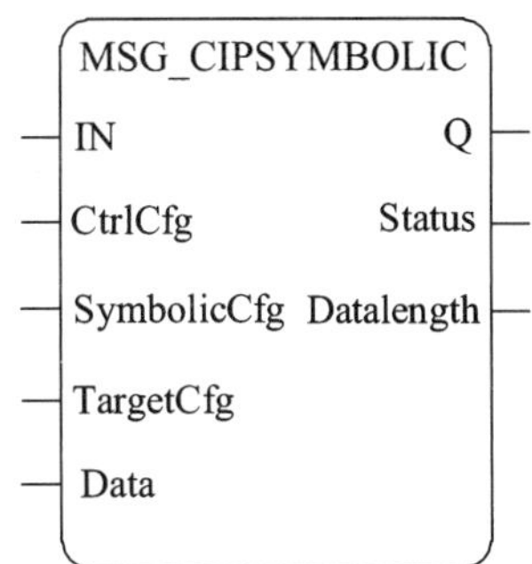

图 3-46　MSG_CIPSYMBOLIC 功能块

表 3-76　MSG_CIPSYMBOLIC 指令参数

参数	参数类型	数据类型	说　明
IN	输入	BOOL	启动功能块
CtrlCfg	输入	CIPCONTROLCFG	功能块执行控制配置
SymbolicCfg	输入	CIPSYMBOLICCFG	读取/写入符号信息
TargetCfg	输入	CIPTARGETCFG	目标设备配置

续表

参数	参数类型	数据类型	说　明
Data	输入	USINT[490]	存储接收/发送数据
Q	输出	BOOL	FALSE：功能块未完成 TRUE：功能块完成
Status	输出	CIPSTATUS	功能块执行状态
DataLength	输出	UDINT	读取/写入的数据字节数

【指令说明】

（1）MSG_CIPSYMBOLIC 指令用来发送显示消息指令。

（2）IN 为模块启动参数。当输入信号由 FALSE 变为 TRUE 时，如果上一次通信已经完成，则本次通信立即启动。

（3）CtrlCfg 为通信控制参数配置，数据类型为 CIPCONTROLCFG。

（4）TargetCfg 是目标设备通信设置参数，数据类型为 CIPTARGETCFG。

（5）Status 是描述功能块执行状况的参数，数据类型为 CIPSTATUS 类型数据。

（上述参数的具体内容和类型与 MSG_CIPGENERIC 指令相同。）

（6）Data 用来存储发送或接收的数据。对于读取命令，Data 存储从服务器返回的数据；对于写入命令，Data 缓存要发往服务器的数据。触发或重新触发 MSG 时，会清除 MSG 读取命令的 Data。

（7）SymbolicCfg 用于存储读入/写出信息，类型数据为 CIPSYMBOLICCFG，数据结构如表 3-77 所示。

表 3-77　CIPSYMBOLICCFG 数据结构

参数	数据类型	说　明
Service	USINT	服务代码
Symbol	STRING	要读取/写入的变量的名称
Count	UINT	要读取/写入的变量元素个数
DataType	用户自定义	目标变量的用户自定义数据类型
Offset	USINT	保留

其中：

① Service 参数用于设置服务类型。值为 0 时表示读取数据，值为 1 时表示写入数据，默认服务类型为读取。

② Symbol 参数用于设置读取或写入的变量名称。该字段不能为空，同时字符数不能超过 80。

③ Count 参数用来设置读取或写入变量的个数。取值范围为 1 ~ 490，如果值为 0 时，默认为 1。

④ DataType 参数用来设置目标变量的用户自定义数据。功能块能够支持的数据类型及其数据类型代码如表 3-78 所示。

表 3-78　数据类型

数据类型	数据类型值	说　明
BOOL	193 (0xC1)	逻辑值
SINT	194 (0xC2)	带符号 8 位整型值
INT	195 (0xC3)	带符号 16 位整型值
DINT	196 (0xC4)	带符号 32 位整型值
LINT	197 (0xC5)	带符号 64 位整型值
USINT	198 (0xC6)	无符号 8 位整型值
UINT	199 (0xC7)	无符号 16 位整型值
UDINT	200 (0xC8)	无符号 32 位整型值
ULINT	201 (0xC9)	无符号 64 位整型值
REAL	202 (0xCA)	32 位浮点值
LREAL	203 (0xCB)	64 位浮点值

符号的读取/写入要注意规则。首先每个符号名称必须以字母或下划线字符开头，后跟字母、数字或单个下划线字符，字符数不超过 40 个，且不含两个连续的下划线字符。如果有多个字符，使用特殊字符“[ ] . ,”作为分隔符。其中：

（a）变量的描述规则为

PROGRAM:<程序名称>,<符号名称>

例如：PROGRAM:POU1.MyTag

（b）数组的描述规则为

<符号名称>[dim3, dim2, dim1]

例如：MyTag1[0]、MyTag2[3,6]、MyTag3[1,0,4]

（c）结构的描述规则为

<符号名称>.<结构字段的符号名称>

例如：MyTag4.time.year、MyTag5.local.time[1].year

3. MSG_MODBUS 指令

MSG_MODBUS 指令功能块图形如图 3-47 所示，指令参数如表 3-79 所示。

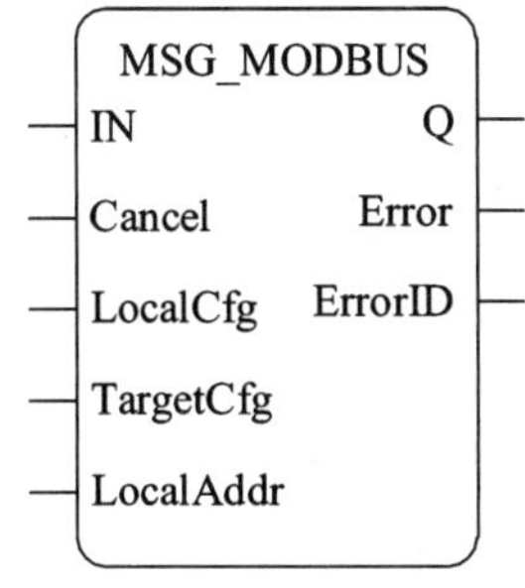

图 3-47　MSG_MODBUS 功能块

表 3-79　MSG_MODBUS 指令参数

参数	参数类型	数据类型	说　明
IN	输入	BOOL	启动功能块
Cancel	输入	BOOL	取消
LocalCfg	输入	MODBUSLOCPARA	定义本地设备的输入结构
TargetCfg	输入	MODBUSTARPARA	定义目标设备的输入结构
LocalAddr	输入	MODBUSLOCADDR	缓存地址
Q	输出	BOOL	TRUE：MSG 指令已完成 FALSE：MSG 指令未完成
Error	输出	BOOL	TRUE：发生错误时 FALSE：没有错误
ErrorID	输出	UINT	错误代码

【指令说明】

（1）MSG_MODBUS 指令为 Modbus 发送指令。

（2）IN 为功能块启动信号。当 IN 参数的输入信号由 FALSE 到 TRUE 时，如果上一轮通信已经完成，则立刻启动本轮通信。

（3）Cancel 参数为取消信号。当 Cancel 参数的输入信号为 TRUE 时，将取消功能块的执行。

（4）LocalCfg 参数用于对本地设备的通信方式进行设置。LocalCfg 参数是 MODBUSLOCPARA 类型数据，其数据结构如表 3-80 所示。

表 3-80　MODBUSLOCPAPA 数据结构

参数	数据类型	说　明
Channel	UINT	串行端口号
TriggerType	USINT	消息触发方式
Cmd	USINT	Modbus 命令
ElementCnt	UINT	读/写数据长度限制

其中：

① Channel 参数设置 PLC 的串行端口号。嵌入式串行端口为 2，安装在插槽 1 到插槽 5 的串行端口的插件编号分别为 5 ~ 9。

② TriggerType 参数用于设置消息触发方式。消息触发有两种工作模式：

（a）当 TriggerType=0 时，如果 IN 端信号由 FALSE 变成 TRUE，则消息触发一次。

（b）当 TriggerType=1 时，如果 IN 端信号为 TRUE，消息会定期连续触发，触发机制如表 3-81 所示。

表 3-81　消息触发机制

操　作	结　果
消息已启用	触发器计时器启动
触发器计时器在消息完成前到期	消息在下一个梯形扫描周期中立即触发
消息在触发器时间到期前完成	消息在触发器时间到期时触发

③ Cmd 参数为 Modbus 命令：

（a）当 Cmd=01 ~ 04 时为读取数据模式。取值 01 时为读取线圈状态(0xxxx)；02 时为读取输入状态(1xxxx)；03 时为读取保持寄存器(4xxxx)；04 时为读取输入寄存器(3xxxx)。

（b）当 Cmd=05、06、15、16 时为写入数据模式。取值 05 为写入单个线圈(0xxxx)；06 为写入单个寄存器(4xxxx)；15 为写入多个线圈(0xxxx)；16 为写入多个寄存器(4xxxx)。

④ ElementCnt 参数用于设置读/写数据长度限制。对于读取线圈/离散输入数据，最大为 2 000 位；对于读取寄存器数据，最大为 125 个字；对于写入线圈数据，最大为 1 968 位；对于写入寄存器数据，最大为 123 个字。

⑤ TargetCfg 定义功能块目标设备通信参数。TargetCfg 的数据类型为 MODBUSTARPARA 类型，该类型数据结构如表 3-82 所示。

表 3-82　MODBUSTARPAPA 数据结构

参数	数据类型	说明
Addr	UDINT	目标数据地址
Node	USINT	节点地址

其中：

（a）Addr 是目标数据地址，取值范围为 1 ~ 65 536。

（b）Node 为节点地址，取值范围为 1 ~ 247。Node 默认从属节点地址为 1；0 为 Modbus 广播地址，只对 Modbus 写入命令有效。

（5）LocalAddr 为缓存地址。LocalAddr 参数是一个 MODBUSLOCADDR 类型数据。该类型数据是一个大小为 125 个字的数组，用来临时存储读写数据，读取命令可用其存储 Modbus 从站返回的数据，写入命令可用其缓存要发送到 Modbus 从站的数据。

（6）MSG_MODBUS 指令模块有三个输出：Q、Error、ErrorID。其中，Q 参数用以指示消息是否成功执行。当 Q=TRUE 时，说明通信已经成功完成，为 FALSE 时说明尚未完成。Error 参数指示执行通信过程中是否出现错误。值为 TRUE 时说明出现错误，此时参照 ErrorID 就可以了解错误的具体类型。具体错误类型代码如表 3-83 所示。

表 3-83　MSG_MODBUS 功能块错误类型代码

代码	错误类型	代码	错误类型
3	TriggerType 的值从 2 ~ 255 发生变更	130	非法数据地址
20	本地通信驱动程序与 MSG 指令不兼容	131	非法数据值
21	存在本地通道配置参数错误	132	从属设备错误
22	Target 或 Local Bridge 地址高于最大节点地址	133	确认
33	存在错误的 MSG 文件参数	134	从属设备忙碌
54	缺少调制解调器	135	反确认
55	消息在本地处理器中超时。链接层超时	136	内存奇偶校验错误
217	用户取消了消息	137	非标准回复
129	非法函数	255	通道已关闭

4. MSG_MODBUS2 指令

MSG_MODBUS2 指令功能块图形如图 3-48 所示，指令参数如表 3-84 所示。

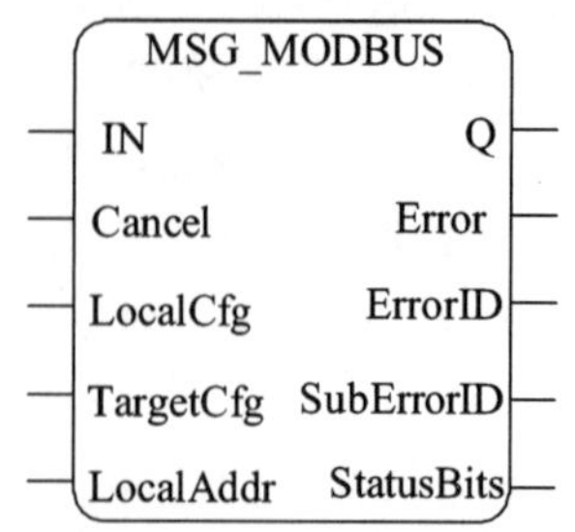

图 3-48　MSG-MODBUS2 功能块

表 3-84　MSG_MODBUS2 指令参数

参数	参数类型	数据类型	说　明
IN	输入	BOOL	启动信号
Cancel	输入	BOOL	取消信号
LocalCfg	输入	MODBUS2LOCPARA	定义本地设备的输入结构
TargetCfg	输入	MODBUS2TARPARA	定义目标设备的输入结构
LocalAddr	输入	MODBUSLOCADDR	缓存地址
Q	输出	BOOL	TRUE：MSG 指令已完成； FALSE：MSG 指令未完成
Error	输出	BOOL	错误标志
ErrorID	输出	UINT	错误代码
SuberrorID	输出	UINT	子错误代码
StatusBits	输出	UINT	工作状态位标志

【指令说明】

（1）MSG_MODBUS2 指令用于通过以太网发送 Modbus/TCP 消息。

（2）IN 为功能块启动信号。当 IN 参数的输入信号由 FALSE 到 TRUE 时，如果上一轮通信已经完成，则立刻启动本轮通信。

（3）Cancel 参数为取消信号。当 Cancel 参数的输入信号为 TRUE 时，将取消功能块的执行。

（4）LocalCfg 参数用于对本地设备的通信方式进行设置。LocalCfg 参数是 MODBUS2LOCPARA 类型数据，该数据类型的数据结构如表 3-85 所示。

表 3-85　MODBUS2LOCPAPA 数据结构

参数	数据类型	说　明
Channel	UINT	本地以太网端口号
TriggerType	USINT	消息触发方式
Cmd	USINT	读/写数据模式
ElementCnt	UINT	读/写数据长度限制

（5）TargetCfg 参数用于对目标设备通信方式进行设置。TargetCfg 参数是 MODBUS2TARPARA 类型数据，该数据类型的数据结构如表 3-86 所示。

表 3-86　MODBUS2TARPAPA 数据结构

参数	数据类型	说　明
Addr	UDINT	目标设备的 Modbus 数据地址
NodeAddress	USINT	目标设备的 IP 地址
Port	UINT	目标 TCP 端口号
UnitId	USINT	单位标识符
MsgTimeOut	UDINT	消息超时
ConnTimeOut	UDINT	TCP 连接建立超时
ConnClose	BOOL	TCP 连接关闭行为

其中：

① Addr 是目标设备的 Modbus 地址。其取值范围为 1 ~ 65 536，发送时值减 1。如果地址值大于 65 536，则使用地址的低字。

② NodeAddress 存储目标设备的 IP 地址。IP 地址应为有效的单播地址且不能为 0，或多播、广播、本地地址及回送地址。该参数是一个长度为 4 的一维数组。

③ Port 为目标设备的 TCP 端口号，默认的标准 Modbus/TCP 端口为 502。

④ UnitId 为单位标识符，用于通过 Modbus 桥与从属设备通信。

⑤ MsgTimeOut、ConnTimeOut 分别为消息超时和 TCP 连接超时。其中，MsgTimeOut 是等待已启动命令回复的时长。ConnTimeOut 是等待与目标设备成功建立 TCP 连接的时长。两个参数的取值范围均为 250 ~ 10 000，单位为 ms。当值小于 250 时，默认为 250；大于 10 000 时默认为 10 000；如果为 0，则使用默认值 3 000。其中，Modbus/TCP 消息定时器工作过程与 MSG_CIPGENERIC 指令相同。

⑥ ConnClose 描述 TCP 连接关闭行为。其值为 TRUE 时，在消息完成时关闭 TCP 连接；为 FALSE 时，在消息完成时不关闭 TCP 连接，ConnClose 值默认是 FALSE。

3.4.8　运动控制

运动控制类指令包含管理类和运动类两类功能块，其种类与用途如表 3-87 所示。

表 3-87　运动控制指令种类及用途

类别	功能块	描　述
管理	MC_AbortTrigger	中止连接到触发事件的功能块
	MC_Power	控制功率（打开或关闭）
	MC_ReadAxisError	介绍一般轴错误
	MC_ReadBoolParameter	返回特定于供应商的类型为 BOOL 的参数的值
	MC_ReadParameter	返回特定于供应商的参数的值
	MC_ReadStatus	返回轴的状态
	MC_Reset	重置所有内部轴相关的错误

续表

类别	功能块	描　述
管理	MC_SetPosition	通过控制实际位置来转移轴坐标系统
	MC_TouchProbe	在触发事件中记录轴位置
	MC_WriteBoolParameter	修改特定于供应商的类型为 BOOL 的参数的值
	MC_WriteParameter	修改特定于供应商的参数的值
运动	MC_Halt	在正常操作条件下停止轴
	MC_Home	命令轴执行<search home>序列
	MC_MoveAbsolute	命令受控制的运动到指定的绝对位置
	MC_MoveRelative	命令与实际位置相对的指定距离的受控制运动
	MC_MoveVelocity	以指定速率命令从未结束的受控制运动
	MC_ReadActualPosition	返回 FBAxis 的实际位置
	MC_ReadActualVelocity	返回 FBAxis 实际速率
	MC_Stop	命令受控制的运动停止

1．轴变量、轴状态和轴状态机

所谓轴是指为了控制电机轴运动所涉及的控制设备、驱动设备和传感设备的总和。在 CCW 里面一个轴被抽象成控制和协调上述设备完成特定运动控制的一组数据的集合，称为轴变量。轴变量属于 AXIS_REF 类型数据，该类型的数据结构如表 3-88 所示。

表 3-88　AXIS_REF 数据结构

参数	数据类型	说　明
Axis_ID	AXIS_REF	CCW 在创建时自动分配逻辑轴 ID。用户无法编辑或查看
Error	BOOL	是否出错
AxisHomed	BOOL	是否成功对轴执行归零操作
ConstVel	BOOL	轴是否以恒定速率运动
AccFlag	BOOL	轴是否以加速率运动
DecelFlag	BOOL	轴是否以减速率运动
AxisState	USINT	轴的当前状态
ErrorID	UINT	错误代码
ExtraData	UINT	保留
TargetPos	REAL	对于 MoveAbsolute/MoveRelative：值为轴的最终目标位置；对于 MoveVelocity/Stop/Halt：值为 0
CommandPos	REAL	运动期间控制器命令轴使用的当前位置
TargetVel	REAL	对移动功能块的轴指示的最大目标速率
CommandVel	REAL	运动期间控制器指示轴使用的当前速率

表 3-88 中，错误代码 ErrorID 及其内容如表 3-89 所示。

表 3-89　错误代码内容

值	MACRO ID	说　明
00	MC_FB_ERR_NO	功能块无错误，成功执行
01	MC_FB_ERR_WRONG_STATE	未处于正确轴状态下
02	MC_FB_ERR_RANGE	Velocity、Acceleration、Deceleration 或 Jerk 设置了无效的轴动态参数
03	MC_FB_ERR_PARAM	除 Velocity、Acceleration、Deceleration 或 Jerk 外，其他设置了无效的轴动态参数
04	MC_FB_ERR_AXISNUM	轴不存在、未正确配置或配置已损坏
05	MC_FB_ERR_MECHAN	因驱动器或机械问题出现驱动故障
06	MC_FB_ERR_NOPOWER	未接通电源
07	MC_FB_ERR_RESOURCE	资源受某些其他功能块控制或不可用
08	MC_FB_ERR_PROFILE	功能块中定义的运动配置无法实现
09	MC_FB_ERR_VELOCITY	功能块中请求的运动配置因当前轴速率问题而无法实现
0A	MC_FB_ERR_SOFT_LIMIT	超出软限位范围之外或到达软限位，功能块中止
0B	MC_FB_ERR_HARD_LIMIT	检测到硬限位开关，功能块中止
0C	MC_FB_ERR_LOG_LIMIT	超出 PTO 累加器逻辑限制范围，或达到 PTO 累加器逻辑限制，功能块中止
0D	MC_FB_ERR_ERR_ENGINE	检测到运动引擎执行错误
10	MC_FB_ERR_NOT_HOMED	轴未归零
80	MC_FB_ERR_PARAM_MODIFIED	警告该轴请求的速率已调整到较低值，功能块以较低速率成功执行

CCW 中的轴变量有 8 个工作状态，其状态值、名称及相关说明如表 3-90 所示。

表 3-90　轴状态

状态值	状态名称	说　明
0x00	已禁用	禁止功能块控制轴运动
0x01	静止	轴静止不动
0x02	离散运动	一次相对位置/绝对位置移动或暂停
0x03	连续运动	维持持续运动
0x04	归零	执行返回初始位置过程
0x06	正在停机	执行停机过程
0x07	错误停止	因出现错误而停机

所谓轴状态机是指轴的不同状态之间的相互转化关系和转化条件。8 个轴状态相互的转化关系简介如下：

（1）当一个轴在接受其他指令之前，需要用 MC_Power 指令执行上电操作。其后，一般先需要执行归零操作。当接到 MC_Home 指令后轴处于归零状态。电机轴按照预先设定的步骤完成初始位置识别，并对轴变量设置已成功归零标志。归零过程不能被除 MC_Stop 以外的其他指令打断，否则会设置错误标志。

（2）静止状态一般是轴运动的起始状态。静止的轴在接到 MC_Home、MC_MoveAbsolute、MC_MoveRelative、MC_MoveVelocity 等运动指令后开始按照设定的运动曲线运动。MC_Home、MC_MoveAbsolute、MC_MoveRelative 指令完成后轴状态重新回到静止状态。

（3）处在连续运动或离散运动状态下的轴可以被新的运动功能块中断而执行新的控制指令，从而完成运动方式的连续调整。

（4）处于运动过程中的轴接到 MC_Stop 指令后处于正在停机状态，执行停止操作。

（5）运动控制模块在执行过程中如果检测到故障，轴将处于错误停止状态，并记录错误类型。在此状态下，相关控制模块不再继续执行。如果需要新控制轴的运动，可以通过执行 MC_Reset 指令，清除错误指示，恢复到静止状态，以备后续运动控制。错误停止状态下不会对除 MC_Reset 指令之外的其他控制指令产生实质的响应。

2. MC_MoveAbsolute 指令

MC_MoveAbsolute 指令功能块图形如图 3-49 所示，指令参数如表 3-91 所示。

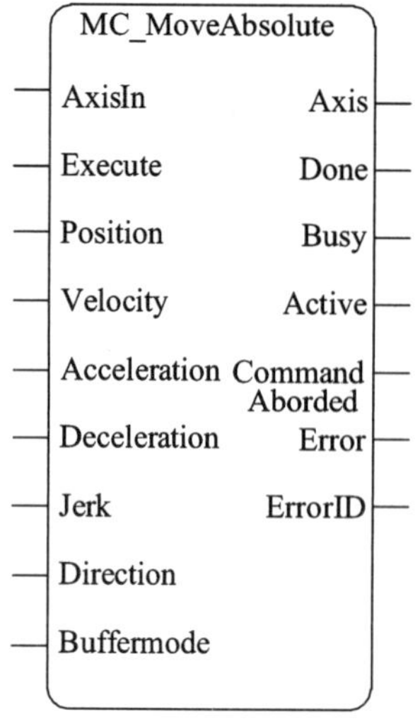

图 3-49　MC_MoveAbsolute 功能块

表 3-91　MC_MoveAbsolute 指令参数

参数	参数类型	数据类型	说　明
AxisIn	输入	AXIS_REF	定义轴变量
Execute	输入	BOOL	功能块执行信号
Position	输入	REAL	目标位置
Velocity	输入	REAL	速率最大值
Acceleration	输入	REAL	加速度值
Deceleration	输入	REAL	减速度值
Jerk	输入	REAL	加加速度值
Direction	输入	SINT	未使用

续表

参数	参数类型	数据类型	说　明
BufferMode	输入	SINT	未使用
Axis	输出	AXIS_REF	输出轴变量，只读
Done	输出	BOOL	值为 TRUE 时，达到了命令位置
Busy	输出	BOOL	值为 TRUE 时，功能块未完成
Active	输出	BOOL	值为 TRUE 时，功能块可控制轴
CommandAborted	输出	BOOL	值为 TRUE 时，表示已被其他指令中止
Error	输出	BOOL	值为 TRUE 时，表示检测到错误
ErrorID	输出	UINT	错误标识

【指令说明】

（1）MC_MoveAbsolute 指令主要用于控制被控轴运动到一个指定的绝对位置。

（2）当功能块用于梯形图程序时，应该启用 EN/ENO 端，用以连接到梯级上。

（3）当 EN 值为 TRUE 时，功能块启用。但是真正驱动电机开始动作需要等待 Execute 信号。当功能块处于启用状态下，如果 Execute 信号由 FALSE 到 TRUE，此时功能块将按预设的指令参数开始控制电机轴运动，并按照实际运行情况设置输出信息和更新电机状态。

（4）功能块指令一旦开始工作，电机轴的运动一般不会因梯级条件由 TRUE 变为 FALSE 而停止。但是由于功能块的信息输出和状态更新需要在梯级有效，在梯级扫描的模式下工作，即使功能块完成了规定动作，如果梯级条件为 FALSE，相关信息也不会更新。其他运动控制模块的工作模式基本与 MC_MoveAbsolute 相同，因此，建议在运动控制功能块指令任务未完成之前，都应维持梯级条件为 TRUE，保证准确的信息更新。

（5）AxisIn 是轴变量。轴变量详细描述了轴的名称、接口和状态参数，用以定义功能块所控制的轴。轴变量可以通过 CCW 在组态的时候预先定义。

（6）Execute 是控制功能块开始工作的实际操作指令。当 Excute 为 TRUE 时有效，功能块的执行是从检测到 Excute 上升沿开始的。

（7）Excute 置位开始工作后，功能块将会按照实际执行情况对 Busy、Done、CommandAborted、Error 进行置位。上述四个变量是功能块的输出变量，主要反映功能块的执行状态。当 Excute 已经置位，但是指定运动尚未完成，此时 Busy 信号置位。而当任务顺利完成后，Busy 信号复位，Done 信号置位。Active 信号表示功能块能控制轴运动，一般来说，其值与 Busy 信号值相同。如果功能块在执行过程中被其他功能块指令中断，则 Busy 信号复位，CommandAborted 信号置位。而当执行过程出现错误时，Busy 信号复位，Error 置位，并且标志错误代号 ErrorID。Busy、Done、CommandAborted、Error 四个信号互斥，Excute 置位期间，四个信号中有且只有一个信号为 TRUE。而当 Excute 信号由 TRUE 变为 FALSE 时，置位的信号将被复位。

（8）Position、Velocity、Acceleration、Deceleration、Jerk、Direction 和 BufferMode 是为功能块运动指定的输入运动参数。

（9）Position 参数定义了运动坐标系里的一个绝对位置，该位置值可以是正值也可以是负值。由于绝对位置的定义需要用到零位置。因此，在执行 MC_MoveAbsolute 指令前，应确保被控制的轴变量已完成了归零动作，否则功能块在接到 Execute 信号开始执行时就会报错。

（10）Velocity 指被控轴运动的最大速度限制。Velocity 的取值可为正数，也可以为负数。其正负表示运动的方向。由于被控轴实际的运动方向取决于 Velocity 和 Direction 两者积的正负，因此建议设定 Velocity 参数值时，尽量用正数。

（11）Direction 用于设定运动方向。其典型值有-1、0、1 三种。值为 1 时表示正方向，值为-1 时表示负方向，值为 0 时表示原方向。如果设置为其他数，实际应用中仅提取其正负符号，而不考虑值的大小。在本功能块中，因为所设定的绝对位置是确定的，其运动方向也随之确定，不允许对被控轴的运动方向做人为规定，因此未启用该参数。

（12）Acceleration 指被控轴做加速运动的加速度值，Deceleration 指控轴做减速运动的加速度值，Acceleration、Deceleration 两个值都必须为正数。

（13）Jerk 指被控轴做变加速运动时的加加速度。Jerk 应该为非负数，否则会报参数设置错误。当 Jerk=0 时，意味着被控轴将做线性加减速运动，功能块将为被控轴规划一条梯形运动曲线；而当 Jerk>0 时，被控轴将做非线性加减速运动，因此功能块将为被控轴规划一条 S 形运动曲线。

（14）BufferMode 参数用于缓冲模式，在此未启用。

上述运动参数可以修改，但是在功能块工作期间，修改后的运动参数暂时不会启用。如果需要启用修改后的参数，可以重新设置 Excute 信号，当 Excute 信号由 FALSE 到 TRUE 时，功能块会读入新的参数。

3. MC_MoveRelative 指令

MC_MoveRelative 指令功能块图形如图 3-50 所示，指令参数如表 3-92 所示。

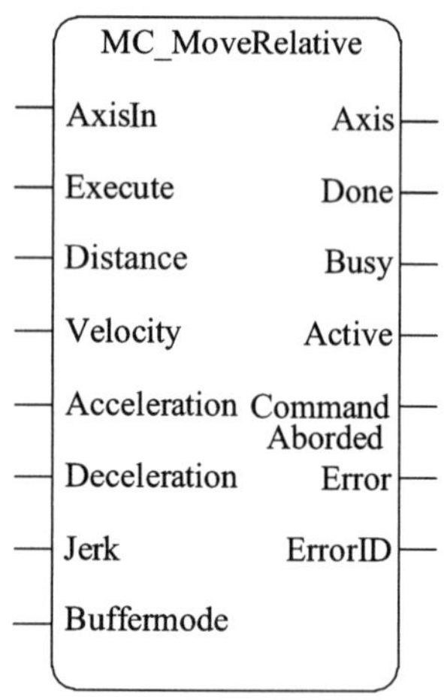

图 3-50　MC_MoveRelative 功能块

表 3-92　MC_MoveRelative 指令参数

参数	参数类型	数据类型	说　明
AxisIn	输入	AXIS_REF	定义轴变量
Execute	输入	BOOL	功能块执行信号

续表

参数	参数类型	数据类型	说　明
Distance	输入	REAL	运动的相对距离
Velocity	输入	REAL	速率最大值
Acceleration	输入	REAL	加速度值
Deceleration	输入	REAL	减速度值
Jerk	输入	REAL	加加速度值
BufferMode	输入	SINT	未使用
Axis	输出	AXIS_REF	输出轴变量，只读
Done	输出	BOOL	值为 TRUE 时，达到了命令距离
Busy	输出	BOOL	值为 TRUE 时，功能块未完成
Active	输出	BOOL	值为 TRUE 时，功能块可控制轴
CommandAborted	输出	BOOL	值为 TRUE 时，表示已被其他指令中止
Error	输出	BOOL	值为 TRUE 时，表示检测到错误
ErrorID	输出	UINT	错误标识

【指令说明】

（1）MC_MoveRelative 指令主要用于控制被控轴运动到一个指定的相对位置。当 EN 信号为 TRUE，功能块处于活动状态时，Excute 信号由 FALSE 变为 TRUE 时，功能块开始运动。

（2）MC_MoveRelative 指令运动的目的位置由 Distance 参数设定。该参数可以为正数也可以为负数，其起点为当前位置。当被控轴运动到 Distance 参数设定位置，Done 信号设置为 TRUE，表明功能块指令完成。由于 MC_MoveRelative 指令的运动方向由 Distance 参数确定，因此，本功能块的运动方向也不能人为设定。

4. MC_MoveVelocity 指令

MC_MoveVelocity 指令功能块图形如图 3-51 所示，指令参数如表 3-93 所示。

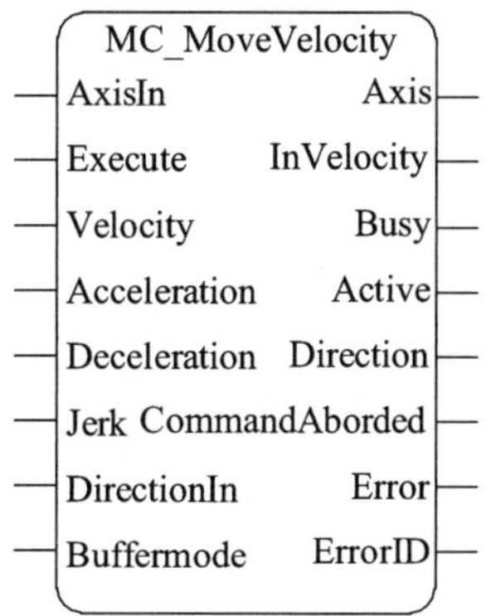

图 3-51　MC_MoveVelocity 功能块

表 3-93　MC_MoveVelocity 指令参数

参数	参数类型	数据类型	说　明
AxisIn	输入	AXIS_REF	定义轴变量
Execute	输入	BOOL	功能块执行信号
Velocity	输入	REAL	速率最大值
Acceleration	输入	REAL	加速度值
Deceleration	输入	REAL	减速度值
Jerk	输入	REAL	加加速度值
DirectionIn	输入	SINT	运动方向
Buffermode	输入	SINT	未使用
Axis	输出	AXIS_REF	输出轴变量，只读
InVelocity	输出	BOOL	值为 TRUE 时，达到命令速率（首次）
Busy	输出	BOOL	值为 TRUE 时，功能块未完成
Active	输出	BOOL	值为 TRUE 时，功能块可控制轴
Direction	输出	SINT	运动方向
CommandAborted	输出	BOOL	值为 TRUE 时，表示已被其他指令中止
Error	输出	BOOL	值为 TRUE 时，表示检测到错误
ErrorID	输出	UINT	错误标识

【指令说明】

（1）MC_MoveVelocity 指令主要用于控制被控轴以指定速度持续运动。

（2）当 EN 信号为 TRUE 时，功能块处于活动状态。当 Excute 信号由 FALSE 变为 TRUE 时，功能块开始按设定参数执行。

（3）功能块最终运行的速度由 Velocity 参数指定。当功能块初次达到此速度时，InVelocity 信号置位，表示完成了功能块工作。此后，如果 Excute 信号维持为 TRUE，则被控轴维持当前速度持续运动，直到 Excute 信号变为 FALSE 后或被其他控制模块中止。

（4）DirectionIn 参数用来设定运动方向。取值范围为-1、0、1。当 DirectionIn 设为 0 时，需要被控轴处于运动状态，此时被控轴维持原运动方向不变，否则将会报错。

（5）考虑到持续运动模式需要持续不断输出控制脉冲（PTO），而控制器本身对 PTO 输出数目有硬性规定：-0x7FFF0000 ~ 0x7FFF0000，在此模式下，如果输出脉冲超过上限值，则会翻转到 0 重新计数。如果控制器组态的时候设置了软限位的上下限，则如果达到上限位后会反转到下限位重新计数，不会影响运动模式本身。

5. MC_Power 指令

MC_Power 指令功能块图形如图 3-52 所示，指令参数如表 3-94 所示。

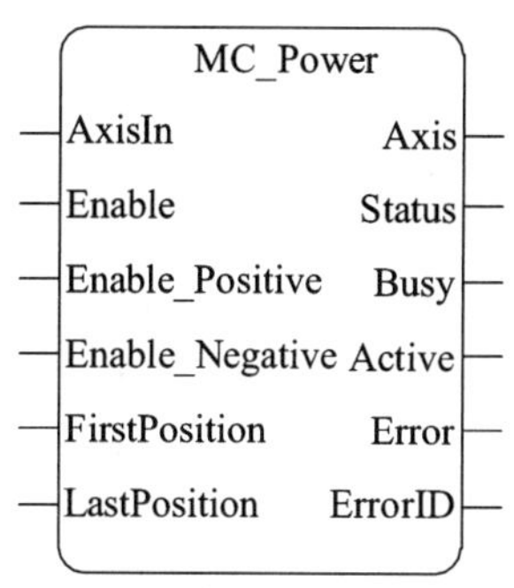

图 3-52　MC_Power 功能块

表 3-94　MC_Power 指令参数

参数	参数类型	数据类型	说　明
AxisIn	输入	AXIS_REF	定义轴变量
Enable	输入	BOOL	开启被控轴电源
Enable_Positive	输入	BOOL	允许正向运动
Enable_Negative	输入	BOOL	允许负向运动
Axis	输出	AXIS_REF	输出轴变量，只读
Status	输出	BOOL	电源状态。TRUE：驱动器通电完成
Busy	输出	BOOL	值为 TRUE 时，功能块未完成
Active	输出	BOOL	值为 TRUE 时，功能块可控制轴
Error	输出	BOOL	值为 TRUE 时，表示检测到错误
ErrorID	输出	UINT	错误标识

【指令说明】

（1）MC_Power 指令主要为被控轴驱动器打开或关闭电源。

（2）当功能块 EN 信号为 TRUE 时，功能块处于活动状态。当 Enable 信号由 FALSE 变为 TRUE 时，发布接通轴驱动器电源指令。在得到电源接通反馈后，Status 置位，表示驱动器通电完成，此前，Busy 输出为 TRUE。当 Enable 信号变为 FALSE 后，输出信号复位，驱动器断电。Enable 指令发布后，Active 输出为 TRUE。如果指令执行期间出错，则 Error 置位，Active 复位。

（3）Enable_Postive 和 Enable_Negative 分别用于指示允许电机正转和反转。该信号只在 Enable 信号出现上升沿期间读取，其后即使信息发生变更，功能块也不响应。如果需要变更，需重置 Enable 信号。

（4）对于特定轴变量，一个轴变量只允许一个 MC_Power 功能块对应，不允许为一个轴变量设置两个以上 MC_Power 功能块控制。

6. MC_Home 指令

MC_Home 指令功能块图形如图 3-53 所示，指令参数如表 3-95 所示。

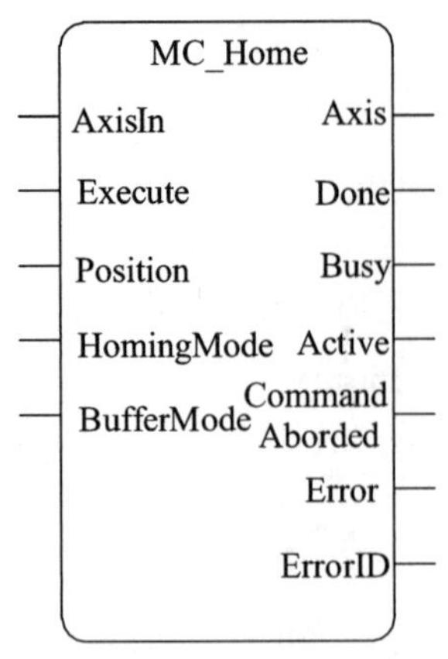

图 3-53　MC_Home 功能块

表 3-95 MC_Home 指令参数列表

参数	参数类型	数据类型	说　明
AxisIn	输入	AXIS_REF	定义轴变量
Execute	输入	BOOL	功能块执行信号
Position	输入	REAL	当检测到参考信号且达到配置的主偏移时设置绝对位置
HomingMode	输入	SINT	归位模式
BufferMode	输入	SINT	未使用
Axis	输出	AXIS_REF	输出轴变量，只读
Done	输出	BOOL	值为 TRUE 时，归位操作成功完成且轴状态设置为 Standstill
Busy	输出	BOOL	值为 TRUE 时，功能块未完成
Active	输出	BOOL	值为 TRUE 时，功能块可控制轴
CommandAborted	输出	BOOL	值为 TRUE 时，表示已被其他命令中止
Error	输出	BOOL	值为 TRUE 时，表示检测到错误
ErrorID	输出	UINT	错误标识

【指令说明】

（1）MC_Home 指令用于使被控轴归零。轴变量被 MC_Power 指令驱动后，轴的归零状态便会复位。

（2）为了确定轴所处的准确位置便于后续控制，一般来说需要对被控轴进行归零操作。轴变量的归零操作需要与硬件配合，详细的归零操作过程、零点信号的选择与输入端口的设置与接线方式可以查询硬件介绍。归零操作的部分参数可以通过 CCW 在轴变量组态时进行设置。

（3）当功能块 EN 信号为 TRUE 时，功能块处于活动状态。当 Execute 信号由 FALSE 变为 TRUE 时，被控轴开始执行归零程序。

（4）在执行归零程序过程中，MC_Home 指令可以被 MC_Power 指令和 MC_Stop 指令中断，除此之外，在指令完成之前不会对其他指令产生响应。MC_Home 指令完成后轴状态回到静止状态。

（5）轴变量的归零操作有 5 种，如表 3-96 所示。具体选择哪一种取决于 HomingMode 参数的设置。

表 3-96　归零模式

代码	名称	说　明
0x00	MC_HOME_ABS_SWITCH	通过搜索归位绝对开关进行归位
0x01	MC_HOME_LIMIT_SWITCH	通过搜索限位开关进行归位
0x02	MC_HOME_REF_WITH_ABS	通过搜索归位绝对开关加上使用编码参考脉冲进行归位
0x03	MC_HOME_REF_PULSE	通过搜索限位开关加上使用编码参考脉冲进行归位
0x04	MC_HOME_DIRECT	通过从用户参考直接强制归位。功能块强制以 Position 所示位置为零位置

7. MC_Halt 指令

MC_Halt 指令功能块图形如图 3-54 所示，指令参数如表 3-97 所示。

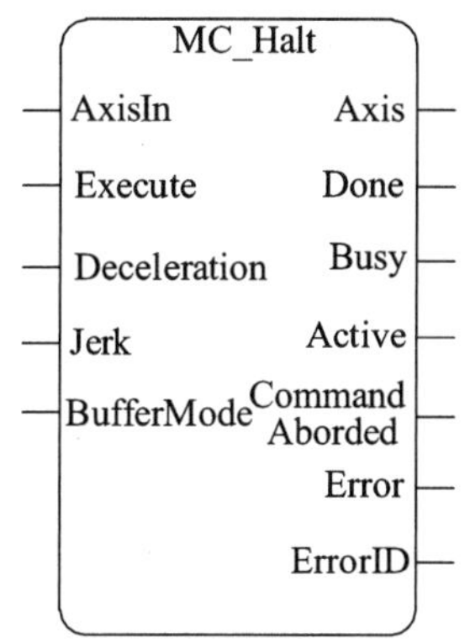

图 3-54　MC_Halt 功能块

表 3-97　MC_Halt 指令参数

参数	参数类型	数据类型	说　明
AxisIn	输入	AXIS_REF	定义轴变量
Execute	输入	BOOL	功能块执行信号
Deceleration	输入	REAL	减速度值
Jerk	输入	REAL	加加速度的值
BufferMode	输入	SINT	未使用
Axis	输出	AXIS_REF	输出轴变量，只读
Done	输出	BOOL	达到零速率
Busy	输出	BOOL	值为 TRUE 时，功能块未完成
Active	输出	BOOL	值为 TRUE 时，功能块可控制轴
CommandAborted	输出	BOOL	值为 TRUE 时，表示已被其他命令中止
Error	输出	BOOL	值为 TRUE 时，表示检测到错误
ErrorID	输出	UINT	错误标识

【指令说明】

（1）MC_Halt 指令用于暂停被控轴运动。

（2）当被控轴在绝对运动、相对运动或连续运动功能块控制下处于运动之中时，如果需要被控轴快速停止下来，有必要使用 MC_Halt 功能块。该功能块可以在绝对运动、相对运动或连续运动功能块处于活动状态下中断功能块的执行。同时，该功能块的执行也可以被其他功能块中断。

（3）功能块在梯级有效，即 EN 为 TRUE 时做好准备，在 Execute 出现上升沿的时候开始工作，最大减速度由 Deceleration 指定，当轴速度降到 0 时，输出信号 Done 置位，同时轴状态转化成“静止状态”，标志功能块任务完成。其运动参数设置的规定与输出信号变化规律均与其他运动控制模块相同，在此不再赘述。

8. MC_Stop 指令

MC_Stop 指令功能块图形如图 3-55 所示，指令参数如表 3-98 所示。

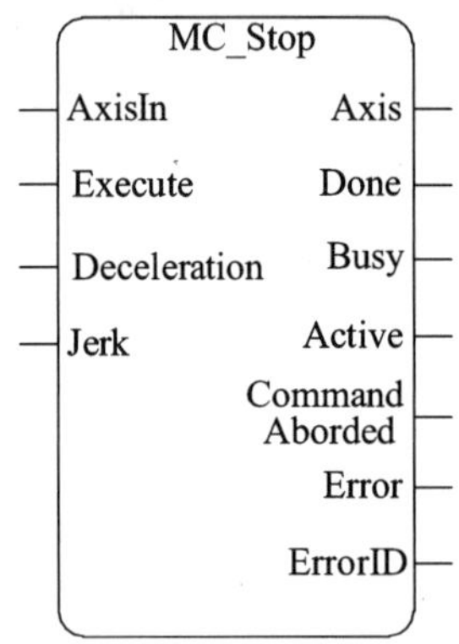

图 3-55　MC_Stop 功能块

表 3-98　MC_Stop 指令参数

参数	参数类型	数据类型	说　明
AxisIn	输入	AXIS_REF	定义轴变量
Execute	输入	BOOL	功能块执行信号
Deceleration	输入	REAL	减速度值
Jerk	输入	REAL	加加速度的值
Axis	输出	AXIS_REF	输出轴变量，只读
Done	输出	BOOL	达到零速率
Busy	输出	BOOL	值为 TRUE 时，功能块未完成
Active	输出	BOOL	值为 TRUE 时，功能块可控制轴
CommandAborted	输出	BOOL	值为 TRUE 时，表示已被其他命令中止
Error	输出	BOOL	值为 TRUE 时，表示检测到错误
ErrorID	输出	UINT	错误标识

【指令说明】

（1）MC_Stop 指令与 MC_Halt 指令类似，均被用于命令被控轴停止运动，所不同的是 MC_Stop 指令一般用于紧急停车或出现故障后停车，而 MC_Halt 指令一般用于正常停车。

（2）在其他功能块执行过程中，均可以用 MC_Stop 指令中断。

（3）当 EN 为 TRUE，且 Execute 由 FALSE 变为 TRUE 后，MC_Stop 功能块被激活，被控轴变量的状态转化成“正在停止”状态。当轴速度达到 0 时，输出 Done 置位，表明功能块执行完毕。MC_Stop 指令在执行过程中不会被其他任何运动控制指令中断。当指令执行完毕后，轴状态仍然维持“正在停止”状态，直到 Execute 信号变为 FALSE 后，轴状态才会转化成“静止”状态。

（4）指令执行期间如果检测到故障，则轴状态会转变成“错误停止”。此后如果需要重新启动轴，需要用到 MC_Reset 功能块。

9. MC_Reset 指令

MC_Reset 指令功能块图形如图 3-56 所示，指令参数如表 3-99 所示。

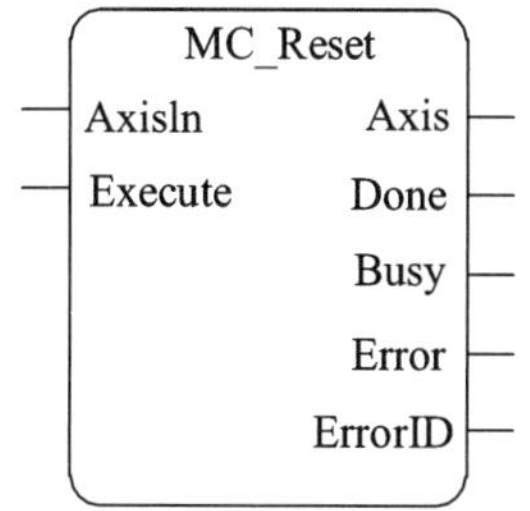

图 3-56　MC_Reset 功能块

表 3-99　MC_Reset 指令参数

参数	参数类型	数据类型	说　明
AxisIn	输入	AXIS_REF	定义轴变量
Execute	输入	BOOL	功能块执行信号
Axis	输出	AXIS_REF	输出轴变量，只读
Done	输出	BOOL	达到零速率
Busy	输出	BOOL	值为 TRUE 时，功能块未完成
Error	输出	BOOL	值为 TRUE 时，表示检测到错误
ErrorID	输出	UINT	错误标识

【指令说明】

（1）MC_Reset 指令主要用于对轴变量的状态进行复位。

（2）MC_Reset 指令仅用于当轴变量因为执行其他功能块出错被锁死在“错误停止”状态之后，需要重新启动时。当轴变量处在正常执行其他功能块指令，或者没有出现故障时，如果执行 MC_Reset 指令，将会报错。

（3）当梯级有效，EN 为 TRUE，且 Execute 由 FALSE 转变成 TRUE 时，功能块指令激活，轴变量状态由原来的“错误停止”转换成“静止”状态，其他输出不变。

10. MC_SetPosition 指令

MC_SetPosition 指令功能块图形如图 3-57 所示，指令参数如表 3-100 所示。

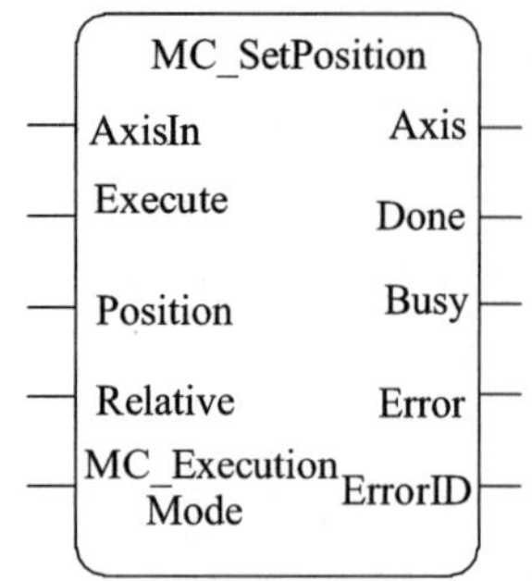

图 3-57 MC_SetPosition 功能块

表 3-100 MC_SetPosition 指令参数

参数	参数类型	数据类型	说明
AxisIn	输入	AXIS_REF	定义轴变量
Execute	输入	BOOL	功能块执行信号
Position	输入	REAL	轴要设置的绝对位置或相对距离
Relative	输入	BOOL	值为 TRUE 时，设置轴的相对距离；值为 FALSE 时，设置轴的绝对位置
MC_ExecutionMode	输入	SINT	功能块执行模式
Axis	输出	AXIS_REF	输出轴变量，只读
Done	输出	BOOL	当为 TRUE 时，Position 具有新值
Busy	输出	BOOL	值为 TRUE 时，功能块未完成
Error	输出	BOOL	值为 TRUE 时，表示检测到错误
ErrorID	输出	UINT	错误标识

【指令说明】

（1）MC_SetPosition 指令用以实现在不改变轴的实际位置情况下，通过重设位置参数，改变轴坐标系的功能。

（2）功能块在梯级有效，EN 信号为 TRUE，且 Execute 信号从 FALSE 变为 TRUE 时开始工作。

（3）MC_SetPosition 指令既可以重设轴的绝对位置也可以重设相对位置。当 Relative 参数为 TRUE 时，输入的 Position 参数值覆盖绝对位置参数，而当 Relative 参数为 FALSE 时，输入值覆盖相对位置参数。

MC_SetPosition 功能块有两种执行模式：mcImmediately 模式和 mcQueued 模式。

① 当 MC_ExecutionMode=0 时为 mcImmediately 模式，该模式要求当前轴状态是“禁用”或“静止”状态，或者处于连续运行状态时，功能块才能正常执行。如果在非连续运动时执行本模块将导致错误。

② 当 MC_ExecutionMode=1 时为 mcQueued 模式，该模式要求当前轴状态是“禁用”或“静止”状态，或者处于能够最终以“静止”状态为目标状态运行状态时，功能块才能正常执行。

11. MC_ReadStatus 指令

MC_ReadStatus 指令功能块图形如图 3-58 所示，指令参数如表 3-101 所示。

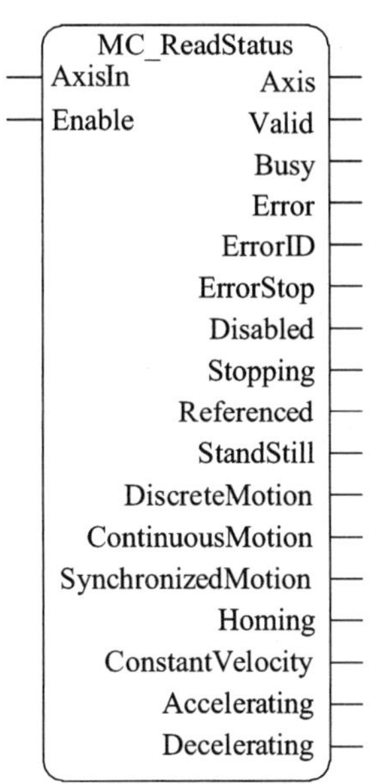

图 3-58　MC_ReadStatus 功能块

表 3-101　MC_ReadStatus 指令参数

参数	参数类型	数据类型	说　明
AxisIn	输入	AXIS_REF	定义轴变量
Enable	输入	BOOL	值为 TRUE 时，允许连续读取参数
Axis	输出	AXIS_REF	输出轴变量，只读
Valid	输出	BOOL	当为 TRUE 时，有效输出可用
Busy	输出	BOOL	值为 TRUE 时，功能块未完成
Error	输出	BOOL	值为 TRUE 时，表示检测到错误
ErrorID	输出	UINT	错误标识
ErrorStop	输出	BOOL	值为 TRUE 时，轴状态为 ErrorStop
Disabled	输出	BOOL	值为 TRUE 时，轴状态为 Disabled
Stopping	输出	BOOL	值为 TRUE 时，轴状态为 Stopping
Referenced	输出	BOOL	值为 TRUE 时，轴已归零
Standstill	输出	BOOL	值为 TRUE 时，轴状态为 StandStill
DiscreteMotion	输出	BOOL	值为 TRUE 时，轴状态为 DiscreteMotion
ContinuousMotion	输出	BOOL	值为 TRUE 时，轴状态为 ContinuousMotion
SynchronizedMotion	输出	BOOL	输出始终为 FALSE
Homing	输出	BOOL	值为 TRUE 时，轴状态为 Homing

续表

参数	参数类型	数据类型	说明
ConstantVelocity	输出	BOOL	值为 TRUE 时，电机以恒速运动
Accelerating	输出	BOOL	值为 TRUE 时，电机做加速运动
Decelerating	输出	BOOL	值为 TRUE 时，电机做减速运动

【指令说明】

（1）MC_ReadStatus 指令可作为轴变量的一个状态观测器，用于读取轴变量的当前运动状态参数。

（2）功能块在梯级有效，EN 信号与 Enable 信号为 TRUE 时，可以持续实时读取轴变量当前的状态数据，并传递给输出参数，以供用户使用。

（3）当 Enable 信号为 FALSE 时，输出参数全部复位或清零。

12. MC_TouchProb 指令

MC_TouchProb 指令功能块图形如图 3-59 所示，指令参数如表 3-102 所示。

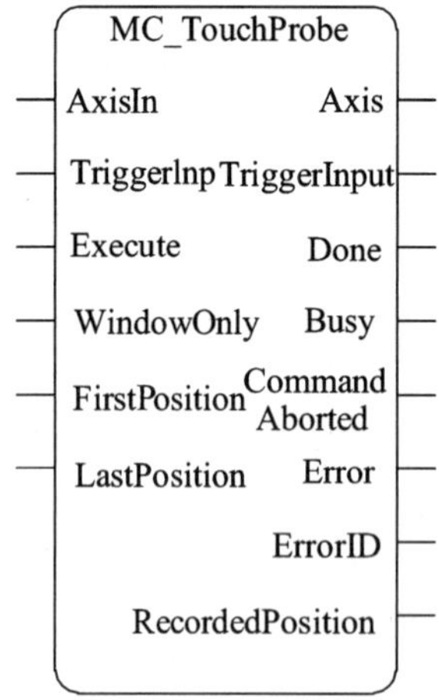

图 3-59　MC_TouchProb 功能块

表 3-102　MC_TouchProb 指令参数

参数	参数类型	数据类型	说明
AxisIn	输入	AXIS_REF	定义轴变量
TriggerInp	输入	USINT	仅支持嵌入式运动
Execute	输入	BOOL	功能块执行信号
WindowOnly	输入	BOOL	值为 TRUE 时，仅使用窗口接受触发事件
FirstPosition	输入	REAL	接受触发事件的窗口开始位置
LastPosition	输入	REAL	接受触发事件的窗口的停止位置
Axis	输出	AXIS_REF	输出轴变量，只读
TriggerInput	输出	USINT	仅支持嵌入式运动
Done	输出	BOOL	当为 TRUE 时，Position 具有新值

续表

参数	参数类型	数据类型	说　明
Busy	输出	BOOL	值为 TRUE 时，功能块未完成
CommandAborted	输出	BOOL	值为 TRUE 时，表示命令已被 ErrorStop 功能块中止，或 MC_Power 功能块停用
Error	输出	BOOL	值为 TRUE 时，表示检测到错误
ErrorID	输出	UINT	错误标识
RecordedPosition	输出	REAL	触发事件发生的位置

【指令说明】

（1）MC_TouchProb 指令用于记录在指定窗口内出现触发事件时的轴的位置。

（2）接受触发事件的窗口按轴实际所处位置确定，其中 FirstPosition 参数记录窗口的起始位置，LastPosition 参数记录窗口的结束位置。当轴处于窗口位置中时，功能块会记录产生触发事件时轴所处的位置，并存储在 RecordedPosition 参数之中。设置 FirstPosition 参数和 LastPosition 参数时要注意数据的有效性，否则功能块执行时会报错。

（3）需要注意的是，轴行走方向必须是从 FirstPosition 参数所指位置到 LastPosition 参数所指位置。如果方向相反，即使轴处于窗口内，功能块也不会记录触发事件。

（4）另外，MC_TouchProb 指令的执行需要硬件的配合。不同脉冲输出信号（PTO）的触摸探针信号输入端口不同，具体见控制器硬件说明。

13. MC_AbortTrigger 指令

MC_AbortTrigger 是中止触发指令，其功能块图形如图 3-60 所示，指令参数如表 3-103 所示。

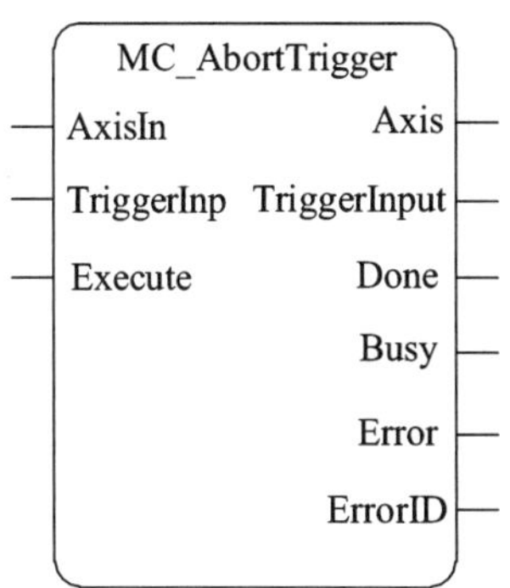

图 3-60　MC_AbortTrigger 功能块

表 3-103　MC_AbortTrigger 指令参数

参数	参数类型	数据类型	说　明
AxisIn	输入	AXIS_REF	定义轴变量
TriggerInp	输入	USINT	忽略
Execute	输入	BOOL	功能块执行信号
Axis	输出	AXIS_REF	输出轴变量，只读

续表

参数	参数类型	数据类型	说　明
TriggerInput	输出	USINT	忽略
Done	输出	BOOL	当为 TRUE 时，Position 具有新值
Busy	输出	BOOL	值为 TRUE 时，功能块未完成
Error	输出	BOOL	值为 TRUE 时，表示检测到错误
ErrorID	输出	UINT	错误标识

【指令说明】

（1）MC_AbortTrigger 指令与 MC_TouchProb 指令配合使用。

（2）当一个周变量被分配给 MC_TouchProb 指令后，如果 MC_AbortTrigger 指令的 EN 和 Execute 为 TRUE，控制器将忽略触摸探针功能，不再记录触发事件。

3.4.9 过程控制

在流程工业中经常会遇到诸如流量、温度、压力等参数的控制，需要用到连续量的输入/输出、积分、微分等计算功能。过程控制指令主要是针对过程控制系统中常见的一些计算需求而设计的功能块。过程控制指令主要包括表 3-104 所示的种类。

表 3-104　过程控制指令种类及用途

功能块	描述
DERIVATE	微分
INTEGRAL	积分
SCALER	线性映射
HYSTER	迟滞开关
PWM	PWM 信号输出
STACKINT	堆栈
IPIDCONTROLLER	PID 控制器

1. DERIVATE 指令

DERIVATE 指令功能块图形如图 3-61 所示，指令参数如表 3-105 所示。

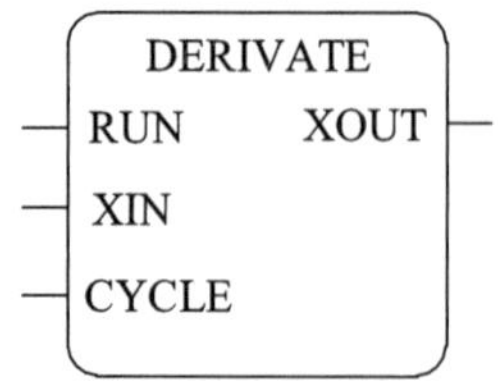

图 3-61　DERIVATE 功能块

表 3-105　DERIVATE 指令参数

参数	参数类型	数据类型	说明
RUN	输入	BOOL	模块启动信号
XIN	输入	REAL	输入
CYCLE	输入	TIME	采样周期
XOUT	输出	REAL	微分输出

【指令说明】

（1）DERIVATE 指令用于计算输入信号的微分值。

（2）功能块是否启用由 RUN 参数控制。当 RUN 为 TRUE 时，功能块计算输入参数 XIN 的微分值，并传递给输出参数 XOUT。当 RUN 为 FALSE 时，功能块停止运算，并复位 XOUT。

（3）功能块进行微分计算时，其时间轴单位为 ms，如果需要换算成以秒为 s，应该在 XOUT 输出数值的基础上除以 1 000。

（4）CYCLE 参数是采样时间。其取值范围为：0 ~ 23 h 59 min 59 s 999 ms。采样时间的设置不宜低于设备的执行周期，否则会被强制设为执行周期。

2. INTEGRAL 指令

INTEGRAL 指令功能块图形如图 3-62 所示，指令参数如表 3-106 所示。

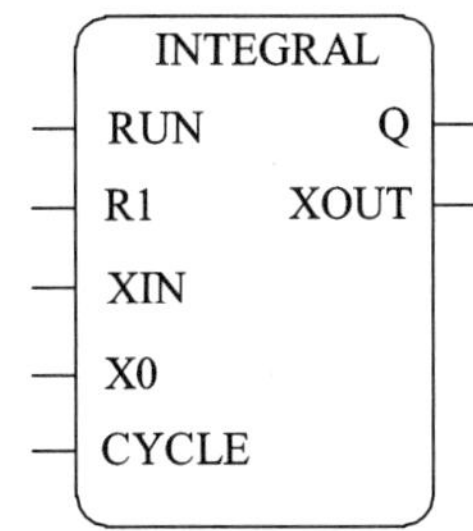

图 3-62　INTEGRAL 功能块

表 3-106　INTEGRAL 指令参数

参数	参数类型	数据类型	说明
RUN	输入	BOOL	模块启动信号
R1	输入	BOOL	重置
XIN	输入	REAL	输入
X0	输入	REAL	初始值
CYCLE	输入	TIME	采样周期
Q	输出	BOOL	非 R1
XOUT	输出	REAL	积分输出

【指令说明】

（1）INTEGRAL 指令用于计算输入信号的积分值。

（2）当 RUN 为 TRUE 时，功能块计算输入参数 XIN 的积分值，并传递给输出参数 XOUT。当 RUN 为 FALSE 时，功能块停止运算，但是 XOUT 保持。

（3）功能块进行积分计算时，其时间轴单位为 ms，如果需要换算成以 s 为单位的话，应该在 XOUT 输出数值的基础上除以 1 000。

（4）为了防止丢失积分初始值，无论是程序由编程状态转换成运行状态，还是功能块由停止状态转换成启动状态，均不会对输出参数 XOUT 进行复位操作。因此，在积分运算初始时，应该先给 R1 参数置位，以给积分值提供一个初始值。

（5）初始值参数由 X0 参数提供。

（6）CYCLE 参数是采样时间。与 DERIVATE 指令相同，其取值范围为：0 ~ 23 h 59 min 59 s 999 ms。采样时间的设置不宜低于设备的执行周期，否则会被强制设为执行周期。

（7）由于程序实际运行周期包括采样周期和程序执行时间，考虑到程序执行时间存在一定的漂移，经过长时间的积累，实际 INTEGRAL 指令的积分值存在一定的误差。

3. SCALER 指令

SCALER 指令功能块图形如图 3-63 所示，指令参数如表 3-107 所示。

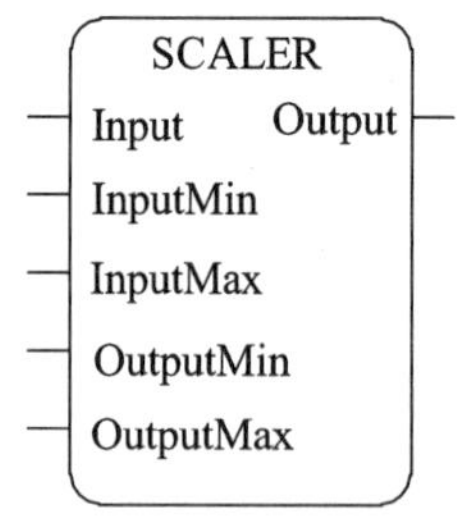

图 3-63　SCALER 功能块

表 3-107　SCALER 指令参数

参数	参数类型	数据类型	说明
Input	输入	REAL	输入信号
InputMin	输入	REAL	输入最小值
InputMax	输入	REAL	输入最大值
OutputMin	输入	REAL	输出最小值
OutputMax	输入	REAL	输出最大值
Output	输出	REAL	输出值

【指令说明】

（1）SCALER 指令用于将输入信号从输入范围经线性映射到输出范围。

（2）SCALER 指令在 EN 为 TRUE 时开始工作，为 FALSE 时停止。

（3）指令启用时将处于 InputMin 与 InputMax 之间的数 Input 按下式映射到 OutputMin 到

OutputMax 之间，数据通过 Output 参数输出：

$$Output = \frac{(Input - InputMin)(OutputMax - OutputMin)}{InputMax - InputMin} + OutputMin$$

4. HYSTER 指令

HYSTER 指令功能块图形如图 3-64 所示，功能块执行时序如图 3-65 所示，指令参数如表 3-108 所示。

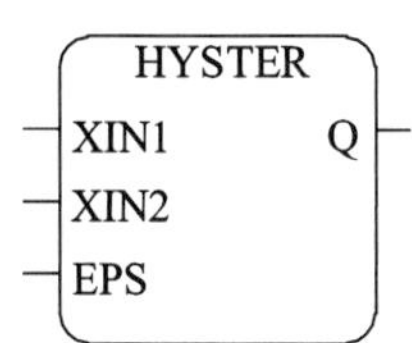

图 3-64　HYSTER 功能块

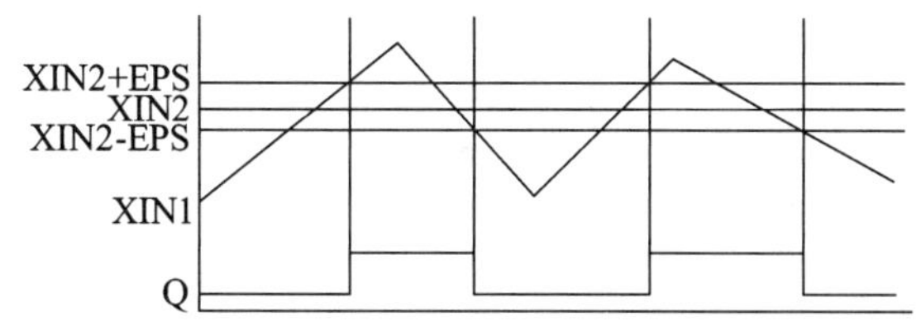

图 3-65　HYSTER 功能块时序图

表 3-108　HYSTER 指令参数

参数	参数类型	数据类型	说明
XIN1	输入	REAL	输入信号
XIN2	输入	REAL	对比信号
EPS	输入	REAL	滞后值
Q	输出	BOOL	输出信号

【指令说明】

（1）HYSTER 指令用于产生一个迟滞开关，在 EN 为 TRUE 时开始工作。HYSTER 指令执行时将根据输入参数 XIN1 和 XIN2 的值的比较，确定输出开关 Q 为 TRUE 还是 FALSE。

（2）当 XIN1 信号在上升过程中，当 XIN1>XIN2+EPS 时，Q 参数被置位。而当 XIN1 信号在下降时，只有当 XIN1<XIN2−EPS 时，Q 参数才被复位。其中 EPS 为滞后值，必须是一个正数。

5. PWM 指令

PWM 指令功能块图形如图 3-66 所示，指令参数如表 3-109 所示。

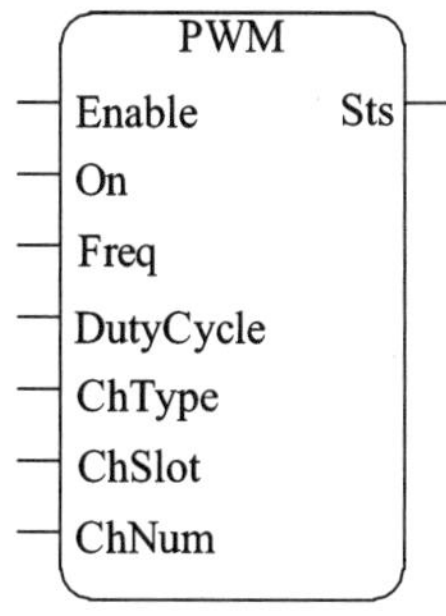

图 3-66　PWM 功能块

表 3-109　PWM 指令参数

参数	参数类型	数据类型	说明
Enable	输入	BOOL	功能块启用
On	输入	BOOL	打开或关闭 PWM 输出
Freq	输入	USINT	输出信号频率
DutyCycle	输入	字符串	占空比
ChType	输入	USINT	通道类型
ChSlot	输入	UINT	通道插槽
ChNum	输入	UINT	通道编号
Sts	输出	UINT	功能块执行状态

【指令说明】

（1）PWM 指令用于产生一个脉冲调制信号输出，仅用于 Micro820 控制器。

（2）在 Enable 为 TRUE 时启用功能块，为 FALSE 时停止使用。On 参数用于控制调制脉冲信号输出。当 On 为 TRUE 时，开始输出脉冲，为 FALSE 后停止输出脉冲。

（3）Freq 参数用于设置输出脉冲频率，其取值范围为 1 ~ 5 000，单位为 Hz。DutyCycle 参数用于设置占空比，其取值范围为 0 ~ 100，单位为%。ChType 参数用于设置通道类型，其中：0 为内嵌式；1 为插件；2 为扩展类型。ChSlot 参数用于设置插槽编号，其中 0 为内嵌式插槽。ChNum 参数用于设置通道编号。

（4）Sts 参数用于指示功能块执行情况，具体代码及含义说明如表 3-110 所示。

表 3-110　Sts 参数代码及说明

状态代码	说明
0	未启用功能块
1	PWM 配置成功
2	工作周期无效
3	频率无效
4	通道类型无效
5	通道插槽无效
6	通道编号无效
7	目录无效。所使用的目录不支持 PWM 功能

6. STACKINT 指令

STACKINT 指令功能块图形如图 3-67 所示，指令参数如表 3-111 所示。

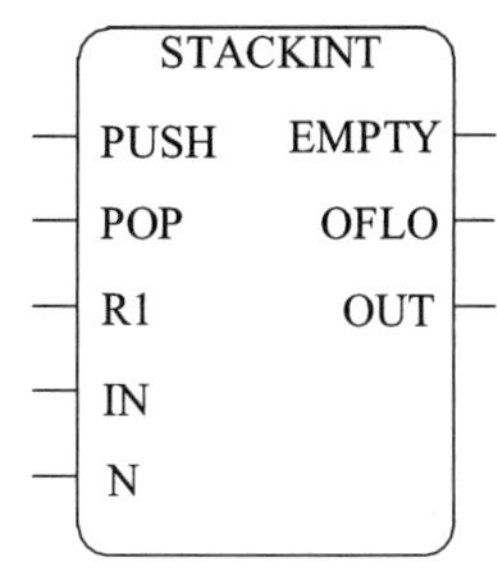

图 3-67　STACKINT 功能块

表 3-111　STACKINT 指令参数

参数	参数类型	数据类型	说明
PUSH	输入	BOOL	进栈命令
POP	输入	BOOL	出栈命令
R1	输入	BOOL	清空堆栈
IN	输入	DINT	进栈数据
N	输入	DINT	堆栈大小
EMPTY	输出	BOOL	空栈指示
OFLO	输出	BOOL	溢出指示
OUT	输出	DINT	栈顶部的值

【指令说明】

（1）STACKINT 指令用于产生一个堆栈存储数据结构，并完成进栈、出栈等栈结构的操作。

（2）PUSH 参数为进栈命令，当 PUSH 出现上升沿的时候，将 IN 参数数据推入栈。

（3）POP 为出栈命令，当 POP 出现上升沿的时候，完成一次出栈操作。

（4）栈所存储的数据数目由 N 参数规定。其取值范围为 1 ~ 128，整数。如果 IN 低于 1，按 1 计算；高于 128，则按 128 计算。

（5）R1 参数可以一次性清空堆栈。当 R1 为 TRUE 时，所有堆栈的数据将被清空。

（6）EMPTY 和 OFLO 为标志参数。EMPTY 为 TRUE 时，意味着堆栈已空。OFLO 为 TRUE 时，说明堆栈已满。而 OUT 用以显示栈顶数据。

7. IPIDController 指令

IPIDController 是 PID 控制器指令，其功能块图形如图 3-68 所示，指令参数如表 3-112 所示。

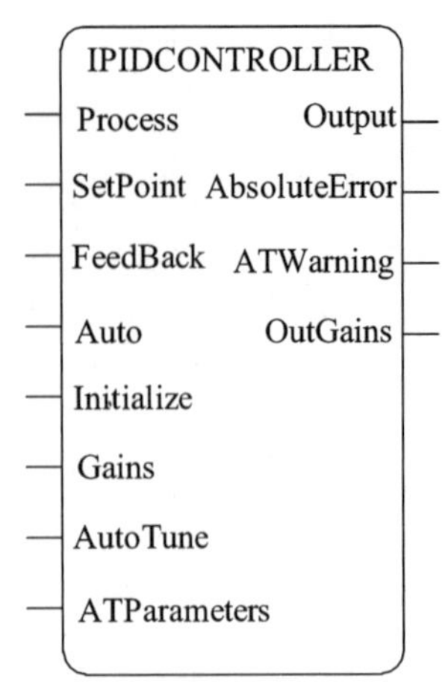

图 3-68　IPIDController 功能块

表 3-112　IPIDController 指令参数

参数	参数类型	数据类型	说　明
EN	输入	BOOL	功能块启用
Process	输入	REAL	过程值
SetPoint	输入	REAL	设定值
FeedBack	输入	REAL	反馈信号
Auto	输入	BOOL	控制器的操作模式
Initialize	输入	BOOL	初始化
Gains	输入	GAIN_PID	控制器参数
AutoTune	输入	BOOL	自动调节开关
ATParameters	输入	AT_Param	自动调节参数
Output	输出	REAL	控制器的输出
AbsoluteError	输出	REAL	偏差
ATWarnings	输出	DINT	自动调节序列的警告
OutGains	输出	GAIN_PID	在 AutoTune 序列之后计算的增益
ENO	输出	BOOL	启用输出

【指令说明】

（1）IPIDController 指令用以完成一个 PID 控制器功能，当 EN 为 TRUE 时，控制器开始使用。

（2）因为 PID 控制器需要较为准确、一致性较好的采样时间序列，而基于扫描周期的梯形图语言在执行过程中不容易保持相对稳定的采样时间。因此，在使用 IPIDController 控制器构成控制回路时，建议尽量使用功能块图语言或结构语言编程，并把控制器封装成中断服务子程序，通过定时器中断执行模式来完成。这样可以利用控制器的定时时钟来实现稳定的采样周期。

（3）控制器获得的被控量的采样值从 Process 输入端输入，被控量的设定值从 SetPoint

端设置，两者之间的差值就是 PID 控制器的控制偏差。该偏差一方面用于功能块内部计算，用以调节控制器输出量，另一方面也通过 AbsoluteError 参数输出，可以用于控制过程的异常判断。

（4）PID 控制过程中，积分饱和是一个经常遇到的问题。当控制输出大于实际执行器的执行极限时，会使误差累积与实际的控制作用脱节，造成积分饱和现象。为了克服积分饱和现象，IPIDController 指令积分回路的输入从 FeedBack 端引入，在正常运行时，该信号通常取自于 IPIDController 的控制信号输出端 Output。在实际控制过程中，想切除积分回路，可以取消相应的反馈环。

（5）PID 控制器一般来说有三个参数设置，分别是 KP、KI 和 KD，即比例系数、积分系数和微分系数。有时 KI 和 KD 也用 KP、积分时间 ti、微分时间 td 换算得到。在 IPIDController 指令里，采样 Gains 参数存储控制器参数。Gains 是 GAIN_PID 类型数据，该类型数据的数据结构可如表 3-113 所示。

表 3-113　GAIN_PID 数据结构

参数	数据类型	说明
DirectActing	BOOL	作用类型
ProportionalGain	REAL	PID 的比例增益
TimeIntegral	REAL	PID 的时间积分值
TimeDerivative	REAL	PID 的时间微分值
DerivativeGain	REAL	PID 的微分增益

其中：

① DirectActing 用以设置控制器作用类型。当 DirectActing 为 TRUE 时，控制器为正向作用，即当实际的过程值大于设定值时，通过适当的控制器操作会增加控制器输出。而当 DirectActing 为 FALSE 时，控制器为反向作用，即当实际的过程值大于设定值时，通过适当的控制器操作会减小控制器输出。

②ProportionalGain、TimeIntegral 分别是比例系数和积分时间，两者都是大于或等于 0.0001 的实数。TimeDerivative 和 DerivativeGain 分别是微分时间和微分增益，两者都是大于 0 的实数。

上述控制器参数可以由用户通过离线方式获得，也可以由控制器通过自动调节程序搜索获得。

（6）当 Auto 参数为 TRUE 时，模块正常运行；为 FALSE 时，处于重置状态。

（7）Initialize 参数的更改导致在相应循环期间控制器消除任何比例增益，并初始化 AutoTune 序列。当 Initialize 为 FALSE，复位了自动设置参数序列时，将 AutoTune 参数设置为 TRUE 后可以启动 Gains 参数的自动搜索和配置过程。

（8）ATWarnings 为自动调节信号的告警信号。其值：

① 为 0 时，没有执行自动调节。

② 为 1 时，处于自动调节模式。

③ 为 2 时，已执行自动调节。

④ 为-1 时，ERROR1（输入自动设置为 TRUE，不可能进行自动调节）。

⑤ 为-2 时，ERROR2（自动调节错误，ATDynaSet 已过期）。

（9）在执行自动调节参数过程前，需要对 ATParameters 参数进行设置。ATParameters 参数是 AT_PARAM 类型数据，该类型数据的数据结构如表 3-114 所示。

表 3-114　AT_PARAM 数据结构

参数	数据类型	说明
Load	REAL	自动调节的加载参数
Deviation	REAL	自动调节的偏差。这是用于评估 AutoTune 所需噪声频带的标准偏差
Step	REAL	AutoTune 的步长值
ATDynamSet	REAL	放弃自动调节之前等待的时间
ATReset	BOOL	指示在 AutoTune 序列之后是否要将输出值重置为零

其中：

① Load 参数是启动 AutoTune 进程时，设置的控制器初始输出值。

② Deviation 是用来估计状态稳定的偏差值。

③ Step 是步长值，必须大于噪声频带并小于 0.5Load。

④ ATDynamSet 是自动调节最长等待时间，单位是 s。

⑤ ATReset 参数用于设置自动调节后是否需要将控制器输出值复位到零。如果 ATReset 为 TRUE 则复位，否则就保留 Load 值。执行自动参数调节过程要注意尽量使控制回路的输出产生振荡，以便对振荡充分采样。

（10）参数自动调节过程可以采用如下步骤：

① Step 1：给 Initialize 参数置位为 TRUE。

② Step 2：给 AutoTune 参数置位为 TRUE。

③ Step 3：给 Initialize 参数复位为 FALSE。

④ Step 4：等待，直到 ATWarnings 参数值为 2。

⑤ Step 5：从 OutGains 参数中读取相应的控制器参数。

3.5　习题

1. 填空

（1）Micro850 控制器指令系统的指令主要有_____、_____和_____3 种。

（2）Micro850 控制器指令系统中的功能块指令有_____、_____、_____、_____、_____、_____、_____、_____和_____9 类。

（3）Micro850 控制器指令系统中计时器指令有_____、_____、_____、_____和_____5 种。

（4）Micro850 控制器指令系统中计数器指令有_____、_____两种。

（5）Micro850 控制器指令系统中高速计数器有_____、_____两种。

（6）Micro850 控制器的计数模式有_____、_____、_____、_____、_____、_____、_____、_____和_____9 种。

2. 函数与功能块在使用上有什么不同?
3. 简述正交计数模式的工作特点。
4. 简述高速计数器中断的配置方法。
5. 简述轴变量的配置方法。
6. 简述 8 个轴状态之间的相互转化过程。
7. 简述 IPID 模块参数自动调节方法。

第4章 梯形图编程方法

【内容提要】

本章主要介绍梯形图程序的两种常见编程方法（经验编程法和顺序控制编程法）的原理和实现方法。

【教学目标】

- 经验编程法的特点和基本方法；
- 顺序功能图和步进梯形图的绘制方法。

4.1 概述

梯形图语言由于形象直观，与继电器控制电路非常相似，深得广大电气工程师的喜爱，是当前可编程控制器应用中最常用的编程语言。梯形图程序编程方法主要有经验编程法和步进顺控编程法两种。本章通过若干实例介绍基于 CCW 的编程环境的经验编程法和步进顺控编程法的实现。

4.2 经验编程法

所谓经验编程法，是编程人员通过对输入/输出信号逻辑关系的观察和梳理，总结出每个输出信号的控制条件，然后通过对输入信号的组合或变换构造出这个控制条件，以实现对输出信号的驱动的一种编程方法。由于这种编程方法的实现以及所编程序质量的优劣很大程度上依赖于编程者的经验，因此被称为经验编程法。

通过经验编程法编写出来的程序，其优点是短小精炼，缺点是可读性不强，不易维护。经验编程法没有成熟规律可循，具有很强的试探性和随意性，一般需要编程人员经过长期的编程实践和摸索才能较好地掌握，一般适用于编写小型程序或者程序模块。对于大型程序，由于涉及变量众多，变量之间逻辑关系复杂，采用经验编程法编程就存在较大困难。

下面通过实例介绍一些常见的程序。

4.2.1 自锁/互锁/联锁控制程序

继电器控制系统中的被控设备之间常常存在相互制约关系，自锁、互锁、联锁是其中常见的电路形式。自锁程序、互锁程序和联锁程序是实现这三种电路控制的程序。

1. 自锁控制程序

自锁控制程序是指一个继电器通过将其触点并入自身线圈的供电电路，以保证在其他通路断开时仍然能够使自身线圈得电的程序形式。

【例 4-1】设备的启-保-停电路常用于设备的启动与停止控制，启-保-停控制程序是一个典型的自锁控制程序，如图 4-1 所示。其中上图为停止优先程序，下图为启动优先程序。

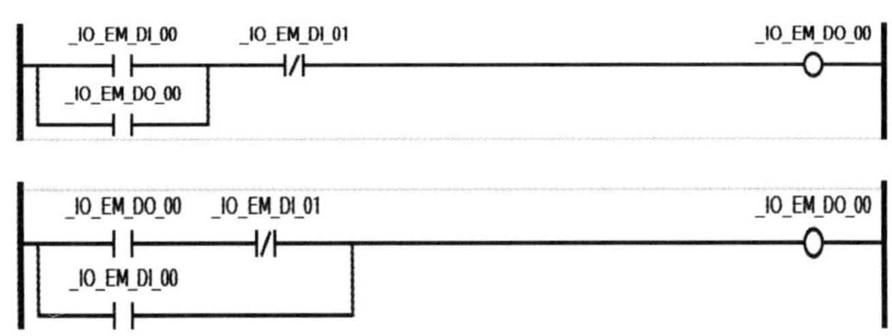

图 4-1　启-保-停控制程序

从图中可以看出，当启动按钮按下后，其常开触点_IO_EM_DI_00 闭合，使得输出线圈_IO_EM_DO_00 得电。同时其常开触点闭合，为自己的线圈提供另一条通路，保证在启动按钮复位（即_IO_EM_DI_00 断开）后输出线圈仍然维持通电，即实现自锁；当停止按钮按下后，其常闭触点_IO_EM_DI_01 断开，使得输出线圈断电，从而实现设备关停。

在上半部分图中，当启动按钮和停止按钮同时按下时，因为启动按钮无法接通输出线圈，所以不能能够启动设备，因此称为停止优先程序。相反，对于下半部分图，则是优先启动。

2. 互锁控制程序

互锁控制程序是指一个继电器通过将其常闭触点串入其他线圈的供电电路，以达到防止其他线圈与自身线圈同时通电的程序形式。

【例 4-2】双向异步电机的正反转控制电路是典型的互锁电路。图 4-2 所示的程序用于实现正反转控制。

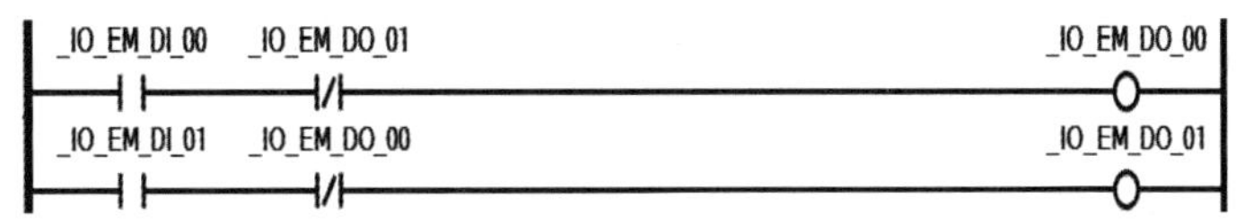

图 4-2　正反转控制程序

从图中可以看出，当触点_IO_EM_DI_00 闭合，同时线圈_IO_EM_DO_01 未得电时，其常闭触点接通，线圈_IO_EM_DO_00 得电。同时由于其常闭触点断开，从而阻塞线圈_IO_EM_DO_01 的通路，使得即使触点_IO_EM_DI_01 闭合，也无法接通线圈_IO_EM_DO_01 的目的。同理，如果线圈_IO_EM_DO_01 先接通，也能阻止线圈_IO_EM_DO_00 的接通，达到互锁的目的。

3. 联锁控制程序

联锁控制程序是指一个继电器通过将其常开触点串入其他线圈的供电电路，以达到将自身线圈是否通电作为其他线圈通电的先决条件的程序形式。

【例 4-3】在实际的工业控制现场，不同设备的启、停经常存在先后顺序。图 4-3 所示是两台设备的联锁控制程序。启动时，第一台设备启动后才能启动第二台设备；停止时，第二台设备停止后才能停止第一台设备。

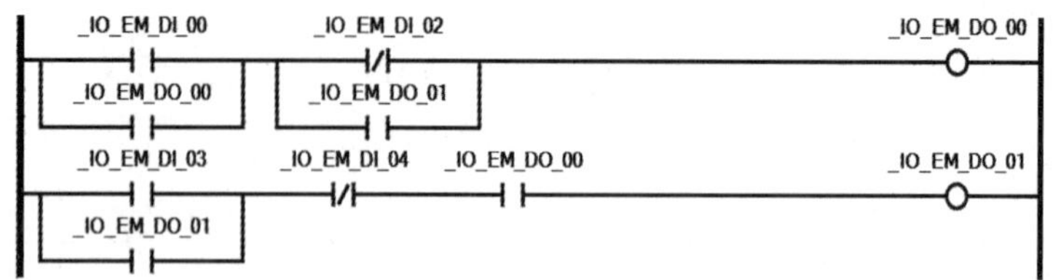

图 4-3　联锁控制程序

如图 4-3 所示，线圈_IO_EM_DO_00 和_IO_EM_DO_01 分别控制两台设备，其得电与失电分别受控于启动按钮触点_IO_EM_DI_00、_IO_EM_DI_03 和停止按钮触点_IO_EM_DI_02、_IO_EM_DI_04。当_IO_EM_DI_00 接通后，_IO_EM_DO_00 得电并自锁。但是，如果_IO_EM_DO_00 没有得电前，其常开触点断开，此时，即使_IO_EM_DI_03 接通，也无法接通线圈_IO_EM_DO_01，使得线圈_IO_EM_DO_00 得电成为线圈_IO_EM_DO_01 被驱动的先决条件。同理，当_IO_EM_DO_00、_IO_EM_DO_01 两个线圈都被驱动得电后，由于线圈_IO_EM_DO_00 的停止按钮_IO_EM_DI_02 被触点_IO_EM_DO_01 短接，只有当线圈_IO_EM_DO_01 失电，其常开触点断开后，才能断开线圈_IO_EM_DO_00。

4.2.2　定时/计数程序

定时计数操作是时序逻辑电路中常见的操作，因此，定时程序和计数程序也是梯形图程序中常见的程序模块。

1. 定时程序举例

如第 3 章所述，Micro850 编程指令系统中提供了 TON、TOFF、TONOFF、TP、RTO 五种与定时功能相关的功能块。其功能分别是：

（1）TON：接通延时定时。当输入信号接通时开始计时，当计时时间到后，接通输出信号。

（2）TOFF：关断延时定时。当输入信号断开时开始计时，当计时时间到后，断开输出信号。

（3）TONOFF：接通/关断延时定时。当输入信号接通，经过一定时间后，接通输出信号，当输入信号断开，经过一定时间后，断开输出信号。

（4）TP：脉冲定时。当输入信号有上升沿时，产生一个一定长时间的脉冲。

（5）RTO：保持时间定时。当输入信号累计保持一定时长后，接通输出信号。

详细的模块使用方法见第 3 章第 3.4.3 节说明。

【例 4-4】图 4-4 所示程序用于产生一个方波信号。

如图 4-4 所示，当触点_IO_EM_DI_00 接通后，由于常闭触点 TON_2.Q 闭合，定时器 TON_1 开始计时，当计时时间到达 time_off 后 TON_1.Q 触点接通，驱动线圈_IO_EM_DO_00 接通，同时也接通定时器 TON_2 开始计时，当计时时间到达 time_on 时，TON_2.Q 接通后其常闭触点断开，造成定时器 TON_1 复位，TON_1.Q 触点断开，使得输出线圈_IO_EM_DO_00 失电。并使得定时器 TON_2 复位，TON_2.Q 触点断开，其常闭触点再次接通，使得定时器 TON_1 又开始计时，周而复始，线圈_IO_EM_DO_00 输出方波信号。其中，time_on 参数用于设定方波信号高电平持续时间，time_off 参数用于设定方波信号低电平持续时间。

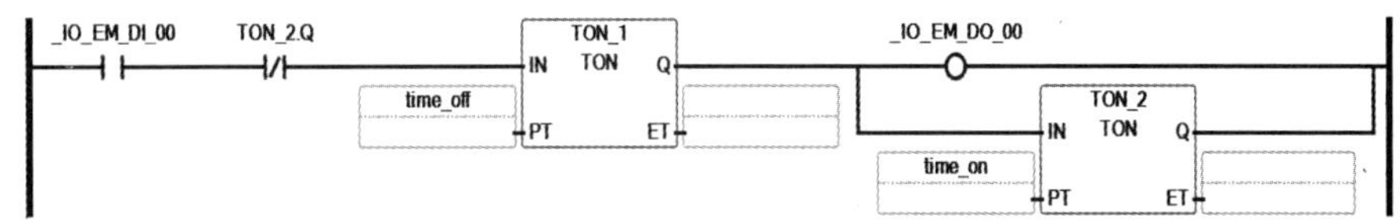

图 4-4　方波发生程序

2. 计数程序举例

Micro850 编程指令系统中提供了 CTD、CTU、CTDU 三种常用的计数模块。其功能分别是：

（1）CTD：减计数。当输入端接收到脉冲上升沿时，计数器当前值减 1，当当前值小于等于设定值时，输出信号 Q 为 TRUE。

（2）CTU：增计数。当输入端接收到脉冲上升沿时，计数器当前值增 1，当当前值大于等于设定值时，输出信号 Q 为 TRUE。

（3）CTDU：增/减计数。当向上计数输入端 CU 接收到脉冲上升沿时，计数器当前值增 1，当当前值大于等于设定上限时，输出信号 QU 为 TRUE。当向下计数输入端 CD 接收到脉冲上升沿时，计数器当前值减 1，当当前值小于等于设定下限时，输出信号 QD 为 TRUE。

详细的模块使用方法见第 3 章第 3.4.4 节说明。

【例 4-5】图 4-6 所示程序用于实现图 4-5 所示圆盘转动控制。按下启动按钮后，圆盘开始转动，转动一圈后停止 5 s，然后继续转动，3 圈后停止，等待下一次启动信号。

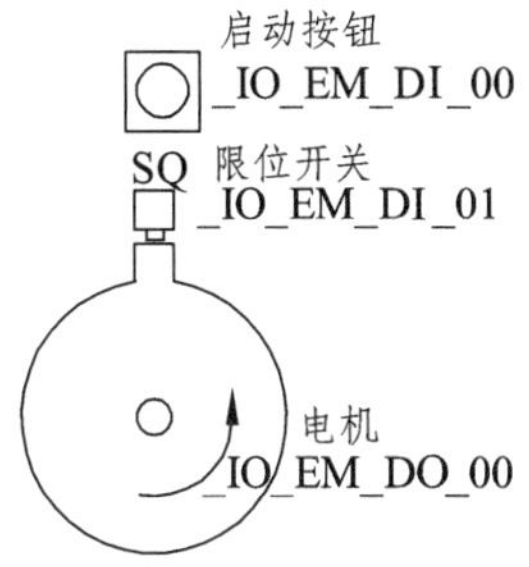

图 4-5　圆盘控制系统

从图 4-6 可以看出，当启动按钮_IO_EM_DI_00 接通后，接通输出变量 RUN，并通过自锁电路保持为高电平。同时，其上升沿给输出变量_IO_EM_DO_00 置位，驱动圆盘转动。当圆盘转动一圈，触发限位信号_IO_EM_DI_00 时，开始驱动定时器 TON_1 定时 5 s，同时其上升沿给_IO_EM_DO_00 复位，停止圆盘转动，并通过计数器 CTU_1 计数。当计时时间满 5 s 时，定时器 TON_1.Q 输出高电平，其上升沿给输出变量_IO_EM_DO_00 置位，再次驱动圆盘转动，同时，因为限位信号_IO_EM_DI_00 复位，定时器 TON_1 复位。当计数器 CTU_1 计数满 3 次后，CTU_1.Q 输出高电平，使变量 RUN 复位，并导致 TON_1、CTU_1 复位，等待下一次启动。

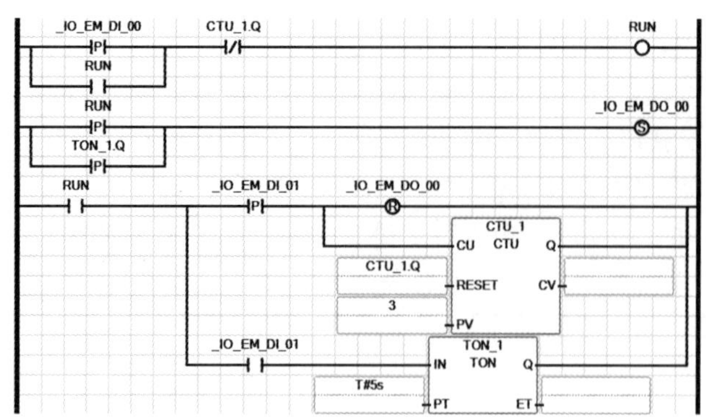

图 4-6 圆盘控制程序

4.2.3 经验编程法举例

【例 4-6】编写程序实现如图 4-7 左图所示的按钮人行道交通灯控制。在人行道的两边各设一个按钮 SB1 和 SB2，当行人要过人行道时按下按钮，交通灯将按图 4-7 右图顺序变化。

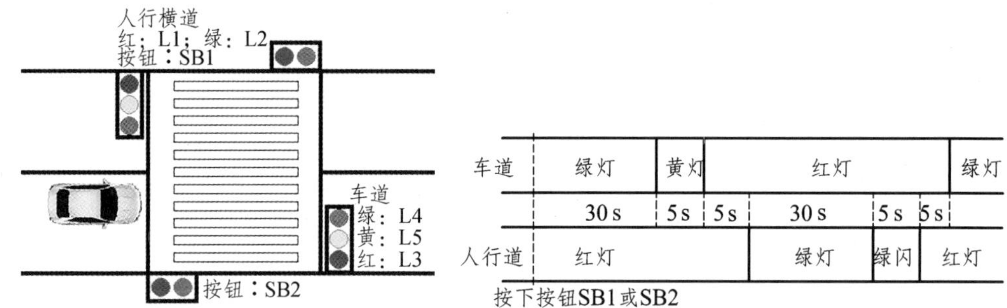

图 4-7 按钮人行道

根据输入输出变量之间的关系，列出所有被控变量的驱动关系，编写梯形图程序（见图 4-8）。相关编程变量如表 4-1 所示。

表 4-1 编程变量

变量类型	变量名	含义	外部连接元件
输入变量	_IO_EM_DI_00	路边按钮 1	SB1
	_IO_EM_DI_01	路边按钮 2	SB2
输出变量	_IO_EM_DO_03	人行道绿灯	L2
	_IO_EM_DO_04	人行道红灯	L1
	_IO_EM_DO_02	车道红灯	L3
	_IO_EM_DO_01	车道黄灯	L5
	_IO_EM_DO_00	车道绿灯	L4
局部变量	RUN	按钮人行道控制开启信号	—
	TON_1 ~ TON_6	各交通灯亮灯定时器	—
	TON_7、TON_8	方波信号发生器用定时器	

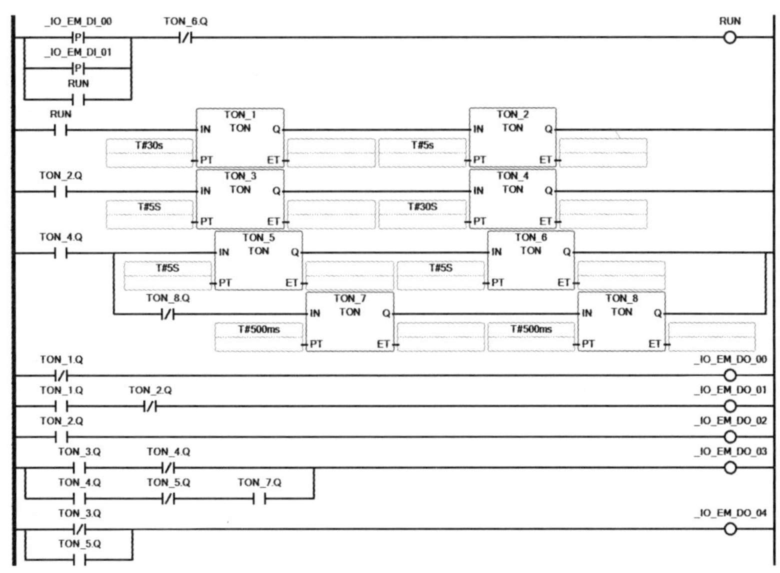

图 4-8　按钮人行道控制程序

4.3　顺序控制编程法

4.3.1　顺序控制编程法概述

经验编程法需要综合考虑每一个输出变量在不同工况下的输入条件，一般控制系统控制变量较多，相互之间往往存在复杂的互锁、联锁、延时、计数关系。因此采用经验编程法编程需要考虑的因素比较多，编程比较困难，程序开发调试时间比较长。

在工业控制系统中，经常遇到一类被控系统，这类系统的控制过程总体上看虽然比较复杂，但是可以划分成不同的工序步，每个工序步有明确的开始和结束条件，完成的操作也相对简单，不同工序段互不干扰，但是在执行过程中又存在明显的先后顺序关系，这一类控制问题被称为顺序控制问题。对于这一类问题，由于工序复杂，设备众多，如果从总体上考虑每个设备的驱动输入条件非常困难。不过，如果先将整个问题分解成不同的工序步分别处理，然后再利用工序步的转换关系将所有工序步连接成一个完整的控制过程，则有利于化繁为简，快速完成控制程序的编写过程，这种编程思路被称为顺序控制编程法。

顺序控制编程法的编程过程可以分成如下几步：

（1）分析被控过程，将被控过程分解成不同的工序步，明确每步的操作与条件。

（2）根据工序步之间的关系，画出顺序功能图。

（3）根据顺序功能图编写梯形图控制程序。

4.3.2　顺序功能图

顺序功能图（Sequential Function Chart）是实现顺序控制编程的重要工具，它是描述控制系统控制过程、功能和特性的一种图形，是在 IEC 的 PLC 编程语言标准（IEC61131-3）中，被列为首位的 PLC 编程语言。顺序功能图主要由步、有向线、转换、转换条件组成。

1. 步的概念

在顺序控制编程法里，将整个系统控制过程分解成若干个前后相连的控制阶段，这个控制阶段被称为步（Step）。每一个步用一个编程变量来代表，表示一个简单的状态。由于这个状态处于特殊条件之下，因此一般操作过程简单，易于编程。

在顺序功能图里，步用一个矩形框来表示，如图 4-9（a）所示。如果这个步是整个控制过程最开始的一步，被称为初始步，用一个双线框表示，如图 4-9（b）所示。矩形框里面的符号是代表这个步的编程变量，该变量是一个 BOOL 型变量。矩形框右边图形是本步需要完成的动作，矩形框上下直线上的短线代表步的转换。

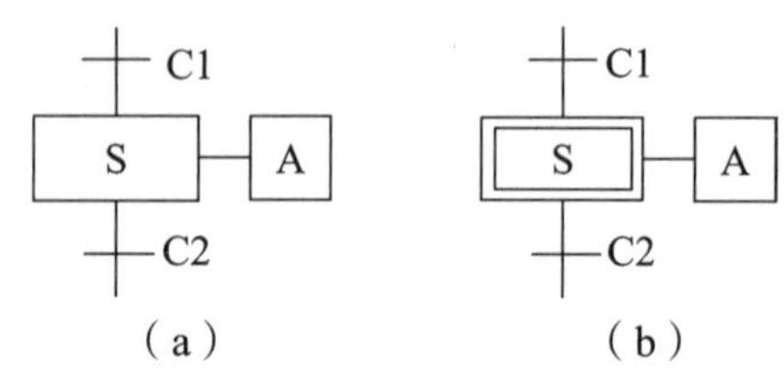

图 4-9　步示意图

步有活动步和非活动步两种。所谓活动步是指当前正在执行的步骤，其代表变量取值为 1。反之，当前并没有执行的步称非活动步，其代表变量取值为 0。在控制程序中，只有活动步右面所跟随图形所示的操作才能被执行，其他均不执行。以图 4-9 为例，如果 S=1 时，该步为活动步，能够驱动变量 A，反之，如果 S=0 时，该步为非活动步，驱动 A 的操作不会被执行。

2. 有向连线、转换、转换条件

在顺序功能图中，如果满足激活条件，原本是非活动的步将会转换成活动步，并执行该步所对应的动作。而当结束条件满足时，活动步将变成非活动步，停止所对应的动作，并激活下一步。整个控制功能就是通过顺序功能图中每个步先后激活依次完成相应动作来完成。而在顺序功能图中，这种激活的先后顺序通过有向连线来描述。有向连线一般从本步指向下一个激活步。由于顺序功能图中步一般按照从上到下，从左到右的顺序执行，因此如果有向连线的方向是从上到下或从左到右的顺序的话，一般不用绘制箭头，其他情况应该绘制箭头。

一个步由活动状态变成非活动状态，同时激活下一步由非活动状态转化成活动状态的过程称之为一个转换。转换用垂直于连接两个相邻步之间的有向线段上的短线表示。控制系统中不同工序步的切换通过转换操作完成。

激活步的条件被称为转换条件。转换条件可以是外部信号，如按钮、开关、限位开关等，也可以是内部的编程变量，可以由单个变量构成，也可以由多个变量组合。在顺序功能图中，转换条件标注在表示转换的短线一旁，如图 4-10 中的变量 C1、C2。需要指出的是，一个步被激活既需要满足激活条件，同时也要其前一步处于活动状态。以图 4-10 为例，当 S1 步为活动步，同时满足条件 C2，此时会激活 S2 步，同时 S1 步变为非活动步。如果 S1 步是非活动步，此时即使满足条件 C2，也不能激活 S2 步。

综合上述，顺序功能图中实现相邻步的转换需要同时满足如下条件：

（1）该转换所有的前级步都为活动步。

（2）相应的转换条件得到满足。

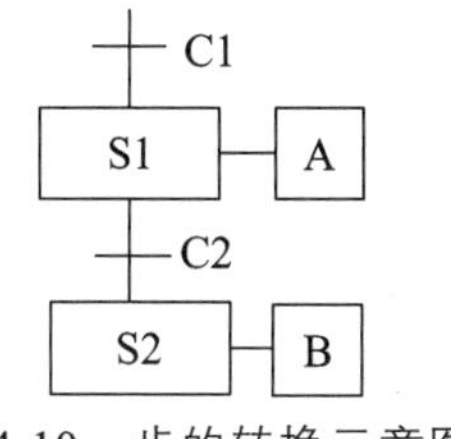

图 4-10　步的转换示意图

相邻步实现转换后会完成如下两个操作：

（1）使所有有向连线与相应转换符号相连的后续步均转换成活动步。

（2）使所有有向连线与相应转换符号相连的前级步均转换成非活动步。

3. 顺序功能图的基本结构

顺序功能图的基本结构形式有单序列、选择序列、并行序列三种，如图 4-11 所示。其他复杂的连接方式都可以分解成上述三种形式。

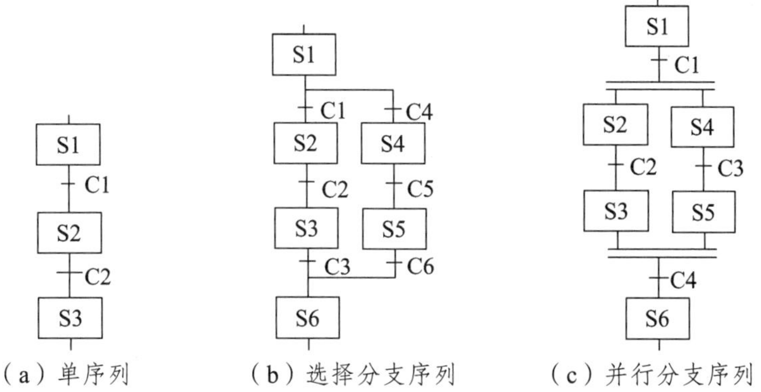

（a）单序列　（b）选择分支序列　（c）并行分支序列

图 4-11　顺序功能图的结构形式

单序列如图 4-11（a）所示。单序列由一系列相互激活的步组成，每一步后面只有一个转换，每一个转换后面只有一个步。单序列没有分支。

分支序列有两种基本形式：选择分支和并行分支。

选择分支如图 4-11（b）所示，S1 步后有两种可能，一种是满足条件 C1 可以激活 S2，另一种是满足条件 C4 激活 S4，因此，当 S1 为活动步时，程序的后续动作可能是两种可能中选择一种，故这种程序形式被称为选择分支。选择性分支中实际执行的是哪一个分支取决于分支前步以及在此步处于活动状态下时满足哪个转换条件。选择性分支的结束称之为汇合，以图 4-11（b）为例，两个分支最终会汇合于 S6 步。如果执行 S2-S3 分支时，当 S3 为活动步时，如果满足条件 C3，则激活 S6。如果是执行 S4-S5 分支，则当 S5 为活动步，且满足条件 C6 时，激活 S6。

并行分支如图 4-11（c）所示，当 S1 为活动步时，如果满足条件 C1，会同时激活 S2、S4。S1 步后，两个分支会同时被激活工作，故这种程序形式被称为并行分支。所有并联的分支在分支处是同时激活的。并行分支的结束也称为汇合，并行分支的汇合需要汇合前各分支步同时处于活动状态，同时满足转移条件，才能实现汇合的转换。以图 4-11（c）为例，当 S3、S5 都处于活动状态时，如果满足条件 C4，则可以激活 S6。S6 转换成活动步后，S3、S5 转换成非活动状态。

4. 绘制顺序功能图时的注意事项

在绘制顺序功能图时，需要注意如下事项：

（1）两步之间不能直接相连，必须用一个转换隔开。

（2）两个转换也不能直接相连，必须用一个步隔开。

（3）顺序功能图的初始步对应整个控制流程的初始状态，因为没有前级步激活，因此，在程序起始位置应该预先激活初始步。

（4）自动控制系统一般工作在连续运行状态，即会周而复始地执行相同的工艺过程。因此，顺序功能图一般是一个由有向线段和步组成的闭环图，最后一步结束后通常会返回初始状态，重新执行。如果一个步后续没有后继步，则程序将停止在该步，无法实现连续转换，因此，绘制顺序功能图时尽量避免出现没有后继步的情况出现。

5. 顺序功能图绘制举例

下面举例说明顺序功能图的绘制方法。

【例 4-7】设某自动台车在启动前位于导轨的中部，如图 4-12 所示。其一个工作周期的控制工艺要求如下：按下启动按钮 SB，台车电机 M 正转，台车前进，碰到限位开关 SQ1 后，台车电机反转，台车后退；台车后退碰到限位开关 SQ2 后，台车电机 M 停转，台车停车 5 s 后，第二次前进，碰到限位开关 SQ3，再次后退；当后退再次碰到限位开关 SQ2 时，台车停止。

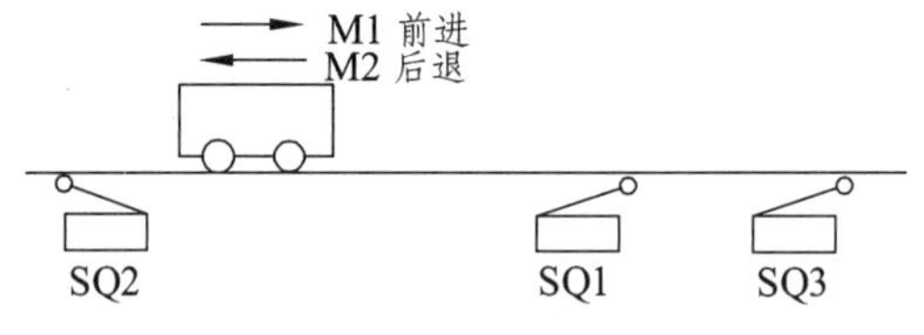

图 4-12　台车控制系统

绘制顺序功能图的过程分成如下几步：

（1）第一步，将控制过程分成若干个工序步，每步用一个变量表示。从题目可知，一个工作周期可以分成如下几步：

步 1，初始步（设为 S1）；步 2、台车前进（S2）。

步 3，台车后退（S3）；步 4、台车停止等待 5 s（S4）。

步 5，台车第二次前进（S5）；步 6、台车第二次后退（S6）。

（2）第二步，分析每一步的具体动作、结束条件、以及结束后激活的下一步。具体情况如下：

S1 步，无具体操作，有 SB 时结束，下一步是 S2。

S2 步，驱动 M1，有 SQ1 时结束，下一步是 S3。

S3 步，驱动 M2，有 SQ2 时结束，下一步是 S4。

S4 步，驱动定时器，5 s 时间到结束，下一步是 S5。

S5 步，驱动 M1，有 SQ3 时结束，下一步是 S6。

S6 步，驱动 M2，有 SQ2 时结束，下一步是 S1。

（3）第三步，将每一步用一个方框表示，在方框右侧绘制每一步的动作，并根据各步之间的先后关系用有向连线连接起来，在转换出标注好转换条件，就形成了顺序功能图（见图 4-13）。

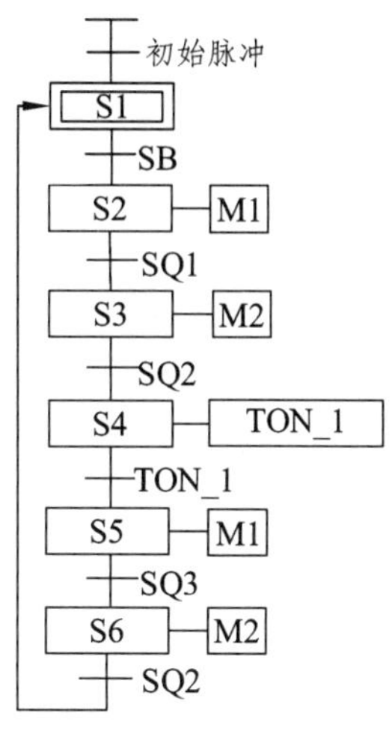

图 4-13　顺序功能图

4.3.3　顺序控制编程法的实现

根据顺序控制要求绘制出顺序功能图后，下一步是根据顺序功能图绘制出步进梯形图程序。绘制过程可以分成两个阶段：第一个阶段，根据每步的驱动条件绘制出每个步变量的驱动程序；第二个阶段，以步变量为条件，绘制相关设备的驱动程序。

1. 第一个阶段：绘制每个步变量的驱动程序

通常顺序功能图中的步变量都是由其前级步和转换条件共同激活（即置位）的，又是通过后继步复位的。但是要注意，对于初始步，因为刚进入程序运行状态时，初始步没有前级步给它置位，因此需要在程序运行之初预先置位。此外，对于最后一步，因为没有后继步，所以为达到控制流程能够周而复始运行的目的，需要给初始步置位。每个步变量被置位以后需要保持一段时间，直到满足后继步的激活条件才复位，因此步变量被激活后需要有保持功能。

根据步变量驱动方式不同，步进梯形图的绘制有两种方式：基于启-保-停电路的绘制方式和基于转换的绘制方式。

基于启-保-停电路的绘制方式是以启-保-停电路作为步变量的置位、保持、复位控制电路的基本形式，绘制出所有步变量的驱动电路。以图 4-13 所示功能图为例，按启-保-停电路形式绘制的梯形图如图 4-14 所示，其中_SYSVA_FIRST_SCAN 是初始脉冲，SB 接_IO_EM_DI_00，SQ1 接_IO_EM_DI_01，SQ2 接_IO_EM_DI_02，SQ3 接_IO_EM_DI_03，M1 接_IO_EM_DO_00，M2 接_IO_EM_DO_01。

基于转换的绘制方式是以置位、复位电路作为步的置位、保持、复位控制电路的基本形式，绘制出所有步的驱动电路。以图 4-13 为例，按基于转换的绘制方式绘制的梯形图如图 4-15 所示。

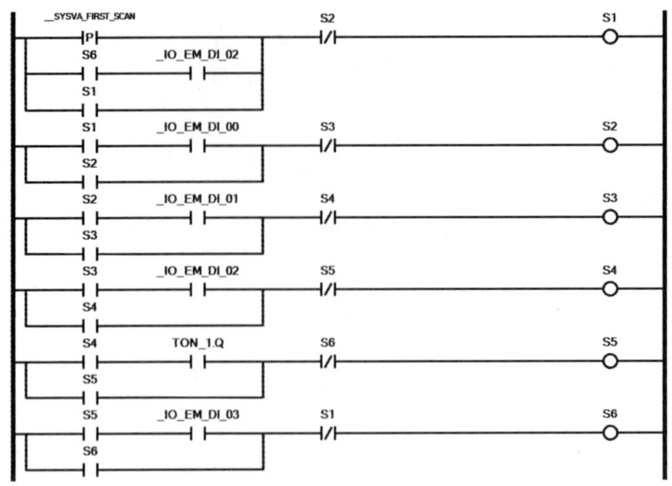

图 4-14　基于启-保-停的步变量转换

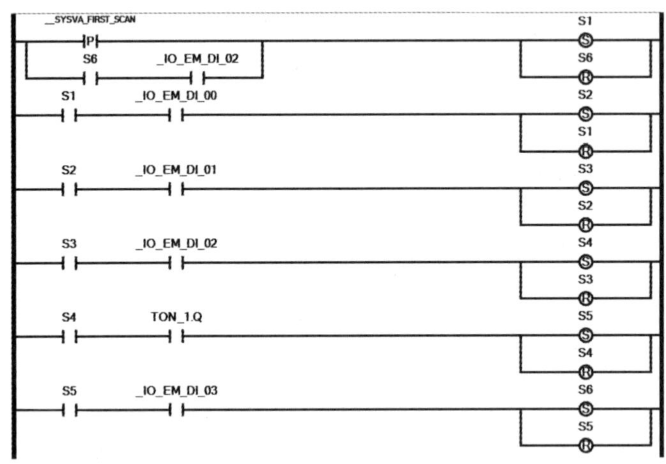

图 4-15　基于置位、复位的步变量转换

2. 第二个阶段：绘制相关设备的驱动程序

在这个阶段，主要以步变量为驱动条件，绘制所有设备的驱动电路。需要注意的是：对于同一个输出变量，可能会在多个步被驱动，因此绘制的时候要将多个步作为条件并联，不能出现双线圈驱动的问题。另外，一部分变量可能在连续几步中都被驱动，可以通过前级步置位，但是需要记得在不需要的时候及时复位。仍以图 4-13 所示功能图为例，所有相关设备的驱动电路如图 4-16 所示。

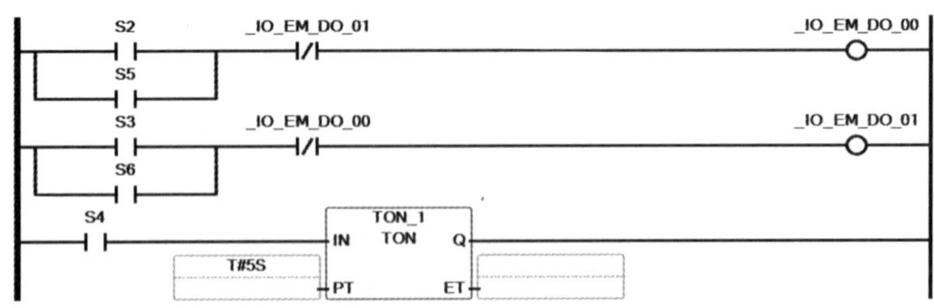

图 4-16　相关设备驱动电路

4.3.4 顺序控制编程法举例

【例 4-8】编写程序实现十字路口交通灯控制。如图 4-17 左图所示：系统未启动时，东西向和南北向的黄灯都处于闪烁状态。启动后交通灯每个周期按照图 4-17 右图所示顺序变化，周而复始。

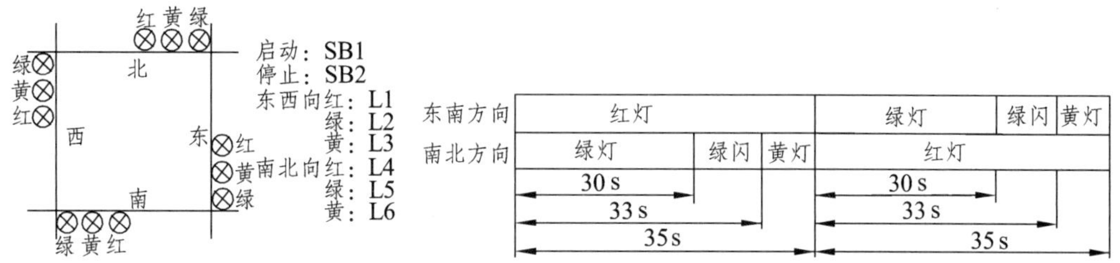

图 4-17 十字路口交通灯控制

根据题意，绘制顺序功能图（见图 4-18）。

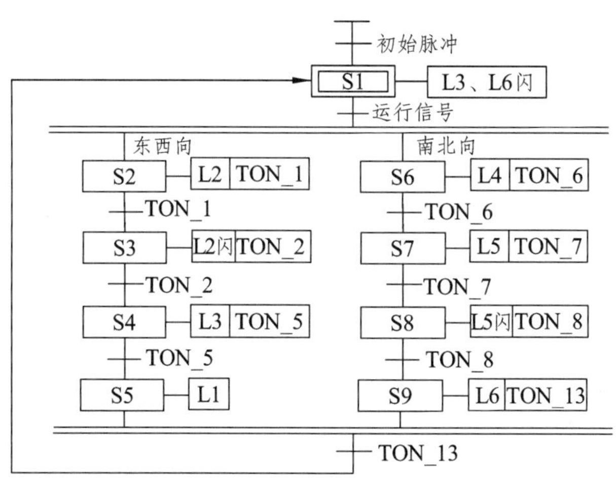

图 4-18 顺序功能图

根据图 4-18 所示的顺序功能图编写步进梯形图程序（见图 4-19 ~ 图 4-23），采用基于转换的编程方法，相关编程变量如表 4-2 所示。

表 4-2 编程变量

变量类型		变量名	含义	外部连接元件
全局变量	输入变量	_IO_EM_DI_00	启动按钮	SB1
		_IO_EM_DI_01	停止按钮	SB2
	输出变量	_IO_EM_DO_00	东西向红灯	L1
		_IO_EM_DO_01	东西向绿灯	L2
		_IO_EM_DO_02	东西向黄灯	L3
		_IO_EM_DO_03	南北向红灯	L4
		_IO_EM_DO_04	南北向绿灯	L5
		_IO_EM_DO_04	南北向黄灯	L6
	系统变量	_SYSVA_FIRST_SCAN	启动脉冲	

续表

变量类型	变量名	含义	外部连接元件
局部变量	RUN	系统运行信号	—
	S1 ~ S9	步变量	—
	TON_1 ~ TON_2 TON_5 ~ TON_8 TON_13	步切换条件	—
	TON_3 ~ TON_4 TON_9 ~ TON_12	方波信号发生器用定时器	—

程序有 23 个梯级，分成四段。梯级 1 是启、停程序，产生运行信号，如图 4-19 所示。

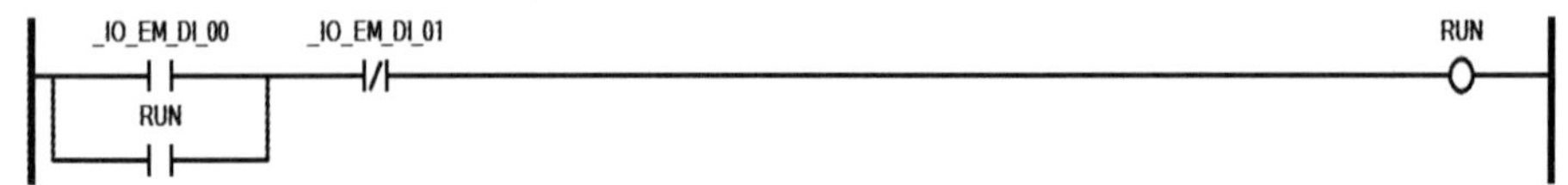

图 4-19　启、停程序

梯级 2 ~ 9 完成步的转换，如图 4-20 所示。

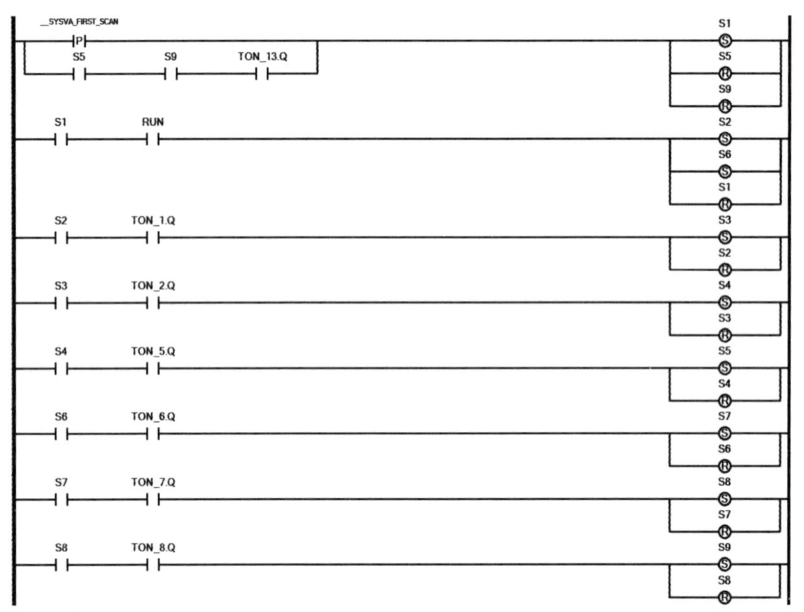

图 4-20　步的转换

梯级 10 产生初始步东西向和南北向黄灯闪烁需要的方波，如图 4-21 所示。

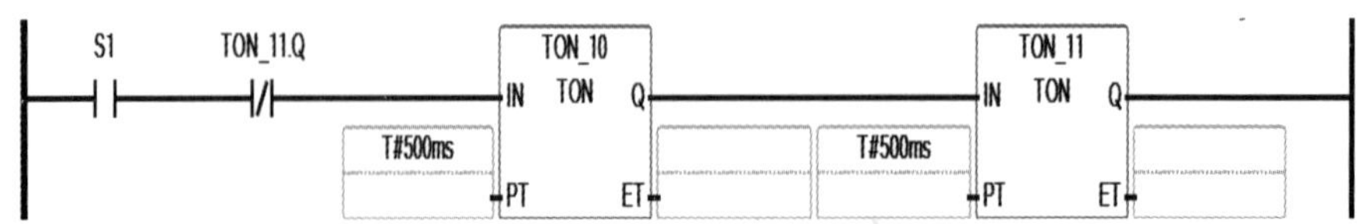

图 4-21　方波信号产生

梯级 11 ~ 17 产生各个步的转换信号，如图 4-22 所示。其中：TON_3、TON_4 用于产生南北向绿灯闪烁用方波信号，TON_9、TON_12 用于产生东西向绿灯闪烁用方波信号。

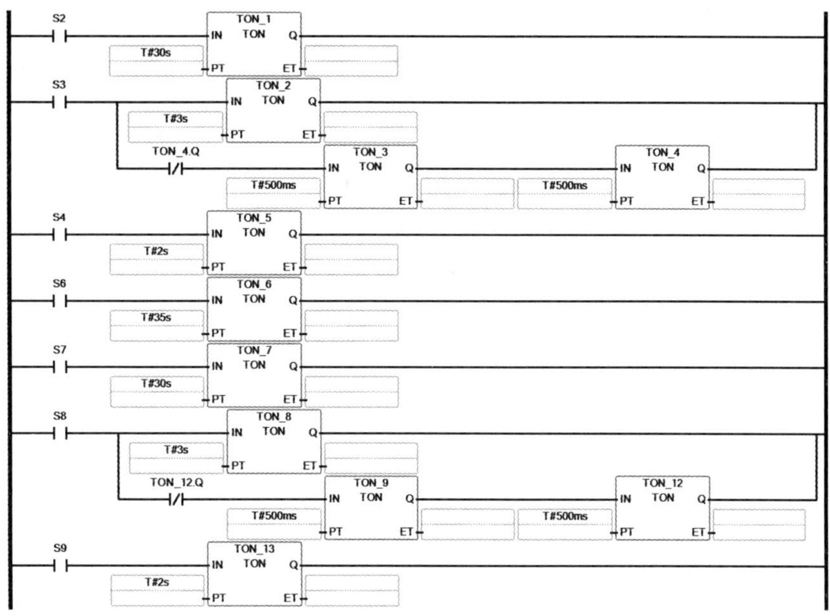

图 4-22　转换信号产生

梯级 18 ~ 23 驱动输出变量，如图 4-23 所示。

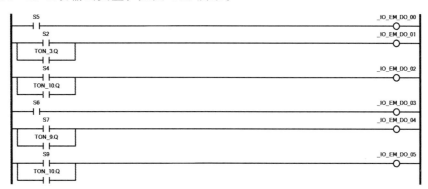

图 4-23　输出变量驱动

4.4　习题

1. 填空

（1）梯形图程序的编写方法主要有______和______两种。

（2）顺序功能图主要由______、______、______、______等组成。

（3）顺序功能图最基本的分支结构有______和______两种。

（4）根据步变量驱动方式不同，步进梯形图的绘制有______和______两种方式。

2. 简述顺序控制编程法的基本思路。

3. 简述转换实现的条件和转换实现后应完成的操作。

4. 用经验编程法设计梯形图，实现两台电动机 M1 和 M2 的控制。要求：① M1 启动后，

M2 才能启动；② M1 停止后，M2 延时 30 s 后才能停止。

5. 用经验编程法设计梯形图，实现一个按钮控制两盏灯。要求：第一次按下时第一盏灯亮，第二盏灯灭；第二次按下时第一盏灯灭，第二盏灯亮；第三次按下时两盏灯都亮；第四次按下时两盏灯都灭。

6. 用经验编程法设计梯形图，实现皮带运输机控制，该系统由电动机 M1、M2、M3 带动，要求：① 按下启动按钮，先启动最末一台皮带机 M3，每隔 5 s 依次启动 M2、M1；② 正常运行时，M3、M2、M1 均工作；③ 按下停止按钮，先停止最前一台皮带机 M1，然后每隔 5 s 依次停止 M2、M3。

7. 用经验编程法设计梯形图，实现四人抢答器控制。要求：① 抢答时，亮指示灯，有 2 s 声音报警；② 裁判员按开始键才能开始抢答，按复位键系统复位。

8. 用顺序控制编程法设计梯形图实现小车控制。小车运行过程如图 4-24 所示。小车原位在后退终端，当小车压下后限位开关 SQ1 时，按下启动按钮 SB，小车前进，当运行至料斗下方时，前限位开关 SQ2 动作，此时打开料斗给小车加料，延时 8 s 后关闭料斗，小车后退返回，SQ1 动作时，打开小车底门卸料，6 s 后结束，完成一次动作。如此循环。

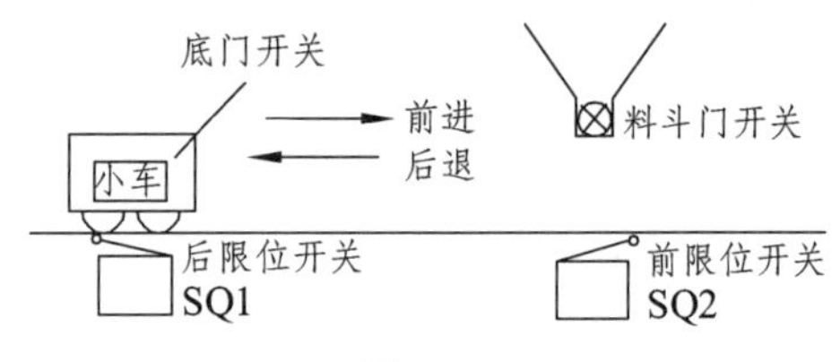

图 4-24

9. 用顺序控制编程法设计梯形图实现四台电动机控制。电机动作时序如图 4-25 所示。M1 的循环动作周期为 34 s，M1 动作 10 s 后 M2、M3 启动，M1 动作 15 s 后，M3 停止，M4 动作，M1 工作 24 s 后停止，M2 工作 16 s 后停止、M4 工作 15 s 后停止，每个循环动作周期为 34 s。

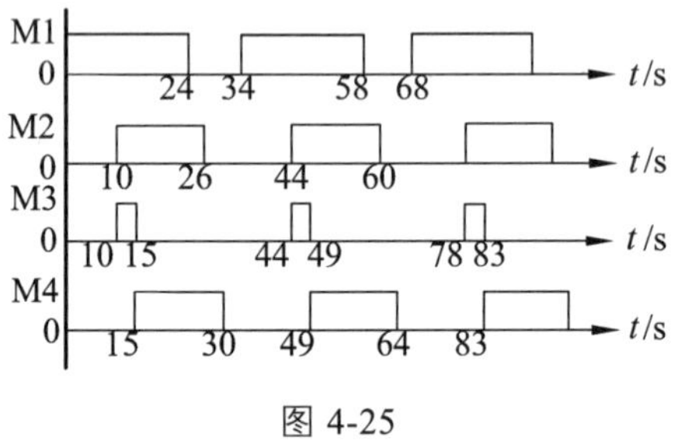

图 4-25

10. 用顺序控制编程法设计梯形图实现本章例 4-6 的按钮人行道交通灯控制。

第5章 Micro850 扩展模块

【内容提要】

本章主要介绍了 Micro850 控制器的扩展 I/O 模块的种类、属性和组态方法，介绍了变频器和图形终端的使用方法，以及控制器之间的通信方法。

【教学目标】

- Micro850 控制器的扩展 I/O 模块的种类、属性和组态方法；
- 交流变频器 PowerFlex 525、PanelView 800 图形终端 2711R-T7T 的功能及使用方法；
- Micro850 控制器之间、Micro850 和 Logix 控制器之间的通信方法。

5.1 扩展 I/O 模块

Micro850 控制器支持一系列扩展 I/O 模块用于扩展控制器功能，有 2085 数字量扩展 I/O 模块、2085 模拟量扩展 I/O 模块、2085 特殊功能扩展 I/O 模块和 2085 母线终端扩展 I/O 模块 4 种类型。扩展 I/O 模块安装在控制器的右侧，最多可以连接 4 个，嵌入式、插件式以及扩展式的数字量 I/O 点数应小于或等于 132。总线终结器 2085-ECR 与系统中的最后一个扩展 I/O 模块相连，用作终端盖，终结串行通信总线的末端。图 5-1 是 Micro850 控制器与功能性插件模块、扩展模块的连接图，表 5-1 所示为连接图 5-1 的模块型号及功能。

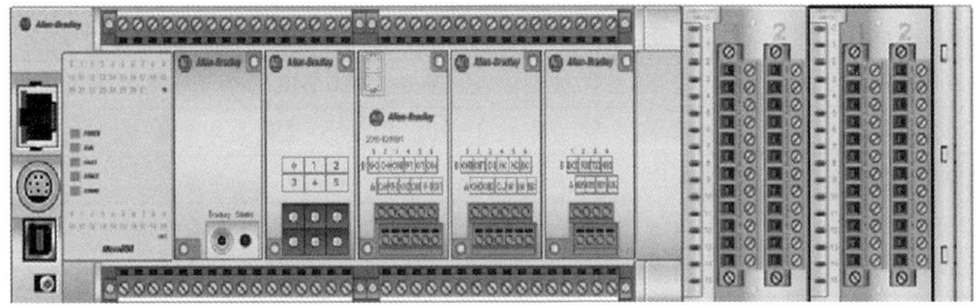

图 5-1　Micro850 控制器与功能性插件模块、扩展模块的连接图

表 5-1　连接图模块

模块型号		功　能
功能性插件模块	2080-MEMBAK-RTC	专用，存储器备份和高精度实时时钟
	2080-TRIMPOT6	专用，6 通道微调电位计模拟量输入
	2080-IQ4OB4	离散 8 点，组合型，DC 12/24 V 灌入型/拉出型输入，DC 12/24 V 拉出型输出
	2080-TC2	专用，2 通道，非隔离式热电阻模块
	2080-SERIALISOL	专用，RS 232/485 隔离式串行端口
扩展模块	2085-IQ16	DC 12/24 V，灌入型/拉出型 16 点数字量输入
	2085-OB16	DC 12/24 V，拉出型直流 16 点晶体管输出

5.1.1　数字量扩展 I/O 模块

罗克韦尔自动化公司提供了多种直流和交流数字量扩展输入模块、继电器型扩展输出模块、可控硅型扩展输出模块以及晶体管型扩展输出模块以满足不同应用需求，如图 5-2 所示。Micro850 控制器扩展数字量 I/O 模块如表 5-2 所示。

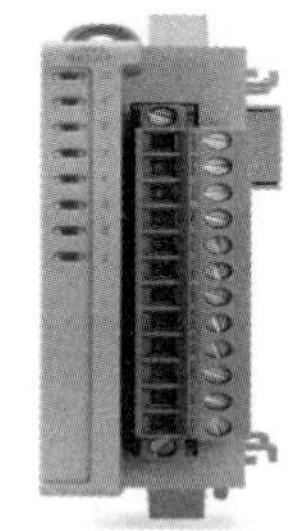
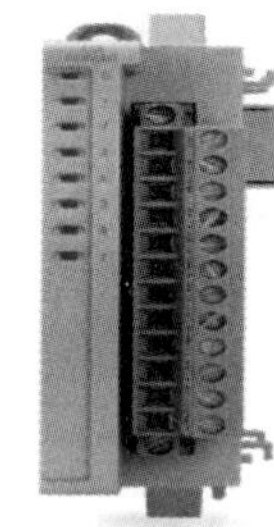

图 5-2　部分扩展模块

表 5-2　Micro850 控制器扩展数字量 I/O 模块

扩展模块型号	类别	种　类
2085-IA8	数字	8 点，120 V 交流输入
2085-IM8	数字	8 点，240 V 交流输入
2085-IQ16	数字	16 点，12/24 V 直流灌入型/拉出型输入
2085-IQ32T	数字	32 点，12/24 V 直流灌入型/拉出型输入
2085-OA8	数字	8 点，120/240 V 交流可控硅输出
2085-OV16	数字	16 点，12/24 V 直流晶体管输出，灌入型
2085-OB16	数字	16 点，12/24 V 直流晶体管输出，拉出型
2085-OW8	数字	8 点，交流/直流继电器型输出
2085-OW16	数字	16 点，交流/直流继电器型输出

扩展模块数字量输入点的状态可以从全局变量_IO_Xx_DI_yy 中读取，输出点的状态可以从全局变量_IO_Xx_ST_yy 中读取，可以向全局变量_IO_Xx_DO_yy 中写入扩展输出点状态。其中“x”代表扩展插槽编号 1 ~ 4，“yy”代表输入点/输出点编号。图 5-3 所示为数字量扩展

模块 2085-IQ16、2085-OB16 与外部设备的一般接线图。

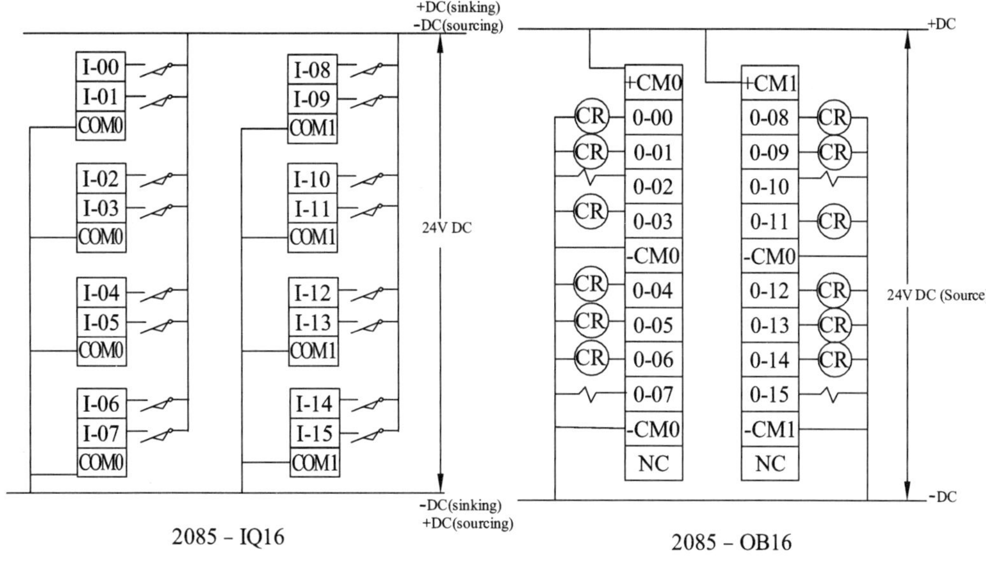

图 5-3 数字量扩展模块与外部设备的一般接线方式

【例 5-1】用一个开关 SA 控制两盏灯 HL1、HL2，动作过程如图 5-4 所示，设计满足要求的 PLC 控制程序。

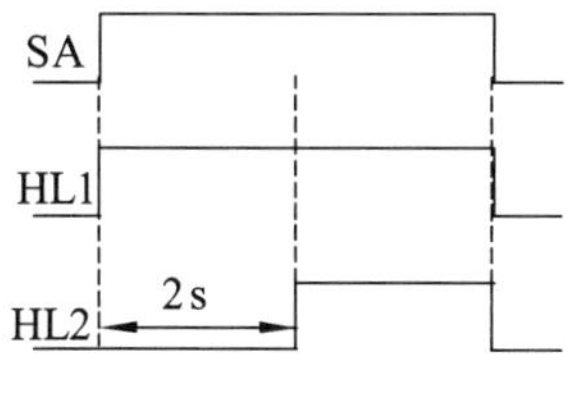

图 5-4 两盏灯的控制

采用数字量扩展 I/O 模块完成控制要求，1 号扩展插槽内 2085-IQ16 模块的输入点 IO1 接收现场开关 SA 的输入信号，读取全局变量_IO_X1_DI_01 状态；2 号扩展插槽内 2085-OB16 模块的输出点 O00 和 O01 分别控制两盏信号灯 HL1 和 HL2 的动作，状态写入全局变量_IO_X2_DO_00、_IO_X2_DO_01，PLC 控制程序如图 5-5 所示。

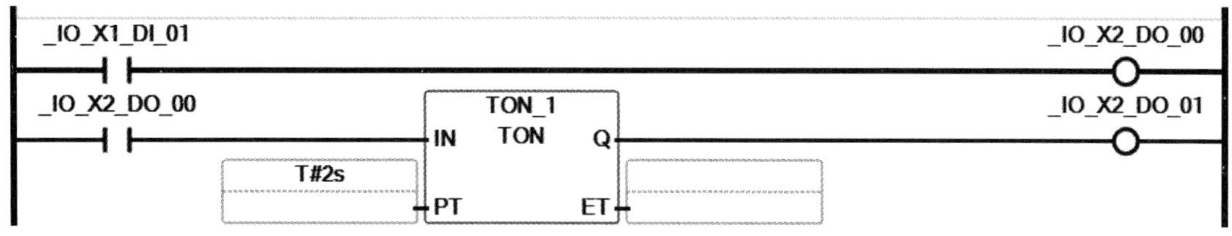

图 5-5 两盏灯的 PLC 控制程序

5.1.2 模拟量扩展 I/O 模块

模拟量扩展 I/O 模块是一种接口模块,可以将输入通道传入的模拟量信号转换为数字量信号传送到可编程控制器中，或者将可编程控制器中的数字量信号转换为模拟量信号输出控制外部电气设备，Micro850 控制器可以使用这些信号进行控制。2085 模拟量扩展 I/O 模块如表 5-3 所示。

表 5-3　Micro800 模拟量扩展 I/O 模块

扩展模块型号	类别	种　类
2085-IF4	模拟	4 通道，14 位隔离电压/电流输入
2085-IF8	模拟	8 通道，14 位隔离电压/电流输入
2085-OF4	模拟	4 通道，12 位隔离电压/电流输出

模拟量扩展输入模块有四通道 2085-IF4 和八通道 2085-IF8 两种，模拟量扩展输出模块只有四通道 2085-OF4 一种，每个通道可以相应配置为电流或电压输入/输出模式，默认为电流模式：0 ~ 20 mA，4 ~ 20 mA（默认模式），-10 ~ 10 V，0 ~ 10 V。模块 2085-IF4 和 2085-IF8 的分辨率为 14 位：1.28 mV(单级)、1.28 mV(双极)、1.28 μA，模块 2085-OF4 的分辨率为 12 位：2.56 mV(单级)、5.13 mV(双极)、5.13 μA。图 5-6 为 2085-IF4、2085-OF4 与外部设备的一般接线。

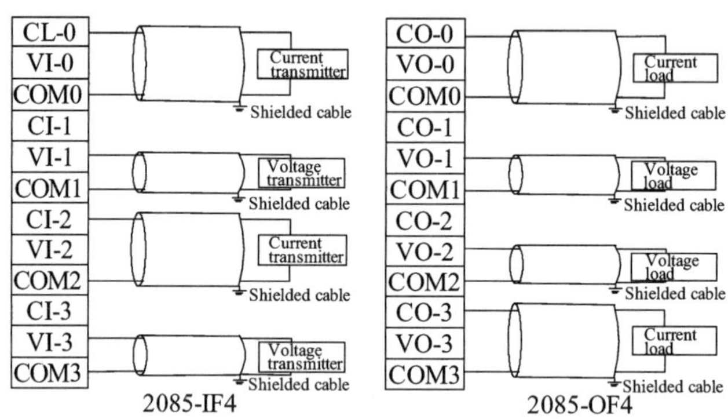

图 5-6　模拟量扩展模块与外部设备的一般接线方式

与模拟量扩展输入模块相关的两个全局变量有：_IO_Xx_AI_yy、_IO_Xx_ST_yy。

2085-IF4 的模拟量输入值可以从全局变量_IO_Xx_AI_yy 中读取，x 代表扩展插槽编号 1 ~ 4，yy 代表通道号 00 ~ 03（2085-IF8：00 ~ 07）。

2085-IF4 的模拟量输入状态字可以从全局变量_IO_Xx_ST_yy 读取，x 代表扩展插槽编号 1 ~ 4，yy 代表状态字 00 ~ 02（2085-IF8：00 ~ 04）。"_IO_Xx_ST_yy.zz" 可以读取状态字的各位，zz 代表位号 00 ~ 15。状态字的数据格式如表 5-4 所示，2085-IF4 和 2085-IF8 的字段描述如表 5-5 所示。

表 5-4　模拟量输入状态字"_IO_Xx_ST_yy"的数据格式

<table>
<tr><th>字</th><th>15</th><th>14</th><th>13</th><th>12</th><th>11</th><th>10</th><th>9</th><th>8</th><th>7</th><th>6</th><th>5</th><th>4</th><th>3</th><th>2</th><th>1</th><th>0</th><th colspan="2">模块</th></tr>
<tr><td>状态0</td><td colspan="2">PU</td><td>GF</td><td>CRC</td><td colspan="12">保留</td><td rowspan="3">2085-IF4</td><td rowspan="5">2085-IF8</td></tr>
<tr><td>状态1</td><td colspan="2">保留</td><td>HHA1</td><td>LLA1</td><td>HA1</td><td>LA1</td><td>DE1</td><td>S1</td><td colspan="2">保留</td><td>HHA0</td><td>LLA0</td><td>HA0</td><td>LA0</td><td>DE0</td><td>S0</td></tr>
<tr><td>状态2</td><td colspan="2">保留</td><td>HHA3</td><td>LLA3</td><td>HA3</td><td>LA3</td><td>DE3</td><td>S3</td><td colspan="2">保留</td><td>HHA2</td><td>LLA2</td><td>HA2</td><td>LA2</td><td>DE2</td><td>S2</td></tr>
<tr><td>状态3</td><td colspan="2">保留</td><td>HHA5</td><td>LLA5</td><td>HA5</td><td>LA5</td><td>DE5</td><td>S5</td><td colspan="2">保留</td><td>HHA4</td><td>LLA4</td><td>HA4</td><td>LA4</td><td>DE4</td><td>S4</td><td></td></tr>
<tr><td>状态4</td><td colspan="2">保留</td><td>HHA7</td><td>LLA7</td><td>HA7</td><td>LA7</td><td>DE7</td><td>S7</td><td colspan="2">保留</td><td>HHA6</td><td>LLA6</td><td>HA4</td><td>LA4</td><td>DE4</td><td>S6</td><td></td></tr>
</table>

表 5-5　2085-IF4 和 2085-IF8 的状态字字段描述

字段	描　述	
CRC	CRC 错误	当数据存在 CRC（循环冗余校验）错误发生时，此位置 1，当收到下一个正确数据时，此位清零
DE#	数据错误	当启用的输入通道没有从当前采样中读到任何值时，此位置 1。各自的返回输入数据值仍和之前的值一样
GF	一般错误	当任何一种错误发生时，此位置 1
HA#	上限报警	当输入通道的值超过之前设置的上限报警值时，此位置 1
HHA#	上上限报警	当输入通道的值超过之前设置的上上限报警值时，此位置 1
LA#	下限报警	当输入通道的值低于之前设置的下限报警值时，此位置 1
LLA#	下下限报警	当输入通道的值低于之前设置的下下限报警值时，此位置 1
PU	上电	1.上电以后此位置 1，当模块接收到正确的设置以后，此位清零。 2.当控制器在运行模式下发生意外重启的时候，此位置 1。同时通道故障位 S#也会置 1。模块在重启以后还未进行配置的状态下仍然是连接上的。当再次配置正确后，PU 和通道故障位 S#会清零
S#	通道故障	当相应的通道打开了，或者有错误，或者低于/高于界限时，此位置 1

与 2085-OF4 模块相关的三个全局变量有："_IO_Xx_AO_yy""_IO_Xx_CO_00"和"_IO_Xx_ST_yy"。

可以向全局变量_IO_Xx_AO_yy 写入模拟量输出数据，向全局变量_IO_Xx_CO_00.zz 写入控制位状态，x 代表扩展插槽编号 1 ~ 4，yy 代表通道号 00 ~ 03，zz 代表位号 00 ~ 11。表 5-6 所示为控制字_IO_Xx_CO_00 的数据格式。

表 5-6　_IO_Xx_CO_00 的数据格式

字	控　制　位															
	15	14	13	12	11	10	9	8	7	6	5	4	3	2	1	0
控制字	保留				CE3	CE2	CE1	CE0	UU3	UO3	UU2	UO2	UU1	UO1	UU0	UO0

可以从全局变量_IO_Xx_ST_yy.zz 中读取模拟量输出状态值，yy 代表状态字号 00 ~ 06，zz 代表位号 00 ~ 15。表 5-7 所示为状态字_IO_Xx_ST_yy 的数据格式，表 5-8 所示为字段描述。

表 5-7　_IO_Xx_ST_yy 的数据格式

字	状　态　位															
	15	14	13	12	11	10	9	8	7	6	5	4	3	2	1	0
状态 0	通道 0 数据值															
状态 1	通道 1 数据值															
状态 2	通道 2 数据值															
状态 3	通道 3 数据值															
状态 4	PU	GF	CRC	保留					E3	E2	E1	E0	S3	S2	S1	S0
状态 5	保留		U3	O3	保留		U2	O2	保留		U1	O1	保留		U0	O0
状态 6	保留															

表 5-8　2085-OF4 状态字的字段描述

字段	描　述	
CRC	CRC 错误	指示数据接收存在 CRC 错误，所有的通道错误位 Sx 置 1；当接收到下一个正确数据的时候，此位清 0
Ex	错误	指示与通道 x 相关的 DAC 硬件错误、接线损坏或过负载；相应的状态字（00 ~ 03）显示错误代码，通道 x 关闭；用户置位 CEx（_IO_Xx_CO_00）位清除错误，通道 x 打开
GF	一般错误	指示是否发生错误，包括 RAM 测试故障、ROM 测试故障、EEPROM 故障和保留位故障。此时，所有通道错误位 Sx 同样会置 1
Ox	超范围标志	指示控制器正尝试在高于正常工作范围或者通道的高钳位电平的情况下驱动模拟量输出。但是，如果没有为通道设置高钳位电平等级，模块会持续将模拟量输出转化为最大量程的值
PU	上电	当控制器在运行模式下发生意外重启的时候，此位置 1；同时 Ex 和 Sx 也会置 1；重启后模块在无配置的状态下保持连接。下载正确配置后，PU 和通道故障位会清零
Sx	通道故障	指示存在与 x 通道相关的错误
Ux	低于范围标志	指示控制器正尝试在低于正常工作范围或者通道的低钳位电平(已为通道设置钳位限值时）的情况下驱动模拟量输出

运行模式下，置位控制字_IO_Xx_CO_00 的 UUx 位和 UOx 位（x 代表通道 0 ~ 3）可清除所有锁定的欠范围和过范围报警，前提报警条件不存在；运行模式下，置位控制字_IO_Xx_CO_00 的 CEx 位可清除所有 DAC 硬件错误并重新启动通道 x；需要保持解锁位置位，直到相应的输出通道状态字表明报警状态字已清零，此时再复位解锁位。

5.1.3　特殊功能扩展 I/O 模块

Micro850 特殊功能扩展 I/O 模块 2085-IRT4 是四通道温度输入模块，它可以将组态的每一个输入通道的模拟信号线性转换成温度值，它支持多达 10 种热电偶（TC）传感器和 8 种热电阻（RTC）传感器，分辨率 16 位。模块支持的热电偶与热电阻的种类、电压与电阻范围如表 5-9 所示，模块的基本接线如图 5-7 所示。

表 5-9　热电偶、热电阻的种类和电压范围

传感器类型 热电偶	温度范围	传感器类型 热电阻	温度范围
B	300~1800 °C (572~3272 °F)	100 Ω Ptα= 0.003 85 Euro	−200 ~ 870 °C (−328 ~ 1598 °F)
C	0~2315 °C (32~4199 °F)	200 Ω Ptα= 0.003 85 Euro	−200 ~ 400 °C (−328 ~ 752 °F)
E	−270 ~ 1000 °C (−454 ~ 1832 °F)	100 Ω Ptα= 0.003 916 U.S	−200 ~ 630 °C (−328 ~ 1166 °F)
J	−210 ~ 1200 °C (−346 ~ 2192 °F)	200 Ω Ptα= 0.003 916 U.S	−200 ~ 400 °C (−328 ~ 752 °F)
K	−270 ~ 1372 °C (−454 ~ 2502 °F)	100 Ω　Nickel(镍)618	−60 ~ 250 °C (−76 ~ 482 °F)
TXK/XK(L)	−200 ~ 800 °C (−328 ~ 1472 °F)	200 Ω　Nickel 618	−60 ~ 200 °C (−76 ~ 392 °F)
N	−270 ~ 1300 °C (−454 ~ 2372 °F)	120 Ω　Nickel 672	−80 ~ 260 °C (−112 ~ 500 °F)

续表

传感器类型 热电偶	温度范围	传感器类型 热电阻	温度范围
R	−50 ~ 1768 °C (−58 ~ 3214 °F)	10 Ω　Copper(铜) 427	−200 ~ 260 °C (−328 ~ 500 °F)
S	−50 ~ 1768 °C (−58 ~ 3214 °F)		
T	−270 ~ 400 °C (−454 ~ 752 °F)		
mV	0 ~ 100 mV	Ohms（电阻）	0 ~ 500 Ω

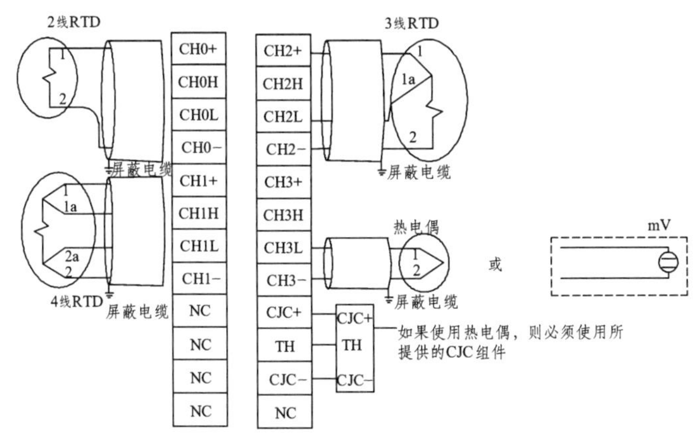

图 5-7　2085-IRT4 模块的基本接线

2085-IRT4 模块数据格式的有效范围如表 5-10 所示，可在 CCW 软件中配置，共有三种数据格式：

表 5-10　2085-IRT4 数据格式的有效范围

数据格式	传感器类型		
	温度（**10 个热电偶、8 个 RTD**）	**0 ~ 100 mV**	**0 ~ 500 Ω**
原始/比例	−32 768 ~ 32 767（分辨率：16 位，补码）		
工程单位×1	温度值（单位 0.1 °C）	0 ~ 10 000（单位 0.01 mV）	0 ~ 5 000（单位 0.1 Ω）
工程单位×10	温度值（单位 1 °C）	0 ~ 1 000（单位 0.1 mV）	0 ~ 500（单位 1 Ω）
范围百分比	0 ~ 10 000（单位 0.01%）		

（1）工程单位：模块会根据热电偶/热电阻标准将输入数据标定为所选热电偶/热电阻类型的实际温度值。工程单位×1，模块以 0.1 °C 为单位表示，对于阻抗输入则以 0.1 Ω 为单位，对于电压输入则以 0.01 mV 为单位。工程单位×10，模块以 1 °C 为单位表示，对于阻抗输入则以 1 Ω 为单位，对于电压输入则以 0.1 mV 为单位。

（2）原始/比例：在模块 A/D 转换器分辨率所允许的最大数据范围内，模拟量输入值与 A/D 转换后送入控制器中的数值成比例。例如，热电偶类型 B 的模拟量输入满数据值范围为 300 ~ 1 800 °C，可将其映射为−32 768 ~ 32 767。

（3）范围百分比：输入数据以正常工作范围的百分比表示。例如，热电偶类型 B 的 300 ~ 1 800 °C 等于 0 ~ 100%。

与 2085-IF4 模块一样，2085-IRT4 的模拟量输入值可以从全局变量_IO_Xx_AI_yy 中读取，x 代表扩展插槽编号 1 ~ 4，yy 代表通道号 00 ~ 03。2085-IRT4 的模拟量输入状态字可以从全局变量_IO_Xx_ST_yy 读取，x 代表扩展插槽编号 1 ~ 4，yy 代表状态字 00 ~ 02，“_IO_Xx_ST_yy.zz”可以读取状态字的各位，zz 代表位号 00 ~ 15。状态字的数据格式如表 5-11 所示，字段描述如表 5-12 所示。

表 5-11　2085-IRT4 状态字_IO_Xx_ST_yy 的数据格式

字	状态位															
	15	14	13	12	11	10	9	8	7	6	5	4	3	2	1	0
状态 0	DE3	DE2	DE1	DE0	OC3	OC2	OC1	OC0	R3	R2	R1	R0	S3	S2	S1	S0
状态 1	O3	O2	O1	O0	U3	U2	U1	U0	T3	T2	T1	T0	CJC over	CJC under	CJC OC	CJC DE
状态 2	PU	GF	CRC	保留												

表 5-12　2085-IRT4 状态字的字段描述

字段	描述	
CJC OC	冷端补偿开路	指示冷端补偿传感器处于开路状态。Tx=1 时，为内部补偿状态
CJC DE	冷端补偿数据错误	置 1 时，当前读数不可靠，使用之前的读数代替
CJC over	冷端补偿过范围	指示冷端补偿传感器过范围（>75 °C）
CJC under	冷端补偿欠范围	指示冷端补偿传感器欠范围（<-25 °C）
CRC	CRC 错误	指示数据接收存在 CRC 错误，所有的通道错误位 Sx 置 1；当接收到下一个正确数据的时候，此位清 0
DEx	数据错误	指示当前输入数不可靠。使用之前向控制器发送的输入数据。诊断状态位仅供内部使用
GF	常规故障	指示是否发生故障，包括 RAM 测试故障、ROM 测试故障、EEPROM 故障和保留位故障。此时，所有通道错误位 Sx 同样会置 1
OCx	开路标志	指示通道 x 存在开路情况
Ox	超范围标志	指示控制器正尝试在高于正常工作范围或者通道的高钳位电平的情况下驱动模拟量输出。但是，如果没有为通道设置高钳位电平等级，模块会持续将模拟量输出转化为最大量程的值
PU	上电	当控制器在运行模式下发生意外重启的时候，此位置 1；同时 Ex 和 Sx 也会置 1；重启后模块在无配置的状态下保持连接。下载正确配置后，PU 和通道故障位会清零
RX-	RTD 补偿	指示通道 x 的 RTD 补偿未工作。仅对 RTD 和欧姆类型传感器有效
Sx	通道故障	指示存在与 x 通道相关的错误
TX-	热电偶补偿	指示通道 x 的热电偶补偿未工作。仅对热电偶类型传感器有效
Ux	低于范围标志	指示控制器正尝试在低于正常工作范围或者通道的低钳位电平（已为通道设置钳位限值时）的情况下驱动模拟量输出

5.1.4　扩展 I/O 模块的组态

Micro850 可以搭载尺寸小巧的功能性插件模块和扩展 I/O 模块，采用可拆卸端子块设计，适用于高密度和高精度的模拟量和数字量 I/O 的大型单机应用项目。Micro850 支持多达 5 个功能性插件模块和 4 个扩展 I/O 模块，最大可扩展到 132 个数字量 I/O 点，可以在 CCW 软件中添加、删除、替换和配置扩展 I/O 模块。

1. 扩展 I/O 模块的添加、删除及替换

在 CCW 软件中运行“Discover 搜索”功能时，已扩展的 I/O 模块会自动添加到项目中。添加扩展 I/O 模块的方法是：在项目管理器窗口右侧的 Device Toolbook（设备工具箱）中找到 Expansion Modules（扩展模块）文件夹，点击并拖动所选扩展 I/O 模块放置到控制器右侧的扩展槽内。此外，也可以通过右键点击空槽位的方式进行添加，例如选择添加 2085-IQ16 模块，如图 5-8 所示。在控制器的设备图或者属性界面上，选择已经配置好的扩展 I/O 模块，可以通过右键点击方式进行删除、替换，或配置为其他类型扩展 I/O 模块。

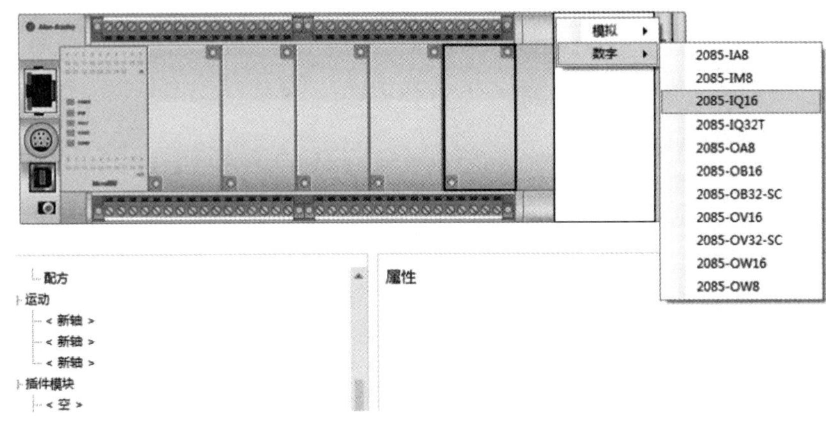

图 5-8　添加扩展模块

2. 扩展 I/O 模块的配置

选择想要组态的 I/O 扩展模块，单击“Configuration 配置”，可以按需求配置模块及通道属性。对于直流输入模块 2085-IQ16、2085-IQ32T，用户可以配置模式相应输入点的“关→开”和“开→关”的时间范围。图 5-9 所示为模块 2085-IQ32T 的配置界面。

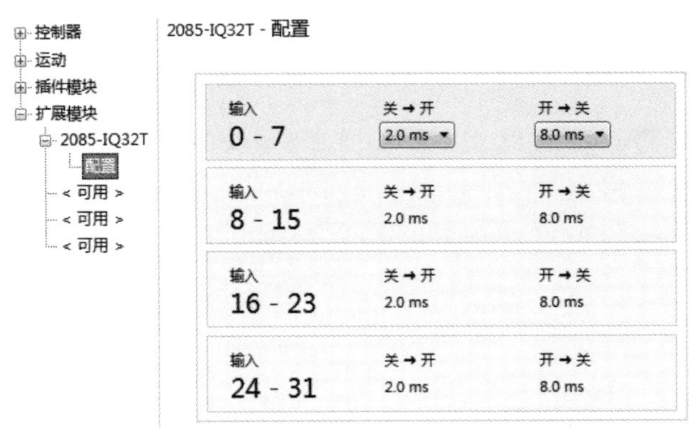

图 5-9　模块 2085-IQ32T 的配置界面

CCW 软件中,用户只能获取交流输入模块 2085-IA8、2085-IM8 以及输出模块 2085-OV16、2085-OB16、2085-OW16、2085-OA8、2085-OW8 的常规设备信息，没有这些模块的用户配置界面。图 5-10 所示为模块 2085-OB16 的常规设备信息。

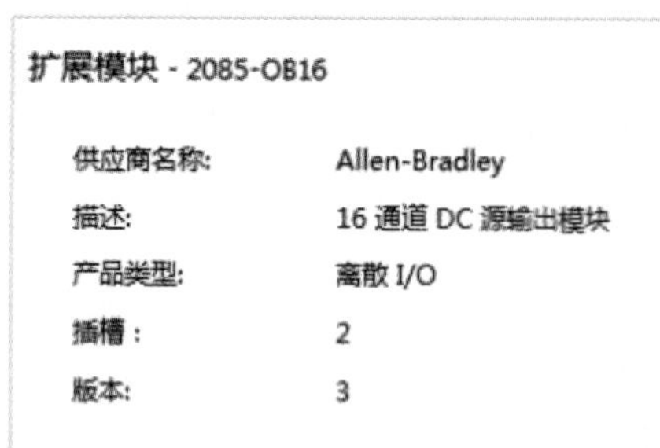

图 5-10　模块 2085-OB16 常规设备信息

对于模拟量扩展输入模块 2085-IF4 和 2085-IF8，用户可以在 CCW 软件中为每个通道单独配置属性：启用通道、最小到最大输出范围、数据格式、输入滤波器和警报限制。4 通道模拟量扩展输入模块 2085-IF4 通道 0 的配置界面如图 5-11 所示。

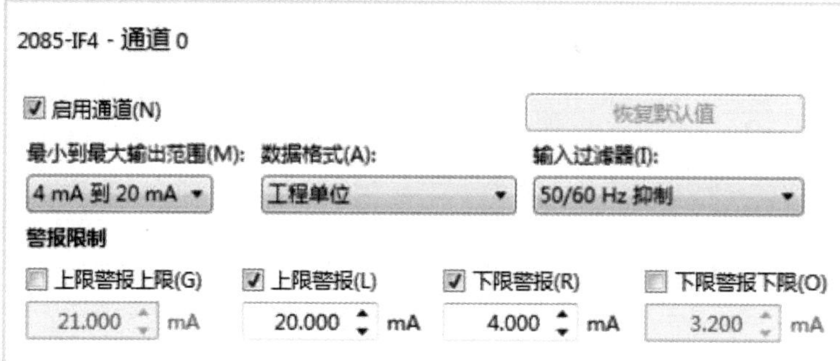

图 5-11　模块 2085-IF4 通道 0 的配置界面

对于模拟量扩展输出模块 2085-OF4，用户可以为每个通道单独配置属性：启用通道、最小到最大输出范围、数据格式、钳位上限值和钳位下限值、超出范围警报触发和低于范围警报触发。4 通道模拟量扩展输出模块 2085-OF4 通道 0 的配置界面如图 5-12 所示。

2085-OF4 - 通道 0
启用通道(N)
最小到最大输出范围(M): 0 V 到 10 V
数据格式(R): 工程单位
超出范围警报触发
高钳(I)　值(L)：10.000 V
高钳值(G)
最大输出值(X)
低于范围警报触发
低钳(P)　值(L)：0.000 V
低钳值(O)
最小输出值(U)
上锁和未上锁警报(R)
恢复默认值

图 5-12　模块 2085-OF4 通道 0 的配置界面

对于热电阻和热电偶扩展 I/O 模块 2085-IRT4，用户可以为 4 个独立通道中的每一个通道配置：启用通道、传感器类型、温度单位、数据格式、过滤器更新时间和其他属性。特殊扩展输出模块 2085-IRT4 通道 0 的配置界面如图 5-13 所示。

图 5-13　模块 2085-IRT4 通道 0 的配置界面

5.2　PanelView 800 图形终端

Panel View 图形终端（Graphic Terminals）是罗克韦尔自动化公司的一种人机界面（HMI），又称触摸屏，安装于控制柜或操作台的面板上，可以用来连接可编程序控制器（PLC）、变频器、仪表等工业控制设备，如图 5-14 所示。图形终端是实现人与机器信息交互的数字设备，其功能包括开关操作、指示灯显示、数据显示以及信息显示等。

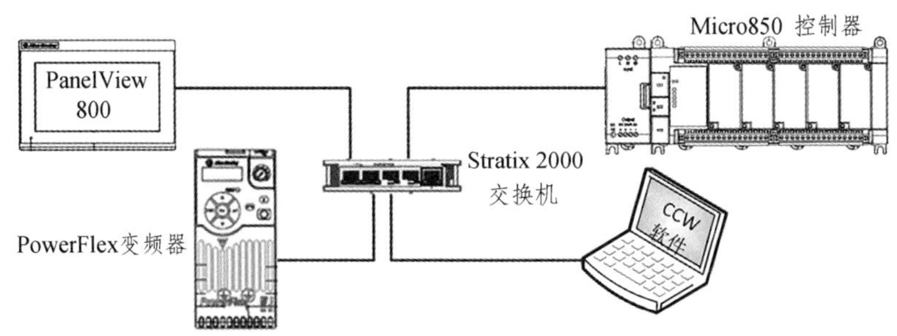

图 5-14　Panel View 图形终端

5.2.1　Bulletin 2711R PanelView™ 800 图形终端简介

目前，图形终端在 PLC 控制系统中已普遍应用，罗克韦尔自动化公司提供的图形终端有 PanelView™ 5000、PanelView™ Plus 7、PanelView™ Plus 6、PanelView™ Plus 6 Compact、PanelView™ 800 及 PanelView Component 等多种规格型号的产品。产品属性如表 5-13 所示。

表 5-13　图形终端产品属性

属性	型号					
	PanelView™ 5000		**PanelView™ Plus 7**		**PanelView™ Plus 6**	**PanelView™ Plus6 Compact**
	5310	**5510**	**Performance**	**Standard**		
尺寸	6'7'9' 10'12'	7'9'10'12' 15'19'	7'9'10'12' 15'19'	4'6'7'9' 10'12'15'	4'6'7' 10'12'15'	4'6'10'

续表

属性	型号					
	PanelView™ 5000		PanelView™ Plus 7		PanelView™ Plus 6	PanelView™ Plus6 Compact
	5310	5510	Performance	Standard		
电源	DC 24 V	DC 24 V	DC 24 V AC 100 ~ 240 V	DC 24 V	DC 24 V AC 100 ~ 240 V	DC 24 V
以太网接口	单个	两个 支持 DLR	两个 支持 DLR	单个 可选配件 支持 DLR	单个 另有 RS232 通信端口	单个 另有 RS232 通信端口
USB(Type-A)	1 个	2 个	2 个	1 个	4'/6'　1 个 其他 2 个	4'/6'　1 个 10'　2 个
USB(Type-B)	1 个	1 个	1 个	1 个	1 个	1 个
输入类型	模拟电阻屏	模拟电阻屏 键盘		模拟电阻屏	模拟电阻屏 键盘	
非易失性存储器	1 GB	1 GB	512 MB	512 MB	512 MB	512 MB
RAM	1 GB	1 GB	1 GB	512 MB	512 MB	512 MB
首先控制器	CompactLogix ControlLogix		ControlLogix　CompactLogix Micro800　第三方控制器			
开发软件	Studio 5000 View Designer		FactoryTalk View Machine Edition(ME)			

本章具体介绍罗克韦尔自动化公司的 2711R 系列 PanelView™ 800 图形终端产品，产品属性如表 5-14 所示。PanelView™ 800 图形终端具有 4 in、7 in 和 10 in 显示屏，可以与 MicroLogix、Micro800、CompactLogix 5370 和 SLC 500 系列可编程序控制器连接，其他主要特点包括：

（1）提供灵活的横向和纵向应用模式。

（2）通过用户名和密码保护屏幕信息的安全。

（3）通过虚拟网络计算（VNC）服务器进行远程监控和故障处理。

（4）通过包括嵌入式变量和报警状态/历史的报警信息向操作员发出警报。

（5）具备配方功能，可成组上传和下载数据或参数设置。

（6）支持 Micro800 直接标签引用和直通下载。

表 5-14　PanelView™ 800 图形终端属性

产品型号 属性	PanelView™ 800 图形终端		
	2711R-T4T	2711R-T7T	2711R-T10T
尺寸	4 in	7 in	10 in
输入类型	模拟触摸屏+键盘	模拟触摸屏	
存储器容量	256 MB RAM　256 MB 非易失性存储器		
电源输入	DC 24 V		
通信端口	10/100 MB Ethernet、RS-232、RS-485、RS-422		
USB 端口	1 个(2.0)主机端口、1 个设备端口		

续表

产品型号 属性	PanelView™ 800 图形终端		
	2711R-T4T	2711R-T7T	2711R-T10T
安全数字(SD)卡槽	内部 SD 卡		
首选控制器	MicroLogix、Micro800 和 CompactLogix 5370(不包括 5370-L37)		
软件	CCW		

5.2.2 Bulletin 2711R PanelView™ 800 图形终端配置

为了能按照控制要求使用图形终端，必须对图形终端进行一系列配置，这些配置主要包括：访问配置模式、终端设置、文件管理、加载/运行/导入/导出应用程序、启动选项、通信端口设置、以太网连接、VNC 设置、FTP 服务器设置、显示屏设置、启用或禁用报警显示界面、复制或编辑应用程序的配方和报警历史、打印设置、时间和日期设置、字体设置、查看系统信息等。

由于配置内容较多，本节主要介绍一些与图形终端应用关系比较紧密的配置及其涵义。图 5-15 为图形终端配置界面主菜单。

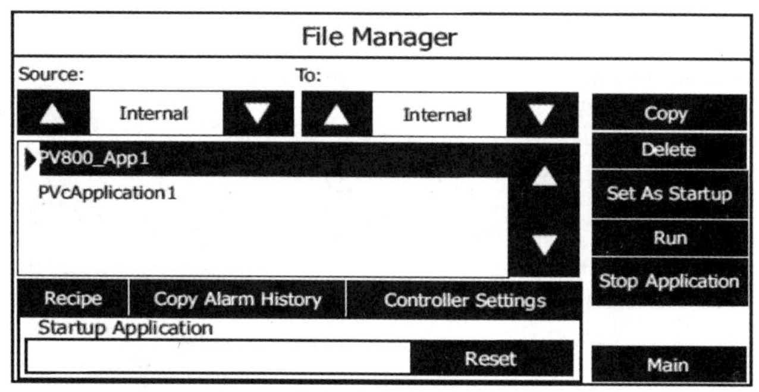

图 5-15　文件管理器主界面

（1）Copy：导出/导入应用程序，需要选择导入或导出*.cha 应用程序文件的源位置（Source）和目标位置（To），位置包括 Internal（终端内部存储器）、USB、Micr-SD。

（2）Set As Startup：更改启动应用程序。

（3）Controller Settings：控制器设置，更改应用程序中 PLC 控制器的网络 IP 地址，如图 5-16 所示，该功能需固件版本号在 4.011 以上才可使用。

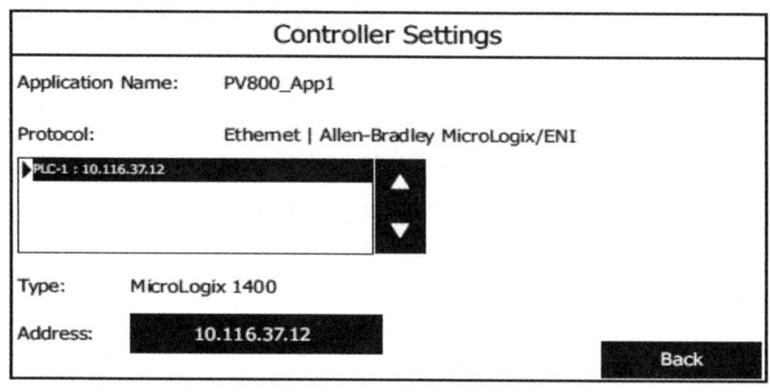

图 5-16　更改控制器设置

2. 终端设置

触摸屏上按下“Terminal Setting”转到终端设置的主界面，如图 5-17 所示。在这里，可以执行以下操作：通信设置、显示屏设置、更改错误警告显示设置和配置打印设置。

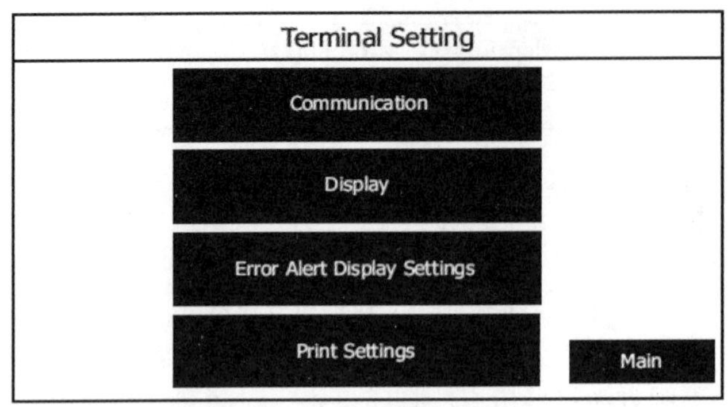

图 5-17　终端设置主界面

其中，Communication 为通信设置，可执行更改以太网设置、VNC 设置、FTP 设置等功能，操作界面如图 5-18 所示。

Communication

Protocol:	*	Disable DHCP
Status:	Unavailable	Set Static IP Address
Device Name:	PV800T7T	VNC Settings
Node Address:	0	Port Settings
IP Mode:	DHCP	FTP Settings
IP Address:	0.0.0.0	Back
Mask:	0.0.0.0	
Gateway:	0.0.0.0	
MAC Address:	XX:XX:XX:XX:XX	

图 5-18　通信设置主界面

（1）Disable DHCP：更改 IP Mode 为静态 IP 模式。

（2）Set Static IP Address：设置静态 IP 地址、子网掩码、网关，如图 5-19 所示。

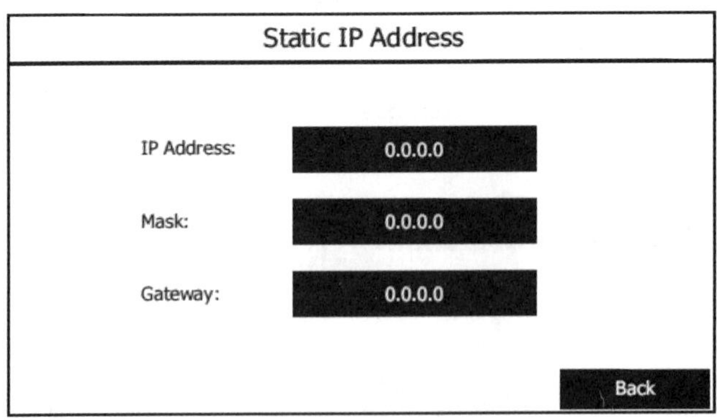

图 5-19　设置静态 IP 界面

（3）VNC Settings：虚拟网络设置，通过本地网络或 Internet 远程连接到终端，与显示屏进行交互，将键盘和鼠标操作从计算机传输到显示屏。只支持一个处于激活状态的 VNC 连接。

（4）Port Setttings：启动（Enable）以太网（Ethernet）或串行（Serial）通信端口。

（5）FTP Settings：启用 FTP（文件传输协议）客户端如 Web 浏览器、PC 文件资源管理器或第三方 FTP 软件连接至 PanelView 800 终端。

5.2.3 实例

【例 5-2】用图形终端 2711R-T7T 控制一台可编程序控制器 2080-LC50-48QBB，实现两盏信号灯的开和关，动作过程如图 5-20 所示。图形终端上需输入两个时间值：t_A 和 t_B，同时显示信号灯的明暗状态以及相应的时间长短。

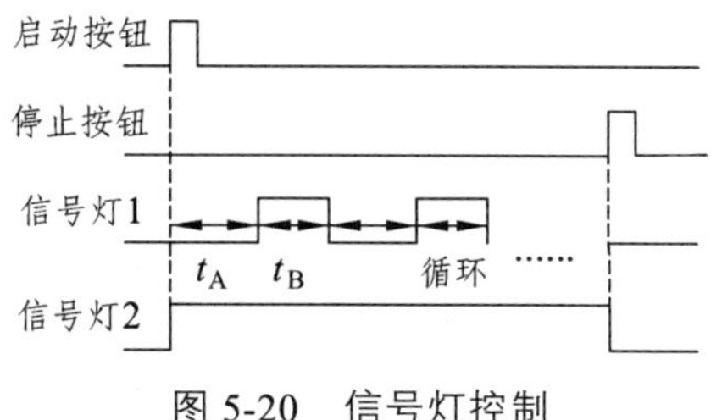

图 5-20 信号灯控制

1. 图形终端、PLC 和计算机的连接

按图 5-21 所示连接计算机、可编程序控制器 2080-LC50-48QBB 和图形终端 PanelView 800 2711R-T7T，采用以太网通信模式，并设置 IP 地址为同一网段：PLC 控制器为 192.168.1.56，图形终端为 192.168.1.101，个人计算机为 192.168.1.11，个人计算机通过以太网端口分别向控制器和图形终端下载 PLC 控制程序和终端应用程序。

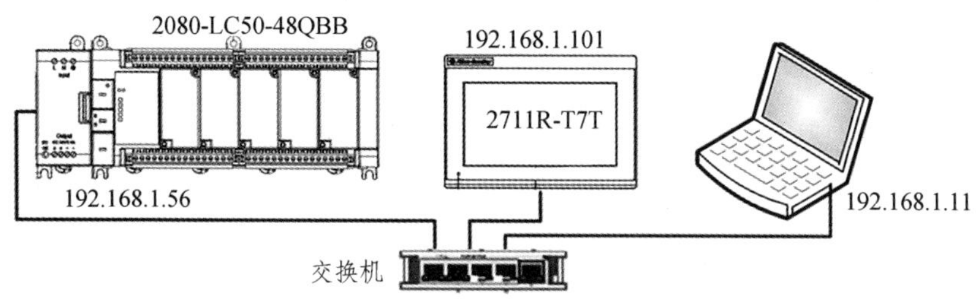

图 5-21 设备连接

2. PLC 控制程序编制

编制的 PLC 控制程序如图 5-22 所示，验证后下载到 2080-LC50-48QBB 中。编程过程中，创建和使用的全局变量、局部变量及控制器 I/O 点等相关信息如表 5-15 所示。

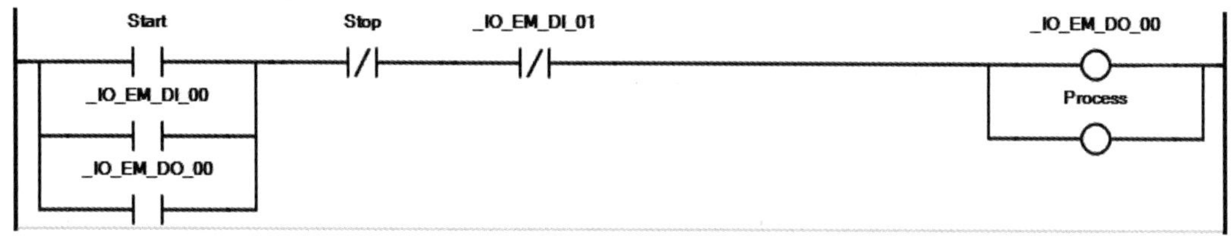

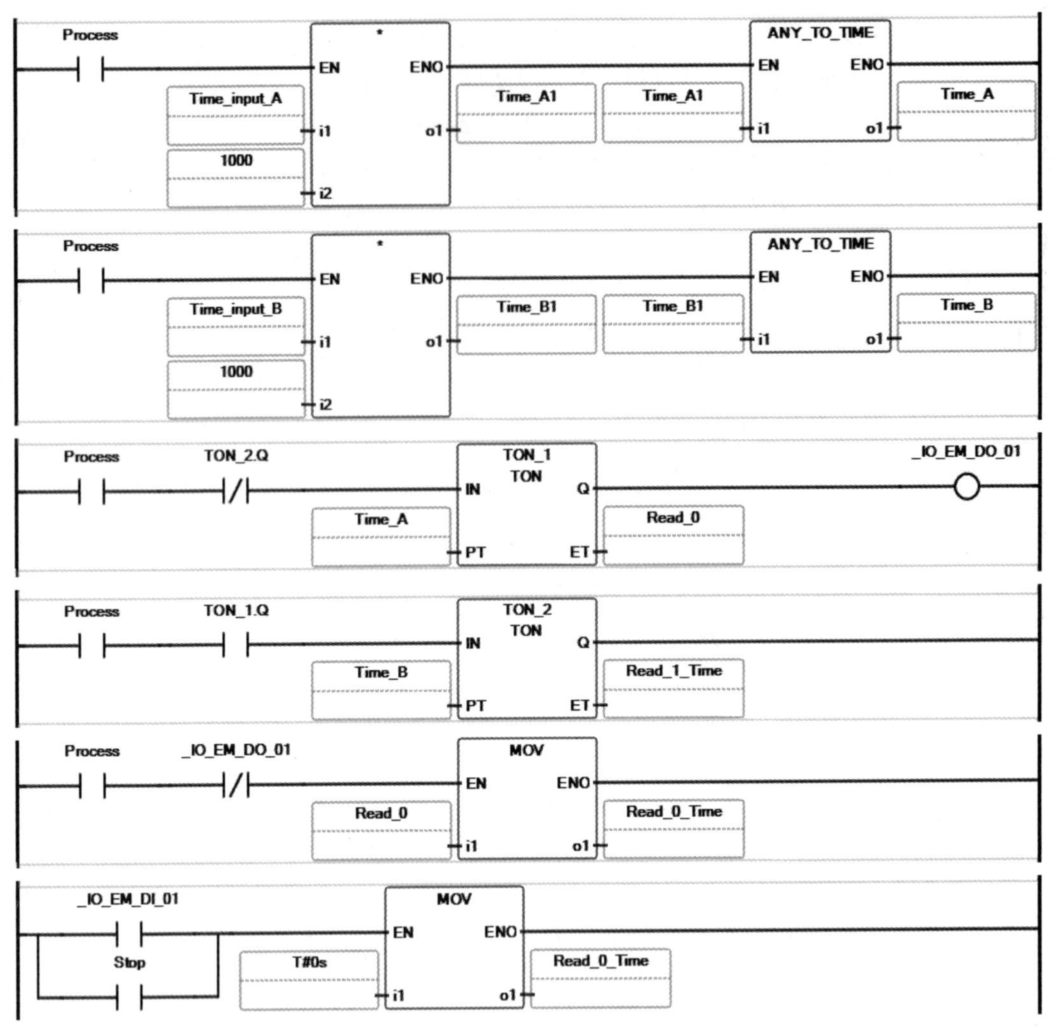

图 5-22　PLC 控制程序

表 5-15　PLC 控制程序用变量

变量类型	变量名称	数据类型	变量类型	变量名称	数据类型
全局变量	Start	BOOL	局部变量	Time_A1	INT
	Stop	BOOL		Time_A	TIME
	Process	BOOL		Time_B1	INT
	Time_input_A	INT		Time_B	TIME
	Time_input_B	INT		Read_0	TIME
	Read_0_Time	TIME		Read_1	TIME
	Read_1_Time	TIME		TON_1	TON
输入	_IO_EM_DI_00	BOOL		TON_2	TON
输入	_IO_EM_DI_01	BOOL	输出	_IO_EM_DO_01	BOOL
			输出	_IO_EM_DO_00	BOOL

3. 图形终端应用程序设计

1）创建 PVC 应用程序

使用 CCW 软件，从设备工具箱中选择添加图形终端 2711R-T7T，项目管理器中会自动生成 PV800_App1 应用程序，选择图形终端的横向应用模式。

2）以太网通信设置

PanelView800 可以采用 CIP（Common Industrial Protool）、DF1、DH-485、Modbus 等协议进行通信。在图形终端的 Settings（设置）选项卡中选择“通讯”，设置协议为以太网：Ethernet/Allen-Bradley CIP，同时设置需要连接 PLC 控制器的以太网 IP 地址：192.168.1.56，如图 5-23 所示。

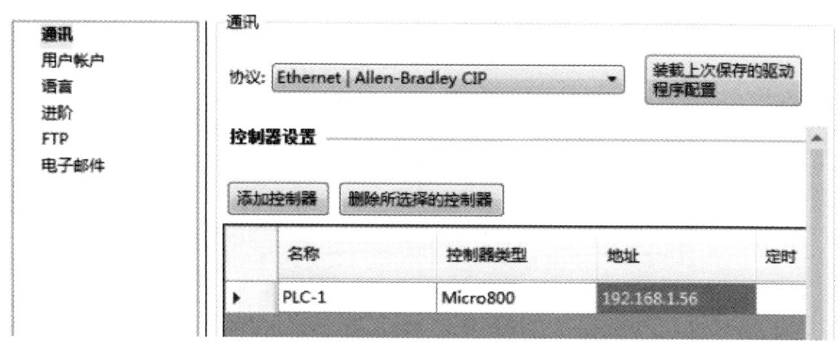

图 5-23　图形终端与 PLC 以太网通信设置

3）创建标签

标签类型包括外部标签、内存标签、系统标签和全局连接。外部标签是图形终端与外部设备（如 PLC 控制器）具有过程连接的变量，是两者进行数据交换的桥梁；内存标签是图形终端的局部变量，与外部设备无关；系统标签是 CCW 创建图形终端应用程序自动生成的系统变量（如系统当前时间和日期）；全局连接是应用于运行时整个应用程序的连接，允许远程设备用来监视或控制系统标签。

项目管理器中，点击图形终端项目树下的“标签”，进入“标签编辑器”窗口，选择“标签类型→外部标签”，点击“Add”按钮添加新的标签，设置标签名称、数据类型、连接的变量地址及控制器，如图 5-24 所示，保证图形终端界面参数与其他外部设备接口功能连接正常。

Prog1-POU　画面: 1 - Screen_1　标签编辑器　设置　属性　Micro850

外部　内存　系统　全局连接

添加　删除　撤消　重做　导入

标签名称	数据类型	地址	控制器	描述
Time_input_B	16 bit integer	Time_input_B	PLC-1	信号灯1点亮时间输入
Time_input_A	16 bit integer	Time_input_A	PLC-1	信号灯1熄灭时间输入
Stop	Boolean	Stop	PLC-1	停止按钮
Start	Boolean	Start	PLC-1	启动按钮
Read_1_Time	Unsigned 32 ...	Read_1_Time	PLC-1	在线显示信号灯1点亮时间
Read_0_Time	Unsigned 32 ...	Read_0_Time	PLC-1	在线显示信号灯1熄灭时间
Light1	Boolean	_IO_EM_DO_01	PLC-1	信号灯1
Light2	Boolean	_IO_EM_DO_00	PLC-1	信号灯2

图 5-24　PVC 的外部标签

4）画面结构

项目可以是一幅或多幅画面组成，多幅画面之间应能按要求互相切换，如图 5-25 所示。初始画面是图形终端开机时显示的画面，CCW 软件创建时会在画面名称前有①的标志。各画面之间的切换可以组态添加“转至画面”控件按钮来实现，同时，在初始画面上通常需添加一个“Goto Config”（转至终端配置）控件按钮。本实例功能简单，只设计了一个画面，如图 5-26 所示。

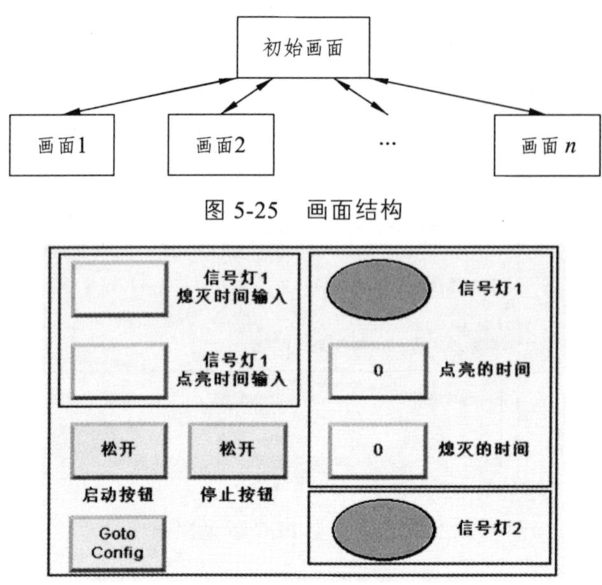

图 5-25　画面结构

图 5-26　图形终端画面设计

5）画面组态

从工具箱中添加 17 个控制图形控件到画面：2 个“瞬时按钮 PushButton”、2 个“数字输入 DataEntry”、1 个“Goto Config（转至终端设置）按钮”、2 个“椭圆形 Ellipse”、2 个“数字显示 NumericDisplay”和 8 个“文本 Text”，需设置相应控件的属性参数，如表 5-16 所示。

表 5-16　图形控件属性

工具箱分类	控件	属性	连接标签名称	功能
输入	瞬时按钮	写标签	Start	启动按钮
	瞬时按钮	写标签	Stop	停止按钮
	数字输入	写标签	Time_input_A	信号灯 1 熄灭时间输入
	数字输入	写标签	Time_input_B	信号灯 1 点亮时间输入
绘图工具	椭圆形	可见性标签	Light1	信号灯 1
	椭圆形	可见性标签	Light2	信号灯 2
显示	数字显示	读标签	Read_0_Time	在线显示信号灯 1 熄灭时间
	数字显示	读标签	Read_1_Time	在线显示信号灯 1 熄灭时间
进阶	Goto Config			

配置控件属性时，需分清两个概念：写标签、读标签。写标签就是将终端变量的值写到控制器中，因此按钮、数据输入等控件对应的标签属性大多为写标签。读标签就是将控制器相应数据地址的值读到终端变量，以完成数据的显示，因此图形显示、数据显示等控件对应的标签属性大多为读标签。

（1）瞬时按钮。

打开工具箱，在“输入”分类下，点击“瞬时按钮”控件，拖拽到画面上。单击或用右键单击控件选择属性，显示属性窗口（见图 5-27），可配置：写标签（Start/Stop）、字体大小、字体颜色、字体粗体等参数。双击控件进入控件状态编辑器，可配置按钮（BOOL 型）在 0、1、错误状态时的属性：背景色、标题文本、标题字体大小等参数，如图 5-28 所示。

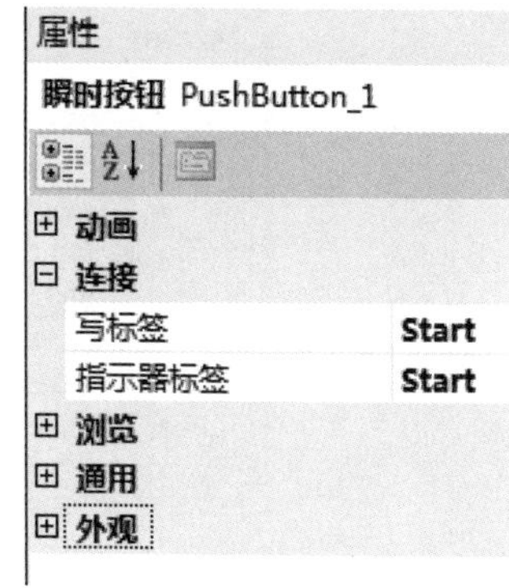

图 5-27　瞬动按钮属性配置

状态

名称：PushButton_1

类型：瞬时按钮

	数值	背景色	背景填充样式	背景填充色	标题文本	标题文本颜色	标题字体名称	标题字体大小	标题字体粗体
1	0		背景色		松开		Arial	20	☑
2	1		背景色		闭合		Arial	20	☑
3			背景色		错误		Arial	20	☑

图 5-28　瞬动按钮控件状态编辑器

（2）文本。

添加文字注释。打开工具箱，在“绘图工具”分类下，点击“文本”控件拖曳到画面窗口，修改“外观”选项的“文本”、“文本颜色”等属性。

（3）数字输入。

信号灯 1 点亮和熄灭时间可以调节，具体数值可在画面窗口处输入。工具箱的“输入”分类下，选择“数字输入”控件，修改属性：写标签（Time_input_A/ Time_input_B）、背景色（白色）、文本颜色（黑色）、字体大小（20）、数字域宽度（6）、小数位数（0）等参数。

（4）数字显示。

画面窗口处在线显示信号灯 1 点亮和熄灭的当前时间。工具箱的“显示”分类下，选择“数字显示”控件，修改属性：读标签（Read_0_Time/Read_1_Time）、背景色、文本颜色、字体大小、数字域宽度、小数位数等参数。

（5）椭圆形。

画面窗口处在线显示两盏信号灯点亮的状态。工具箱的“绘图工具”分类下，选择“椭圆形”控件，修改属性：可见性标签（Light1/Light2）、背景色（绿色，对应信号灯为 1 状态）等参数。

（6）Goto Config。

设置的功能调用：转至图形终端主画面设置，是工具箱的“进阶”分类下的控件。

6）下载 PVC 应用程序

项目管理器中，右键单击图形终端，选择“下载”，验证通过后，即可在连接浏览器中选择对应的图形终端 2711R-T7T 下载 PVC 应用程序，如图 5-29 所示。

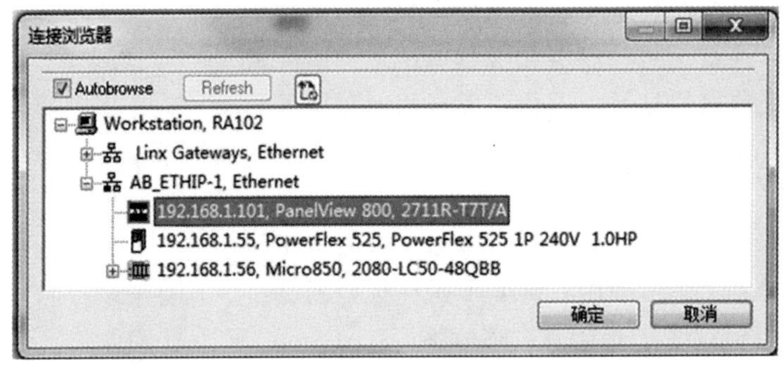

图 5-29　PVC 应用程序下载

4. 联机调试

设置 PV800_App1 为启动应用程序（Set As Startup），重启（Reset Terminal）图形终端，2080-LC50-48QBB 控制器开关置于“Run”处运行 PLC 控制程序，测试图形终端的功能是否满足设计要求。通常，需要反复修改、调试，直至最终达到要求。

5.3　PowerFlex 525 交流变频器

变频器（Inverter 或 Frequency Conveter）是将固定频率的交流电变换成频率、电压连续可调的交流电，供给电动机运转的电气设备。变频器按变换的环节分类可以分为交-交和交-直-交两种形式。交-交变频器是将工频交流电直接变换成频率、电压均可调的交流电；交-直-交变频器则是先将交流电通过整流变成直流电，然后再将直流电通过逆变变换成频率、电压均可调的交流电，图 5-30 所示为 PWM 型交-直-交电压源变频器的结构图。

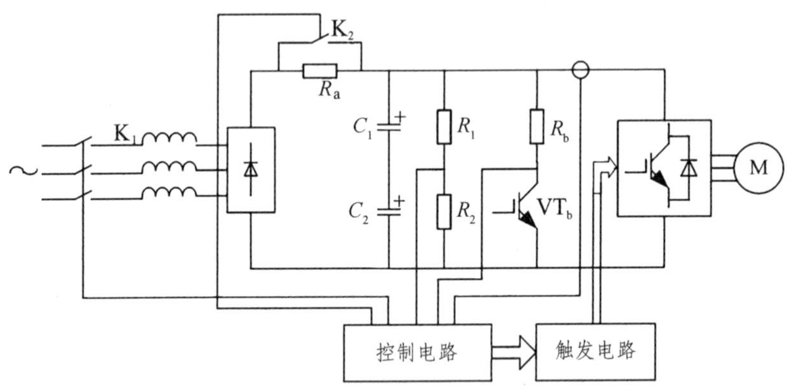

图 5-30　PWM 型交-直-交电压源变频器的结构图

罗克韦尔自动化公司生产的变频器品种较多，下面简单介绍 PowerFlex 紧凑型低压变频器的产品系列：

（1）PowerFlex 523：模块化设计，RS485/DSI 通信端口，支持压频比控制、无传感器矢量控制，是控制单机设备的理想选择。

（2）PowerFlex 525：模块化设计，具备嵌入式 EtherNet/IP™通信，支持压频比控制、无传感器矢量控制、闭环速度矢量控制和永磁电机控制，提供硬接线安全断开扭矩功能，适合传送带、风机、水泵和搅拌机等应用场合。

（3）PowerFlex 527：模块化设计，内置双端口 EtherNet/IP™，支持各种网络拓扑结构以及设备级环网功能，配合 Logix 系列 PLC 使用，支持压频比控制、无传感器矢量控制和闭环速度矢量控制，提供硬接线/联网安全断开扭矩功能，适合感应电机转速控制以及泵、风机、进料和出料传送带等应用场合。

（4）PowerFlex 4M：结构紧凑、体积小、性价比高，电压范围为 100 ~ 480 V，提供 0.2 ~ 11 kW 额定功率，集成 RS485（Modbus RTU）通信端口，支持压频比控制。

（5）PowerFlex 400：电压范围为 200 ~ 480 V，提供 2.2 ~ 250 kW 额定功率，集成 RS485（Modbus RTU/Metasys N2/P1-FLN）通信端口，支持压频比控制、滑差补偿和 PID 控制，适合变转矩风机和水泵应用场合，可实现与楼宇系统的无缝集成。

5.3.1 PowerFlex 525 变频器简介

本章节以 PowerFlex 525 变频器为例，介绍其结构、特性、功能、基本参数和使用方法。PowerFlex 525 变频器将各种电机控制选项、通信、节能和标准安全特性组合在一个高性价比变频器中，适用于从单机到简单系统集成的各类应用。它设计新颖，功能丰富，具有以下特性：

（1）0.4 ~ 22 kW/0.5 ~ 30HP 功率范围，适合 100 ~ 600 V 的不同电压等级要求。

（2）提供丰富的电机控制功能，包括压频比控制（V/F）、无传感器矢量控制（SVC）、闭环速度矢量控制和永磁电机控制。

（3）内置 EtherNet/IP 单端口，可无缝集成到 Logix 控制架构和 EtherNet/IP 网络中。

（4）内置 DSI 端口支持多台变频器联网，一个节点最多可连接 5 台交流变频器。

（5）可选用双端口 EtherNet/IP 卡，支持多种网络拓扑和设备级环网（DLR）功能。

（6）内置集成 RS485 通信端口，可选用 DeviceNet 和 Profibus DP 选件卡。

（7）集成 PID 功能，2 个 PID 回路，增强了应用灵活性。

（8）多语言 LCD 人机界面，可采用 CCW 和 Studio 5000 Logix Designer 应用软件。

（9）可选用控制模块风扇套件，在高达 70 °C 的温度下以电流降额方式工作。

（10）内置硬接线安全断开扭矩，通过 SIL 2/PLd 类别 3 认证。

PowerFlex 520 系列变频器产品型号表示如下：

25B	-	A	4P8	N	1	0	4
①		②	③	④	⑤	⑥	⑦

其中：

① 为 520 系列变频器名称，25B 代表 PowerFlex 525，25A 代表 PowerFlex 523，25C 代表 PowerFlex 527。

② 为电压额定值等级，V 代表单相 AC 120 V，A 代表单相 AC 240 V，B 代表三相 AC 240 V，D 代表三相 AC 480 V，E 代表三相 AC 600 V。

③ 为额定值，4P8 代表变频器为 A 框架，输出额定功率 0.75 kW、1HP，额定电流 4.8 A，其他参数代表的含义参见技术手册。

④ 为机柜类型，N 代表 IP20 NEMA/开放型。

⑤ 默认为 1，标准接口模块。

⑥ 为 EMC 滤波器，0 代表无，1 代表有。

⑦ 默认为 4，有制动。

5.3.2 PowerFlex 525 变频器硬件接线

PowerFlex 525 变频器采用模块化设计，由一个功率模块和一个控制模块组成。功率模块的 R、S、T 是三相电源输入端，T 脚为空脚，内部是单相桥式整流，U、V、W 是三相电源输出端-电机连接端，模块端子名称及功能如图 5-31 和表 5-17 所示。

图 5-31 功率模块端子

表 5-17 功率模块端子功能

端　子	功　能
R/L1,S/L2	单相输入线电压连接端
R/L1,S/L2,T/L3	三相输入线电压连接端
U/T1,V/T2,W/T3	电机连接端
DC+,DC−	直流母线连接端
BR+,BR−	动态制动电阻连接端
PE	安全接地

图 5-32 为 PowerFlex 525 变频器控制模块 I/O 接线图，其中有：2 路模拟量输入（1 路双极性电压−10 ~ +10 V，1 路单极性电流 4 ~ 20 mA），1 路单极性电压/电流模拟量输出（0 ~ +10 V/0 ~ 20 mA/4 ~ 20 mA，J10 跳线），7 路数字量输入（DC 24 V，其中 6 路可编程），2 路光电耦合输出，2 路继电器输出（1 路 A 型，1 路 B 型）。控制 I/O 端子 01 需始终作为停止输入，可跳接以便通过键盘或通信使能；停止模式由变频器设置 P045 来决定，默认 0“斜坡，CF”（斜坡停机，停止命令将清除活动故障）。数字输入端子的接线方式可以是拉出型（SRC）或灌入型（SNK），J5 的 DIP 开关设置应与其相匹配。表 5-18 所示为控制 I/O 各端子功能。

5.3.3 PowerFlex 525 变频器集成式键盘操作

PowerFlex 525 变频器的基本操作面板（BOP）的外形如图 5-33 所示，利用基本操作面板上的集成键盘操作可以设置变频器的参数。BOP 具有 7 段显示的 5 位数字，可以显示参数的序号和数值、报警和故障信息、设定值和实际值等。参数的信息不能用 BOP 存储，BOP 上指示灯状态的功能如表 5-19 所示。BOP 上的键盘功能如表 5-20 所示。

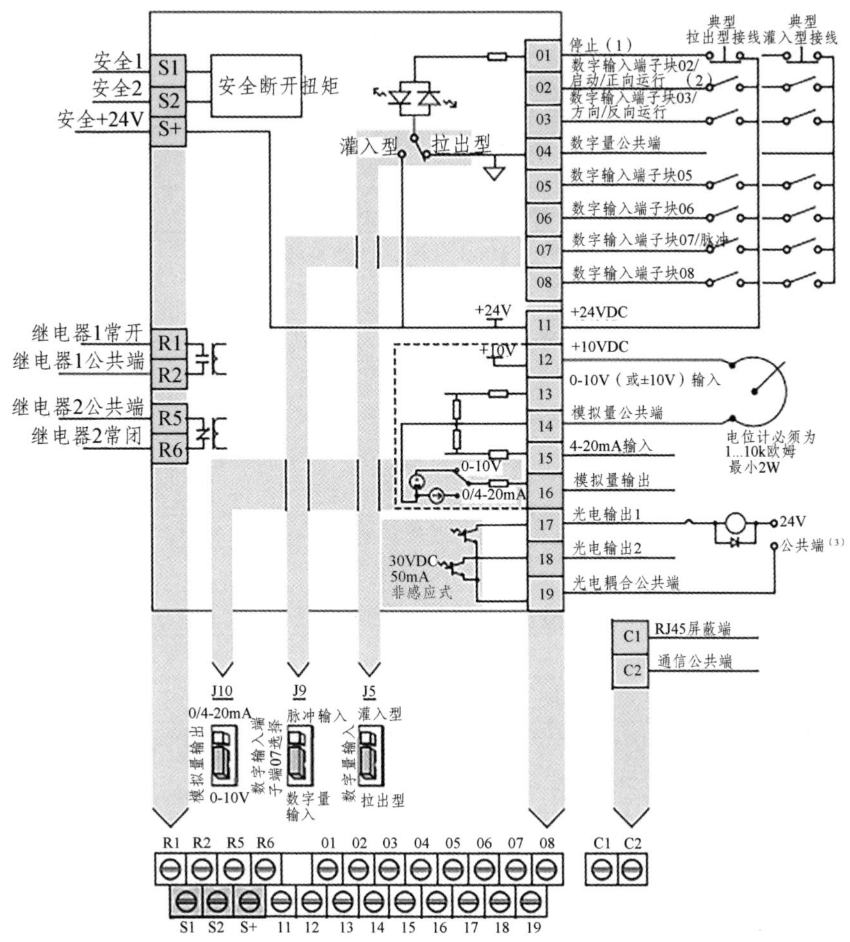

图 5-32 PowerFlex 525 变频器控制 I/O 接线图

表 5-18 PowerFlex 525 控制端子定义

端子序号	端子功能
R1	输出继电器 1 的常开触点
R2	输出继电器 1 的公共端
R5	输出继电器 2 的公共端
R6	输出继电器 2 的常闭触点
S1	安全输入 1，电流消耗为 6 mA
S2	安全输入 2，电流消耗为 6 mA
S+	安全输入+24 V 电源
01	停止，在所有输入模式下均行使停止功能，且无法禁用
02	数字量输入 02/启动/正转运行：用于启动运行，也可用作可编程数字量输入，可通过 t062 将其编程为三线（启动/带停止的方向）或双线（正向运行/反向运行）控制，电流消耗 6 mA

续表

端子序号	端子功能
03	数字量输入 03/方向/反向运行：用于启动运行，也可用作可编程数字量输入，可通过 t063 将其编程为三线（启动/带停止的方向）或双线（正向运行/反向运行）控制，电流消耗 6 mA
04	数字量公共端，与变频器其余部分（以及数字量 I/O）电气隔离
05	数字量输入 05，可通过 T065 设定，电流消耗 6 mA
06	数字量输入 06，可通过 T066 设定，电流消耗 6 mA
07	数字量输入 07/脉冲输入：通过 T067 设定，也可作为基准或速度反馈的“脉冲序列”输入，最大频率为 100 kHz，电流消耗为 6 mA
08	数字量输入 08：正向点动，可通过 T068 设定，电流消耗 6 mA
11	DC +24 V：以数字量公共端为基准，变频器供电的数字量输入电源，最大输出电流为 100 mA
12	DC +10 V：以数字量公共端为基准，变频器供电的 0～10 V 外部电位器电源，最大输出电流 15 mA
13	±10V 模拟量电压输入，0～10 V（单极性）或-10～10 V（双极性）
14	模拟量公共端
15	4～20 mA 模拟量电流输入
16	模拟量输出：默认为 0～10 V，可通过 J10 跳线及 t088 设定更改为电流输出：0～20 mA、4～20 mA，通过 t089 设定最大模拟量值
17	光电输出 1：输出额定值 DC 30 V，50 mA，可通过 t069 设定
18	光电输出 2：输出额定值 DC 30 V，50 mA，可通过 t072 设定
19	光电耦合公共端
C1	RJ45 端口屏蔽层，使用外部通信设备时接地
C2	通信信号的信号公共端

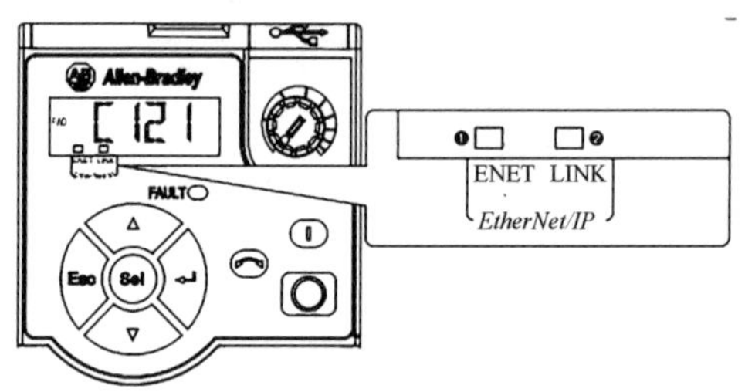

图 5-33　基本操作面板

表 5-19　BOP 的指示灯

显示灯	灯状态	功能描述
FAULT	红色闪烁	发生故障
ENET	熄灭	未连接到网络
	常亮	已连接到网络，且通过以太网进行控制

续表

显示灯	灯状态	功能描述
ENET	闪烁	已连接到网络，但未通过以太网进行控制
LINK	熄灭	未连接到网络
	常亮	已连接到网络，但未发送数据
	闪烁	已连接到网络，且正在发送数据

表 5-20　BOP 上的键盘功能

键盘	功　能
▯	启动变频器，默认为有效状态，由“启动源 X”参数 P046、P048、P050 控制
◎	停止变频器或清除故障，默认为有效状态，由“停止模式”参数 P045 控制
	电位器，控制变频器的速度，默认为有效状态，由“速度参考值”参数 P047、P049、P051 控制
	反向，使能变频器反向运行，由“启动源 X”参数 P046、P048、P050 和“反转禁用”参数 A544 控制
↵	回车键，编辑菜单中前进一步，确认对参数值的更改
Esc	退出键，编辑菜单中后退一步，取消对参数值的更改，退出程序模式
Sel	选择键，编辑菜单中前进一步，选择参数值的一个数字
△ ▽	向上/向下键，滚动显示用户选择的参数或参数组，增大/减小数值

PowerFlex 525 变频器可以采用多种方式进行控制，例如：MOP 键盘控制、以太网通信控制、DSI 串行通信控制、外部数字端子输入控制等，在使用之前，必须对变频器设置相应的参数，否则变频器不能正常工作。QuickView 液晶显示屏上显示的参数组信息如表 5-21 所示。

表 5-21　参数组信息

菜单	参数组描述	菜单	参数组描述
b	基本显示，查看变频器操作状态	A	高级程序，其余可编程功能
P	基本程序，常用可编程功能	N	网络，仅在使用通信卡时显示
t	端子块，可编程端子功能	M	已修改，来自其他组中默认值已被更改的功能
C	通信，可编程通信功能	F	故障和诊断，具体故障状态的代码列表
L	逻辑，可编程逻辑功能	G	AppView CustomView，来自其他组中根据特定应用组合在一起的功能
d	高级显示，查看变频器高级操作状态		

将变频器恢复到出厂状态，可以设置参数 P053（复位为默认值）=2。变频器发生故障，可以查看参数 b007、b008、b009 以及故障和诊断组参数。其他参数组、参数使用可参照技术手册。

PowerFlex 525 变频器出厂默认参数值允许键盘控制，无需编程即可直接通过键盘操作实现启动、停止、方向更改和速度控制。

（1）参看变频器相应参数组的对应参数值，设置 P046=1（默认值）、P047=1（默认值），如表 5-22 所示。

（2）顺时针/逆时针旋动电位器，调节异步电动机的运行频率；

按▯键，异步电动机运行，稳定运行频率受电位器控制；

按◎键，电动机停机。

（3）MOP 键盘操作查看变频器相应参数组的对应参数值，如表 5-22、表 5-23 所示。

（4）按^键，旋动电位器调节运行频率，按▯键，异步电动机反向运行；

按◎键，电动机停机。

表 5-22　P046、P047 参数

参数	参数值	说明	参数	参数值	说明
启动源 1 P046	1（默认）	键盘	速度基准值 1 P047	7	预设频率
	2	数字量输入端子块		8	模拟量输入
	3	串行/DSI		9	MOP
	4	网络选项		10	脉冲输入
	5	EtherNet/IP		11	PID1 输出
速度基准值 1 P047	1（默认）	变频器电位器		12	PID2 输出
	2	键盘频率		13	步进逻辑
	3	串行/DSI		14	编码器
	4	网络选项		15	Ethernet/IP
	5	0～10 V 输入		16	定位
	6	4～20 mA 输入			

表 5-23　参数设置

序号	参数及设定值	说　明
1	P046=5	“启动源 1”设置为“EtherNet/IP”
2	P047=15	“速度基准值 1”设置为“EtherNet/IP”
3	C128=1	“EN 地址选择”设置为静态 IP
4	C129=192	“EN IP 地址配置”设置为 192.168.1.62
5	C130=168	
6	C131=1	
7	C132=62	

续表

序号	参数及设定值	说　明
8	C133=255	“EN 子网配置”设置为 255.255.255.0
9	C134=255	
10	C135=255	
11	C136=0	
12	C137=192	“EN 网关配置”设置为 192.168.1.11
13	C138=168	
14	C139=1	
15	C140=1	

【例 5-3】 集成键盘设置变频器参数：以太网通信、静态 IP 地址。

要实现 PLC、变频器之间的以太网通信，首先需设置变频器相关参数：“启动源 1”P046、“速度基准值 1”P047、“EN 地址选择”C128、“EN IP 地址配置”C129～C132、“EN 子网配置”C133～C136 和“EN 子网配置”C137～C140 为对应值，具体参数如表 5-23 所示。在基本操作面板上使用集成键盘按照下面的步骤对参数及参数值进行编程修改。

（1）电源 ON，显示屏滚动闪烁显示上一次用户选择的基本显示组参数及参数值，最终显示的是“输出频率”参数 b001 及当前参数值。

电源ON → FWD 0.75KW（滚动显示）→ FWD b001 → FWD 0.00 HERTZ

（2）按两下“Esc”退出键，相继闪烁显示当前参数号“1”和参数组符号“b”。

ESC → FWD b001 ESC → FWD b001

（3）按“△”向上键或“▽”向下键，滚动出现参数组符号（b、P、t、C、d、A、f、Gx），选择停留在“P”。

（4）按“⏎”回车键或“Sel”选择键，进入 P 组，闪烁显示最近查看的参数号最右边数字。

（5）按“△”向上键或“▽”向下键滚动出现 P 组参数列表，选择停留在“46”，按“⏎”回车键可以进入查看 P046 的参数值，按“Esc”退出键可以返回参数列表。

FWD P031 → Sel → FWD P031 → FWD P046 → FWD 1

（6）按“⏎”回车键或“Sel”选择键进入程序编辑模式，显示“Program”，按“△”向上键或“▽”向下键更改参数值=5。

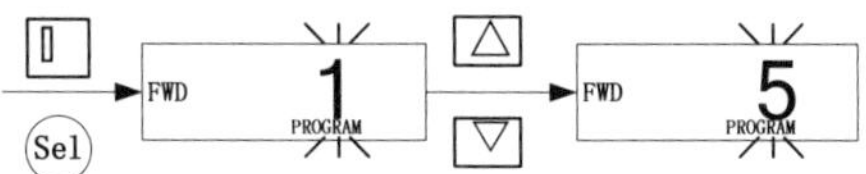

（7）按上述方法设置 P047=15、C128=1。

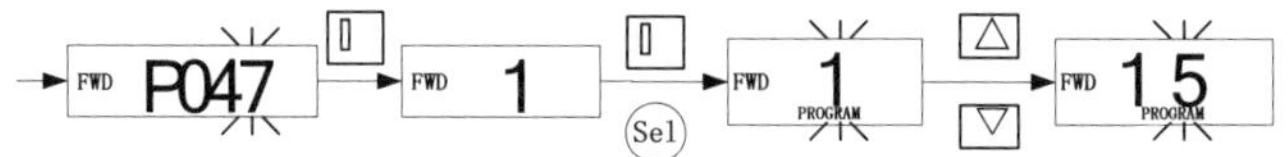

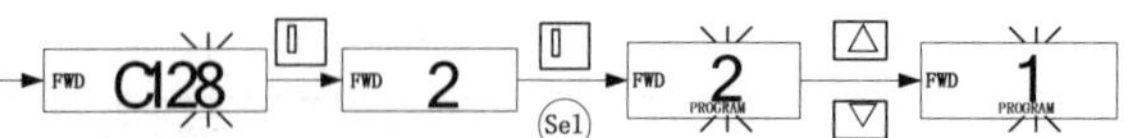

（8）用同样的方法设置 C129=192、C130=168、C131=1、C132=62，C133=255、C134=255、C135=255、C136=0，C137=192、C138=168、C139=1、C140=11。

【例 5-4】有一台 PowerFlex 525 变频器，采用了以太网连接，要求：对变频器进行参数设置，并使用 CCW 软件上的调试面板对电动机进行启停控制。

（1）打开 CCW 软件，新建项目，添加新设备（驱动器→Powerflex 525），连接变频器 Powerflex 525（192.168.1.55），如图 5-34 所示。CCW 软件可通过直观的界面和启动向导来引导用户设制并运行 PowerFlex 525 变频器："向导"提供了各种启动、应用及诊断向导；"下载、上传、比较、参数"可以在线下载、上传变频器配置，在线查看已连接的变频器参数并进行各种方式对比；"控制栏"可以在线调试变频器，即启动、停止、正转、反转等。图 5-35 为已连接的变频器参数。

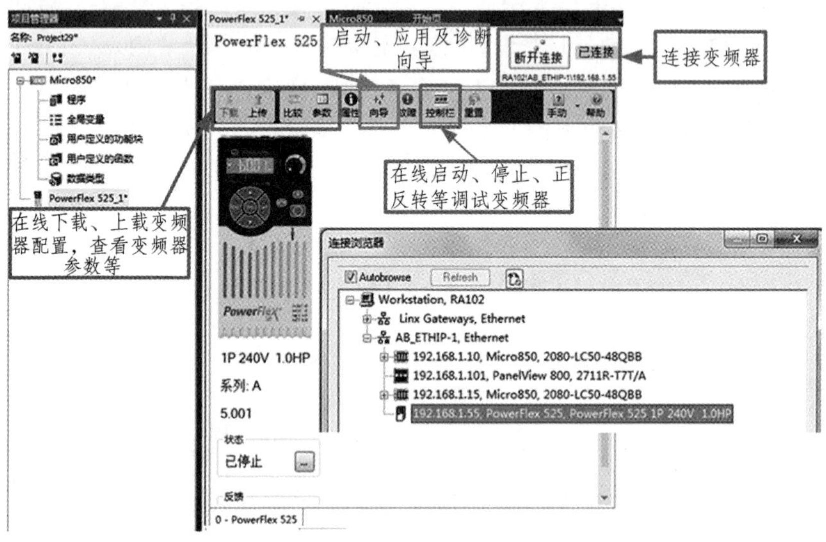

图 5-34　变频器在线连接

PowerFlex 525_1*　Micro850　开始页　参数 - PowerFlex 525_1* 端口 0

参数

组：所有参数　显示非默认值　筛选器值：

#	名称	值	单位	内部值	默认	最小
31	电机铭牌电压	230	V	230	230	20
32	电机铭牌频率	60	Hz	60	60	15
33	电机过载电流	4.8	A	48	4.8	0.0
34	电机铭牌满载电流	2.9	A	29	2.9	0.1
35	电机铭牌极	4		4	4	2
36	电机铭牌每分钟转速	1750	RPM	1750	1750	0
37	电机铭牌功率	0.75	kW	75	0.75	0.00
39	转矩性能模式	SVC		1	SVC	0
40	自整定	就绪/空转		0	就绪/空转	0
41	加速时间 1	0.00	Sec	0	10.00	0.00
42	减速时间 1	0.00	Sec	0	10.00	0.00
43	最小频率	0.00	Hz	0	0.00	0.00
44	最大频率	60.00	Hz	6000	60.00	0.00
45	停止模式	斜坡，CF		0	斜坡，CF	0
46	启动源 1	EtherNet/IP		5	键盘	1
47	速度基准值 1	EtherNet/IP		15	变频器电位器	1

图 5-35　变频器在线参数

（2）CCW 软件右侧变频器界面，点击“向导”，可以按照界面要求进行操作，配置变频器，如图 5-36 所示。

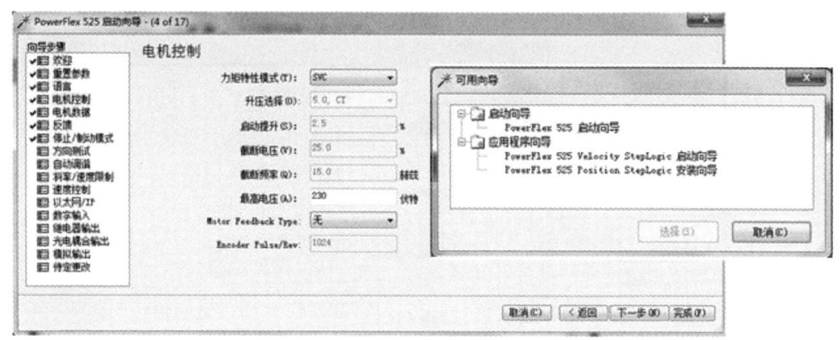

图 5-36　变频器配置向导

为了便于实现 PowerFlex 525 的以太网网络通信，罗克韦尔自动化提供了一个标准化的用户自定义功能块指令“RA_PFX_ENET_SYS_CMD”，用户可以通过该指令实现 Micro850 控制器对 PowerFlex 525 变频器的以太网控制，功能块的参数如表 5-24 所示。

表 5-24　自定义功能块的参数

参数名称	数据类型	PLC 变量	作　用
IPAddress	STRING	PFx_IP	要控制的 PowerFlex 525 变频器的 IP 地址，如 192.168.1.55
UpdateRate	UDINT	Loop_Tri_Time	循环触发时间，为 0 表示默认值 500 ms
Start	BOOL	Start	1——开始
Stop	BOOL	Stop	1——停止
SetFwd	BOOL	Fwd_start	1——正转
SetRev	BOOL	Rev_start	1——反转
SpeedRef	REAL	Speed	速度参考值，单位为 Hz
CmdFwd	BOOL	PFx_Fwd_state	1——当前方向为正转
CmdRev	BOOL	PFx_Rev_state	1——当前方向为反转
AccelTime1	Real	AccTime	加速时间，单位为 s
DecelTime1	Real	DecTime	减速时间，单位为 s
Ready	BOOL	PFx_Ready	PowerFlex 525 已经就绪
Active	UDINT	PFx_Active	PowerFlex 525 已经被激活
FBError	BOOL	FB_Error_Sts	PowerFlex 525 出错
FaultCode	DINT	Fault_Code	PowerFlex 525 错误代码
SpeedFeedback	REAL	Speed_FB	反馈速度

添加用户自定义功能块指令

CCW 软件中，在左侧项目树上点击控制器“Micro850”右键→导入（i）→导入交换文件（X）“Controller.Micro850.Micro850.RA_ENET_STS_CMD.7z”，在项目树和指令块选择器下会自动生成一个用户自定义的功能块“RA_PFx_ENET_STS_CMD”，并可添加到梯形图中，如图 5-37 所示。

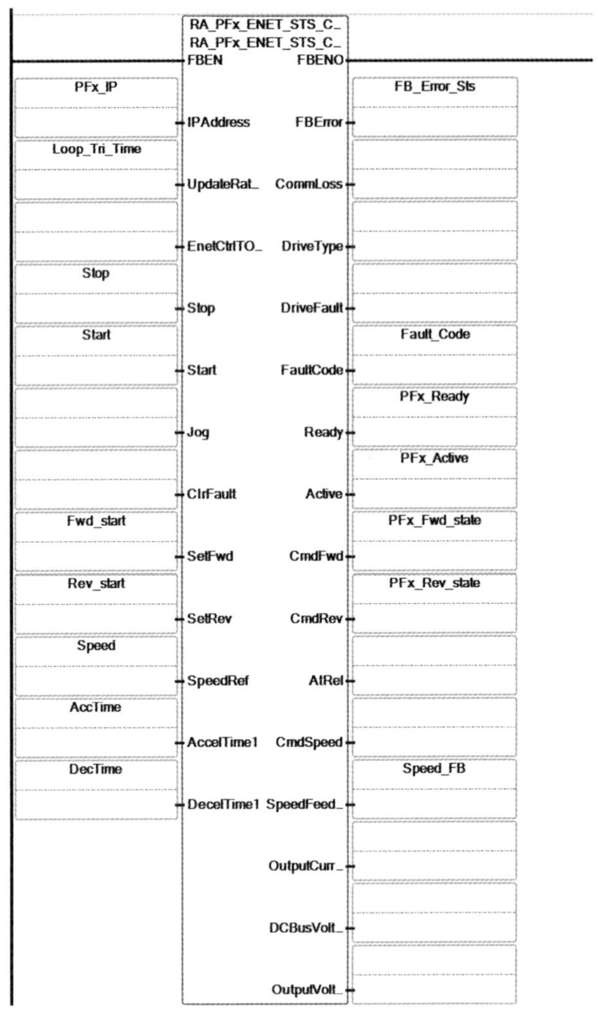

图 5-37　用户自定义功能块 RA_PFx_ENET_STS_CMD

5.3.4　实例

本节以实例介绍 Micro850 控制器、PowerFlex 525 变频器及 2711R-T7T 图形终端三者之间的以太网通信。系统通过图形终端 2711R-T7T 来控制 Micro850 控制器向变频器 PowerFlex 525 发出指令，从而控制电机的运行方式和运行速度：启动、停止、10 Hz 的正转、8 Hz 的反转。

1. 图形终端、PLC、变频器和计算机的连接

按图 5-38 所示连接计算机、2080-LC50-48QBB 可编程序控制器、PanelView 800 2711R-T7T 图形终端和 PowerFlex 525 变频器。采用以太网通信模式，需设置设备 IP 地址为同一网段：控制器 192.168.1.56、图形终端 192.168.1.101、变频器 192.168.1.55。

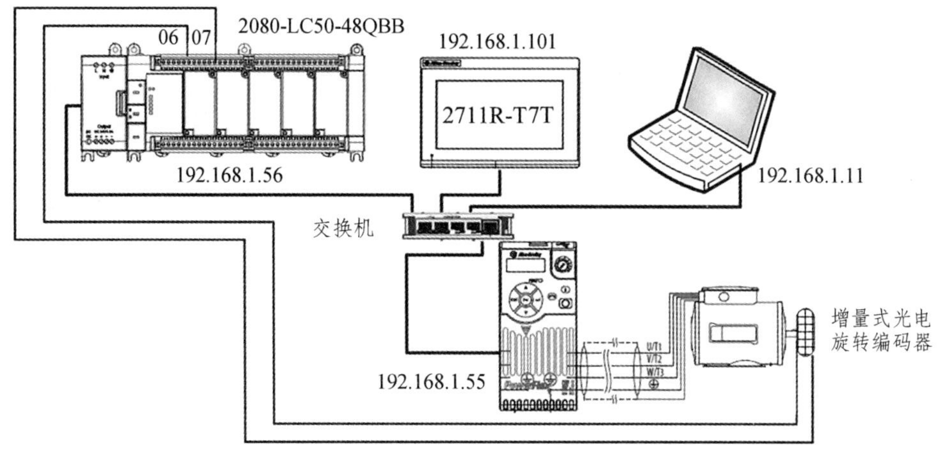

图 5-38　设备连接图

2. PLC 控制程序编制

编制的 PLC 控制程序如图 5-37 和图 5-39 所示，验证后下载到 2080-LC50-48QBB 中。编程过程中，创建和使用的部分全局变量及局部变量的数据类型、初始值等相关信息如表 5-25 和表 5-26 所示。

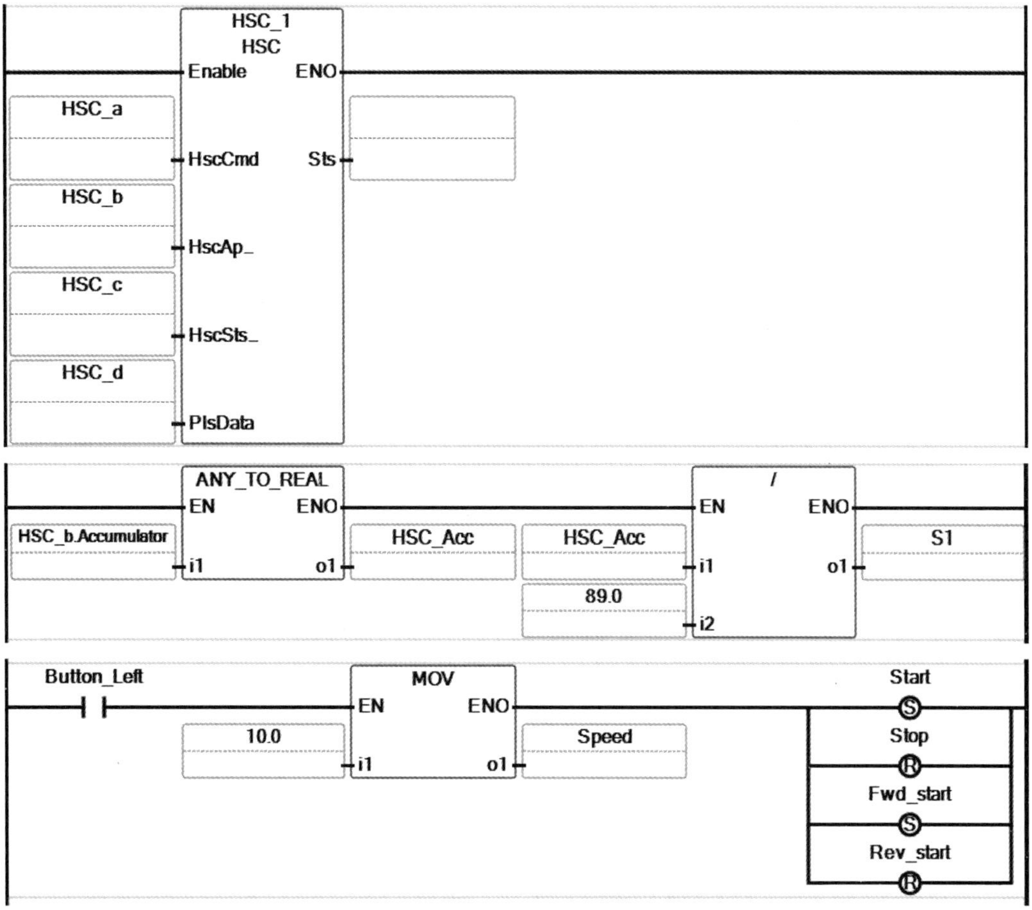

HSC_1
HSC
Enable ENO
HSC_a HscCmd Sts
HSC_b HscAp_
HSC_c HscSts_
HSC_d PlsData

ANY_TO_REAL
EN ENO
HSC_b.Accumulator i1 o1 HSC_Acc
/
EN ENO
HSC_Acc i1 o1 S1
89.0 i2

Button_Left
MOV
EN ENO
10.0 i1 o1 Speed
Start (S)
Stop (R)
Fwd_start (S)
Rev_start (R)

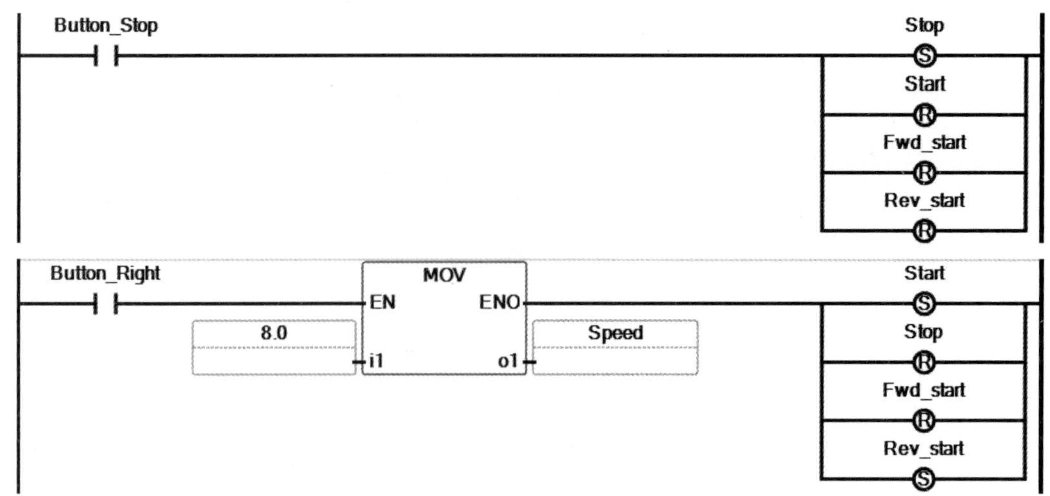

图 5-39　PLC 控制梯形图

表 5-25　部分全局变量表

全局变量	数据类型	初始值	说　明
Button_Left	BOOL		链接图形终端上左移按钮
Button_Stop	BOOL		链接图形终端上停止按钮
Button_Right	BOOL		链接图形终端上右移按钮
PFx_IP	STING	192.168.1.55	变频器 IP 地址
Start	BOOL		变频器启动
Stop	BOOL		变频器停止
Fwd_start	BOOL	0	变频器正转
Rev_start	BOOL	0	变频器反转
AccTime	REAL	0.1	变频器加速时间
DecTime	REAL	0.1	变频器减速时间
Speed	REAL		设置变频器运行速度（Hz）
HSC_Acc	REAL		脉冲个数
S1	REAL		移动距离

表 5-26　部分局部变量表

局部变量	数据类型	初始值	说　明
HSC_a	USINT	1	启动运行 HSC 机制，HSC 计数
HSC_b	HSCAPP		
HSC_b.HscID	UINT	3	HSC 编号
HSC_b.HscMode	UINT	6	HSC 计数模式（正交计数器：带相位输入 A 和 B）

续表

局部变量	数据类型	初始值	说　明
HSC_b.HPSetting	DINT	9999	HSC 高预设值
HSC_b.LPSetting	DINT	-9999	HSC 低预设值
HSC_b.OFSetting	DINT	10000	HSC 上溢出设置值
HSC_b.UFSetting	DINT	-10000	HSC 下溢出设置值

3. 图形终端应用程序设计

终端设置三个按钮实现变频器的正转、反转和停止，控制电机带动丝杆左右移动，同时显示电机编码器发出的脉冲个数、丝杆移动的距离。设计画面如图 5-40 所示，创建外部标签，设置连接 PLC 变量地址，如表 5-27 所示。终端画面上添加 12 个图形控件，设置控件属性如表 5-28 所示。

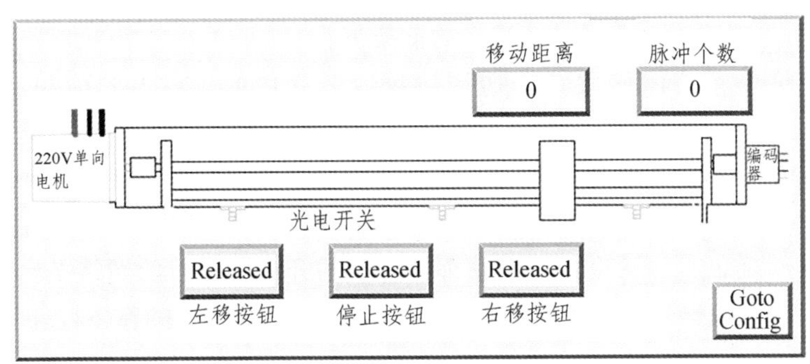

图 5-40　终端画面设计

验证通过后分别下载 PLC 控制程序和 PVC 应用程序，PVC 与 PLC 采用以太网通信连接，反复的修改、调试，直到最终达到要求。

表 5-27　PVC 的外部标签

标签名称	数据类型	地址	控制器	描述
Button_Left	BOOL	Button_Left	PLC-1	左移（PF525 正转）
Button_Stop	BOOL	Button_Stop	PLC-1	停止（PF525 停止）
Button_Right	BOOL	Button_Right	PLC-1	右移（PF525 反转）
HSC_Acc	REAL	HSC_Acc	PLC-1	读编码器输出脉冲
S1	REAL	S1	PLC-1	读移动距离

表 5-28　图形控件属性

工具箱分类	控件	属性	连接标签名称
输入	瞬时按钮	写标签	Button_Left
	瞬时按钮	写标签	Button_Stop
	瞬时按钮	写标签	Button_Right

续表

工具箱分类	控件	属性	连接标签名称
显示	数字显示	读标签	HSC_Acc
	数字显示	读标签	S1
绘图工具	图像		
进阶	Goto Config		

5.4 Micro850 控制器的网络通信

随着日益复杂的工业控制系统和企业信息系统的发展，罗克韦尔自动化公司提出了集成架构（Intergrated Architecture）的概念，它是以 NetLinx 技术开放现场总线网络为核心，配合 FactoryTalk 企业实时数据交换技术，采用统一的控制器和可视化平台，将控制器、现场总线、图形终端、运动/传动系统整合到一个统一的框架下。

NetLinx 网络体系将网络服务、通用协议以及开放的软件接口有机结合到一起，由 DeviceNet 设备网、ControlNet 控制网和 Ehernet/IP 信息网三个开放式网络构成，符合国际 IEC61158 现场总线标准，如图 5-41 所示。在各个网络的应用层都采用了统一的 CIP 通用工业协议（Common Industrial Protool），实现了网络之间信息流和控制数据流的高效、无缝流动，构造了一个从车间到企业、从设备层到管理信息层的开放与集成的网络平台，提供了实时控制、网络组态配置和数据采集三种服务，提高了自动化工业系统的整体性能。

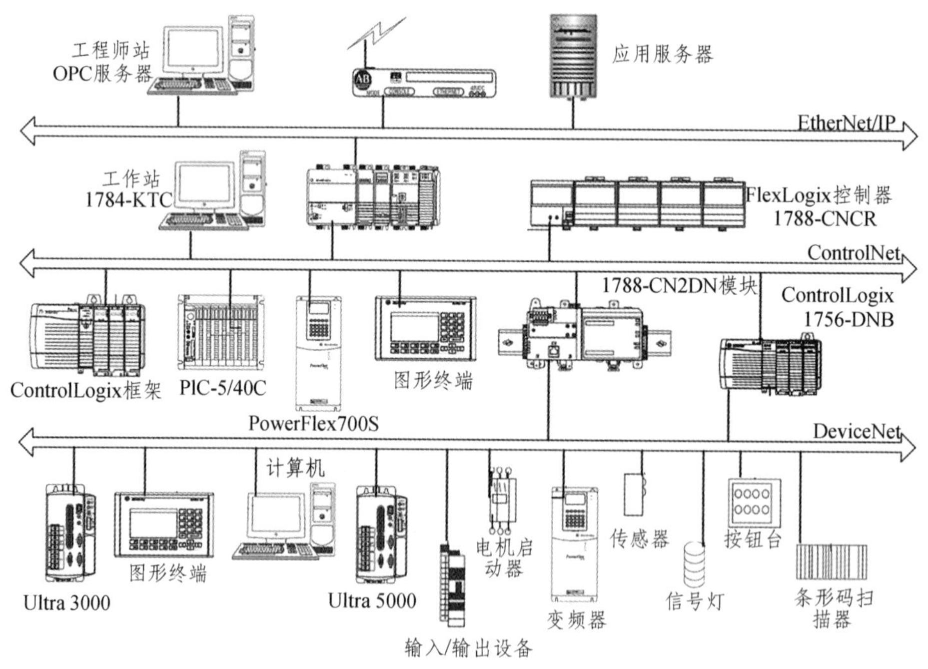

图 5-41　NetLinx 网络体系

以太网作为高度开放性网络，具有低成本、低电耗、兼容性好、通信速率高、产品丰富、应用广泛以及支持技术成熟等优点，促使人们开始研究将其作为工业现场控制网络。新技术的发展和具有实时功能的协议标准的产生，使得工业以太网在服务质量（Quality of Service，QoS）、高速以太网交换技术、虚拟冲突、虚拟局域网（Virtual Local Area Network，VLAN）和环冗余网络结构等方面取得了成果，推动工业以太网发展成为工业自动化领域主流的控制网络，实现从设备层到信息层的无缝连接。

目前 4 种应用较为广泛的工业以太网协议分别是：Fieldbus Foundation HSE、EtherNet/IP、IDA 和 Profinet。其中，EtherNet/IP 是由两个工业协会 Open DeviceNet Vendors Association 和 ControlNet International 推出的，已得到广泛的应用。EtherNet/IP 以 CIP 协议为基础，是一种面向对象的协议标准，采用 EtherNet 和 TCP/IP 标准技术传送 CIP 数据包，能够为网络中传输的隐式实时 I/O 信息和显式信息提供有效保证，可以实现传感器级网络到控制器和企业级网络的无缝集成。罗克韦尔自动化公司已生产有大量的基于 EtherNet/IP 协议的各种类型控制器、变频器、远程 I/O、图形终端和工业以太网交换机等产品，这些产品可以直接应用于工业控制系统中。图 5-42 所示为基于 EtherNet/IP 网络的 PlantPAx 系统。

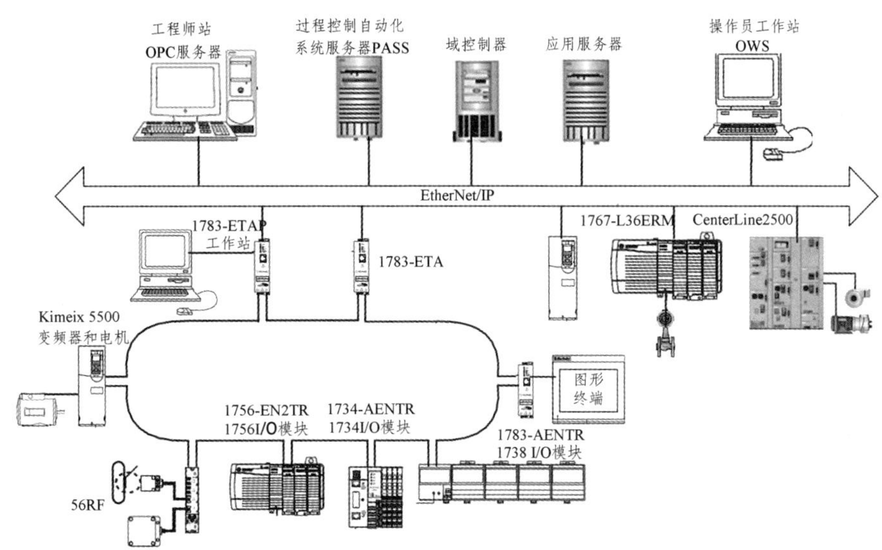

图 5-42　基于 EtherNet/IP 网络的 PlantPAx 系统

5.4.1　Micro850 控制器的网络结构

罗克韦尔自动化公司生产的微型可编程序控制器 Micro850 主要用于经济型单机控制，结构和功能相对简单。Micro850 控制器具有三个嵌入式通信端口：非隔离型 RS232/485 串行端口、非隔离型 USB 编程端口、RJ-45 以太网端口，根据需要，它还可以安装串行通信功能性插件模块 2080-SERIALISOL。Micro850 PLC 支持以下通信协议：

- Modbus RTU 主站和从站；
- CIP 串口客户端/服务器（仅 RS232）；
- CIP Symbolic 客户端/服务器；
- ASCII（仅 RS232）；
- EtherNet/IP 客户端/服务器；

• Modbus/TCP 客户端/服务器；
• DHCP 客户端；
• TCP/UDP。

图 5-43 所示为基于串行通信的控制系统结构图。图中，Micro850 PLC 作为主控制器，通过嵌入式 RS232/RS485 通信端口与 PanelView 图形终端进行通信，通过串行通信功能性插件模块 2080-SERIALISOL 与变频器 PowerFlex 525 进行连接，上位机可以通过 USB 编程端口下载程序到图形终端和 Micro850 控制器中。

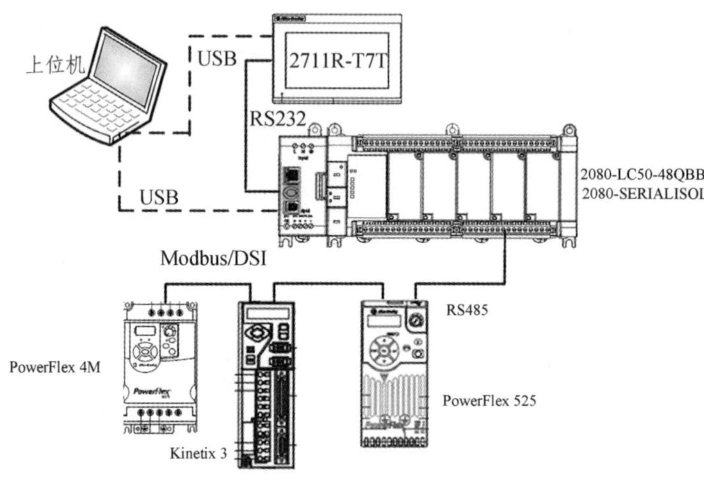

图 5-43　基于串行通信的网络结构图

目前，工业以太网已发展成为工业自动化领域主流的控制网络，图 5-44 所示为基于 Ethernet/IP 的控制系统结构图。通过 Ethernet/IP，Micro850 控制器、变频器、PanelView 图形终端、CompactLogix 控制器以及上位机得以实现数据交互。CompactLogix 控制器采用主动方式通过 CIP Symbolic 向 Micro850 控制器读/写数据，上位机通过 OPC 服务器与现场控制器进行数据交互。

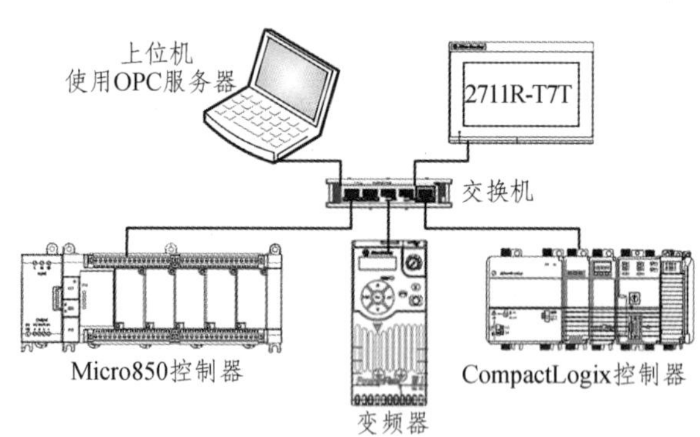

图 5-44　基于 Ethernet/IP 的网络结构图

5.4.2　Micro850 控制器之间的通信

Micro850 控制器支持多种通信协议，其中包括 CIP Symbolic 客户端/服务器协议。利用 MSG_CIPSYMBOLIC 功能块，Micro850 控制器能够通过嵌入式以太网或串行通信端口发送

CIP Symbolic 消息，实现 Micro850 控制器之间的读/写数据功能。图 5-45 所示为两个 Micro850 控制器之间的以太网硬件连接图。

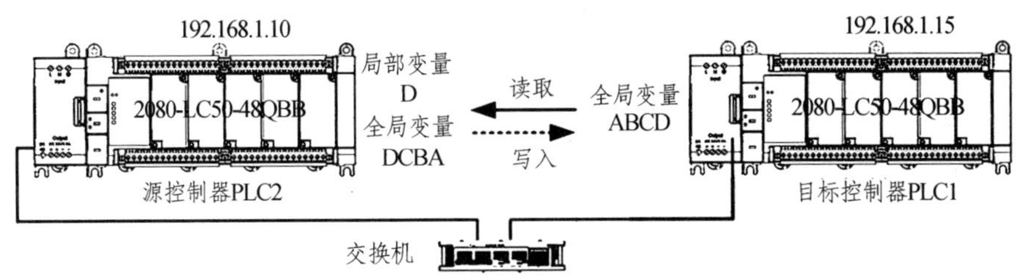

图 5-45 系统硬件接线图

MSG_SYMBOLIC 指令是按位传输的，该功能块使用的接收寄存器是一个 USINT 类型的数组，如果想从目标控制器 PLC1 读取一个 32 位的数据（存入全局变量 ABCD），则将其分成 4 个 8 位的 USINT 数据进行传输。因此，在源控制器 PLC2 的控制程序中需要使用到 COP 功能块，将通过 MSG 指令接收到源控制器 PLC2 的 4 个元素的一维数组（存入局部变量 D）合并转换为 32 位数据（存入全局变量 DCBA）。

1. 目标控制器 PLC1 的控制程序设计

图 5-46 所示为 PLC1 的控制程序，实现的功能：100 s 的延时，同时将当前的延时时间值存入全局变量 ABCD（数据类型 Real）。

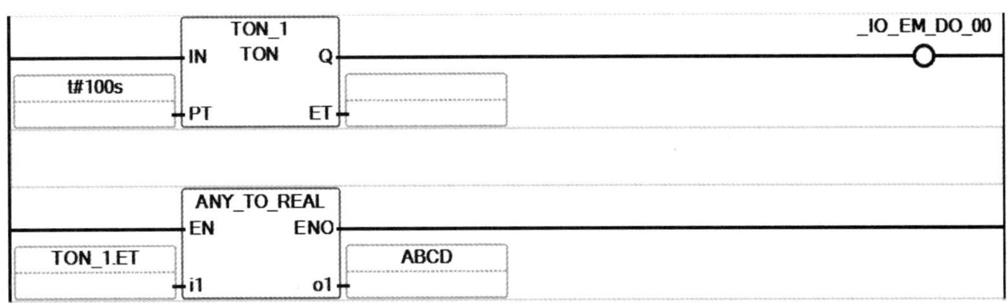

图 5-46 PLC1 的控制程序

2. 源控制器 PLC2 的控制程序设计

图 5-47 所示为 PLC2 的控制程序，实现的功能：采用以太网通信方式，从目标控制器 PLC1 中读取全局变量 ABCD，存入源控制器 PLC2 的全局变量 DCBA（数据类型 Real）中，显示时间单位以毫秒计。

创建局部变量：CCFG（数据类型 CIPCONROLCFG）、SCFG（数据类型 CIPCONTROLCFG）、TCFG（数据类型 CIPSYMBOLICCFG）。

同时创建局部变量 D，数据类型 USINT 数组，维数[1...4,1...1]，用来保存执行 MSG 通信指令后从目标控制器 PLC1 中读取的值；创建全局变量 DCBA，数据类型为 REAL，用来保存执行 COP 指令后转换的值。

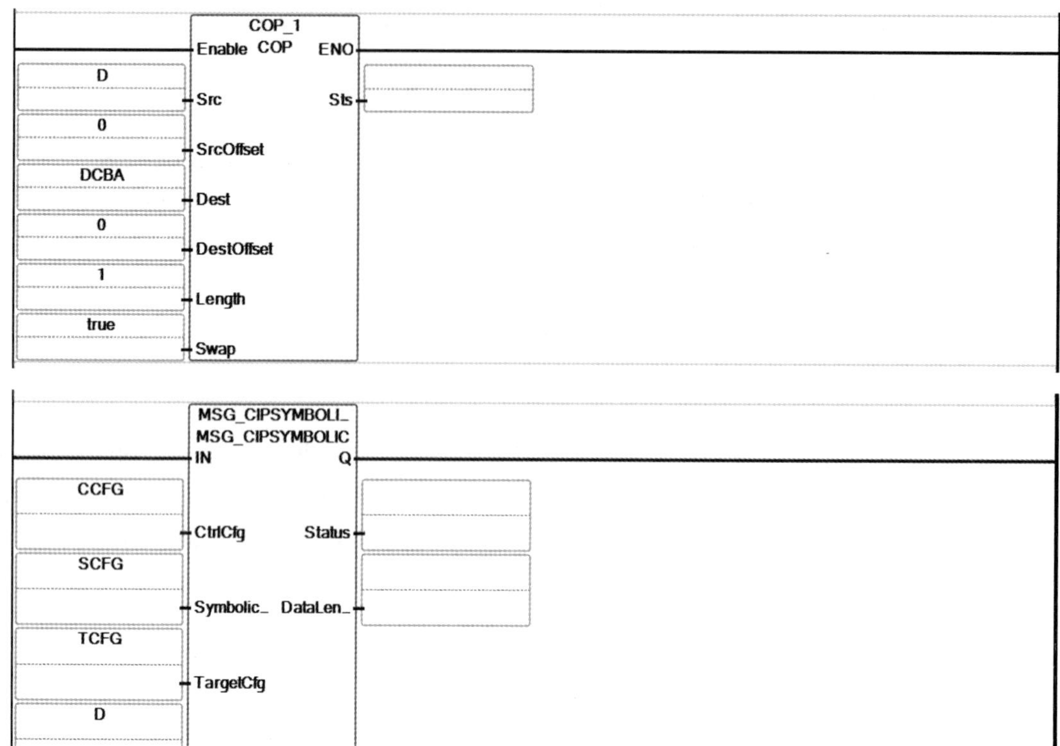

图 5-47　PLC2 的控制程序

设置初始值：每 300 ms 定时触发通信指令，CCFG.TriggerType=300；进行读取操作，SCFG.Service=0；读取目标控制器 PLC1 的全局变量，SCFG.Symbol='ABCD'；读取的变量数目为 1；读取的变量数据类型为实数，SCFG.Type=200；通过以太网读取的目标控制器 PLC1 的途径，TCFG.Path='4,192.168.1.15'；3 级连接，TCFG.CipConnMode=1。具体说明如表 5-29 所示。

表 5-29　MSG_CIPSYMBOLIC 功能块参数与局部变量

参数		数据类型	功能	局部变量	初始值
IN		BOOL	True：检测到上升沿，执行指令		
CtrlCfg		CIPCONTROLCFG	控制配置	CCFG	
1	CtrlCfg.Cancel	BOOL			
2	CtrlCfg.TriggerType	UDINT	0 触发一次 1～65 535（ms），定时触发		300
3	CtrlCfg.StrMode	UDINT	保留		
SymbolicCfg		CIPSYMBOLICCFG	与读/写操作相关的符号信息	SCFG	
1	SymbolicCfg.Service	USINT	0：读（默认）；1：写		0
2	SymbolicCfg.Symbol	STRING	读取/写入目标控制器的变量名		'ABCD'
3	SymbolicCfg.Count	UINT	读取/写入变量数目 1～65 535		=0，默认 1

续表

参数		数据类型	功能	局部变量	初始值
4	SymbolicCfg.Type	USINT	读取/写入的变量数据类型		200（实数）
5	SymbolicCfg.Offset	USINT	字节偏移量 0～255		
TargetCfg		CIPTARGETCFG	目标控制器配置	TCFG	
1	TargetCfg.Path	STRING	目标控制器地址，{'端口，地址'} 以太网端口（4）、串口（2）		'4,192.168.1.15'
2	TargetCfg.CipConnMode	USINT	0：未连接；1：3 级连接		1
3	TargetCfg.UcmmTimeout	UDINT	250～10 000 ms 未连接消息 超时时间		0（默认 3000）
4	TargetCfg.ConnTimeout	UINT	800～10 000 ms 已连接消息 等待时间		0（默认 10000）
5	TargetCfg.ConnClose	UINT	连接关闭行为 =0 消息完成时不关闭连接		
Data		USINT 数组	读/写操作的缓冲变量 1～490		D[1...4]
Q		BOOL	指令执行		
Status		CIPSTATUS	指令执行状态，例如错误代码等		
DataLength		UINT	读/写的缓冲变量数据长度		

3. 运行结果

验证、下载和运行 PLC 控制程序，查看源控制器 PLC2 的变量监控值，如图 5-48 所示。图 5-49 表示读取目标控制器 PLC1 的当前延时时间为 77 822 ms。

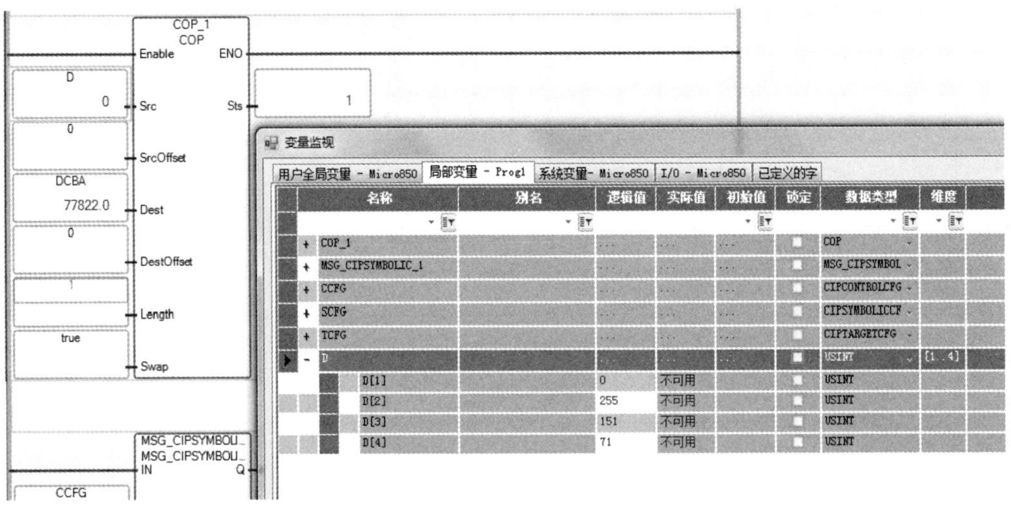

图 5-48 变量监控

5.4.3 Micro850 和 Logix 控制器之间的通信

在工业控制系统中，PLC 除了与图形终端、变频器以及上位机等设备通信外，不同型号

PLC 之间也有数据交互要求。本节以 Micro850 控制器（2080-LC50-48QBB）与 CompactLogix 5370 控制器（1769-L36ERM）之间的以太网通信为例，图 5-49 所示为两种型号控制器的硬件接线图。CompactLogix 系列控制器的性能要优于 Micro800 系列控制器，在这里，1769-L36ERM 控制器采用主动方式，从 2080-LC50-48QBB 控制器中读取或写入数据。

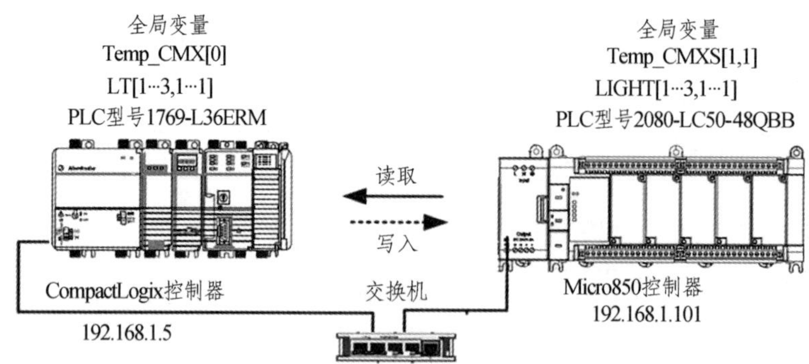

图 5-49　系统硬件接线图

1. 设置两台控制器的 IP 地址

IP 地址需在同一网段中，如图 5-49 所示。

2. Micro850 控制器的控制程序设计

图 5-50 所示为 Micro850 控制器的控制程序，实现的功能包括：4 个开关（Switch1、Switch2、Switch3 和 Switch4）的通断控制变量 LIGHT、Temp_CMXS 的数值大小。创建全局变量如表 5-30 所示，与 CompactLogix 控制器之间的数据传递一般不会采用 BOOL 型数据类型。

表 5-30　Micro850 控制器全局变量

全局变量		数据类型	维度
LIGHT		INT	[1...3,1...1]
1	LIGHT[1,1]	INT	
2	LIGHT[2,1]	INT	
3	LIGHT[3,1]	INT	
Temp_CMXS		REAL	[1...1,1...1]
1	Temp_CMXS[1,1]	REAL	

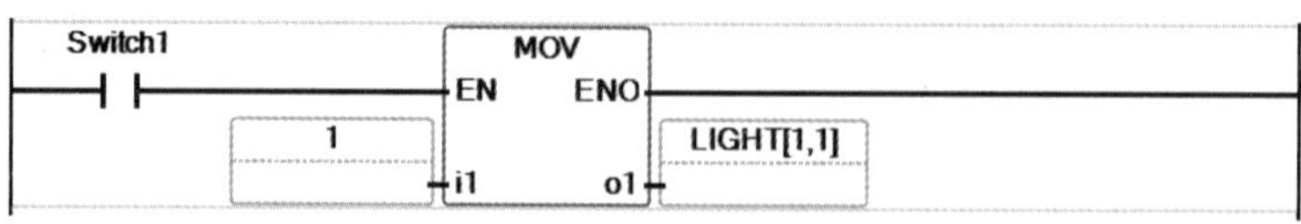

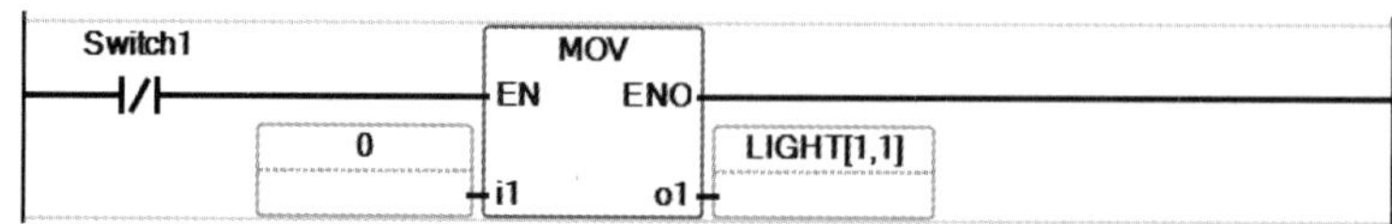

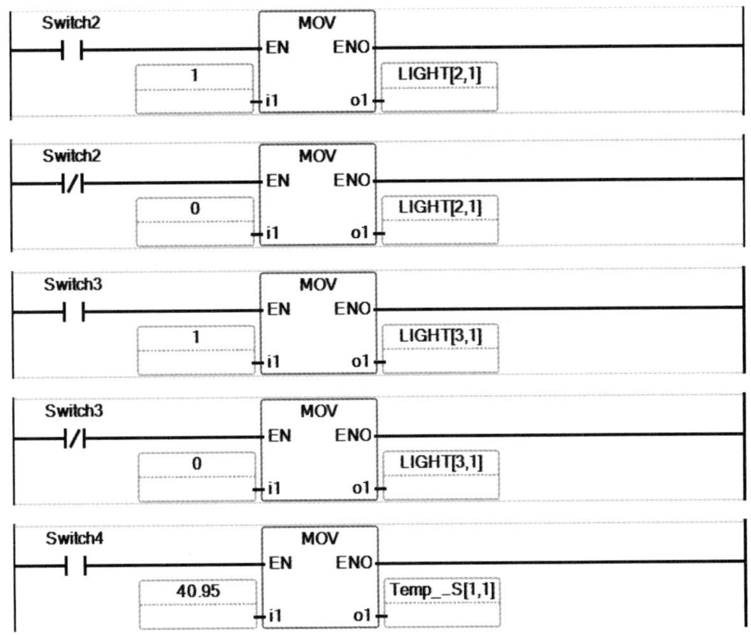

图 5-50　Micro850 控制程序

3. CompactLogix5370 控制器的控制程序设计

与 Micro850 控制器不同，CompactLogix5370（1769-L36ERM）控制器使用的是 Studio5000 Logix Designer 应用软件。图 5-51 为 CompactLogix5370 控制器的控制程序，实现的功能包括：通过 CIP 的 MSG 通信指令从 Micro850 控制器中读取变量 LIGHT、Temp_CMXS 的数值。创建全局变量如表 5-31 所示。

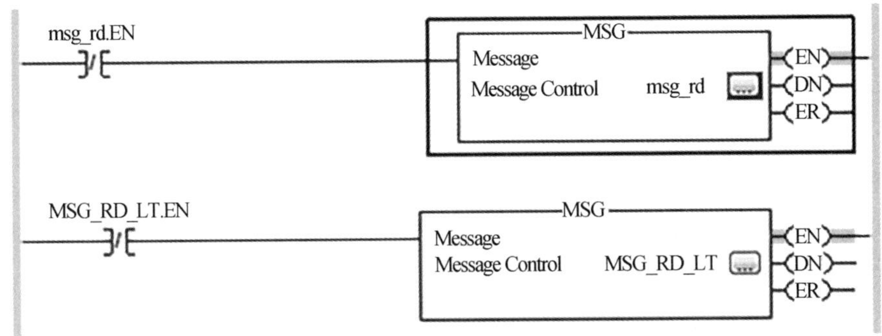

图 5-51　CompactLogix5370 控制程序

表 5-31　CompactLogix 控制器全局变量

全局变量		数据类型	维度
LT		INT	[3]
1	LT[0]	INT	
2	LT[1]	INT	
3	LT[2]	INT	
Temp_CMX		REAL	[1]
1	Temp_CMX[0]	REAL	

MSG 通信指令可通过背板或通信网络异步读取其他模块/控制器的数据块，或将数据块写入其他模块/控制器中，适用于 CompactLogix 和 ControlLogix5000 系列控制器。本实例使用两次通信指令：

（1）msg_rd：从 Micro850 控制器中读取变量 Temp_CMXS[1,1]到 CompactLogix5370 控制器的变量 Temp_CMX[0]中，数量为 1，指令的属性配置如图 5-52 所示。

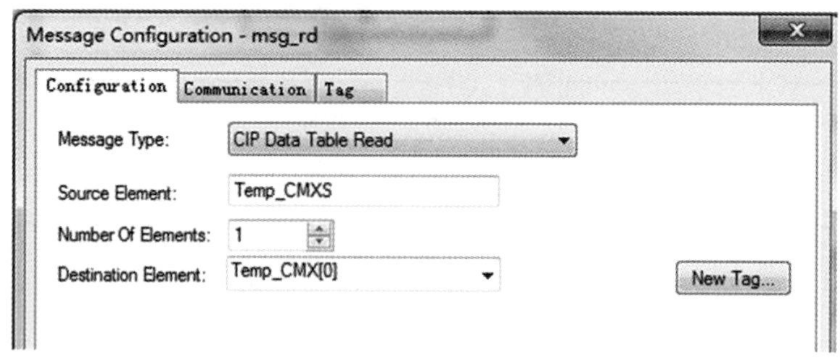

图 5-52　msg_rd 的属性配置图

（2）MSG_RD_LT：从 Micro850 控制器中读取变量 LIGHT（维数 1…3,1…1）到 CompactLogix5370 控制器的变量 LT[0]、LT[1]和 LT[2]中，数量为 3，如图 5-53 所示。

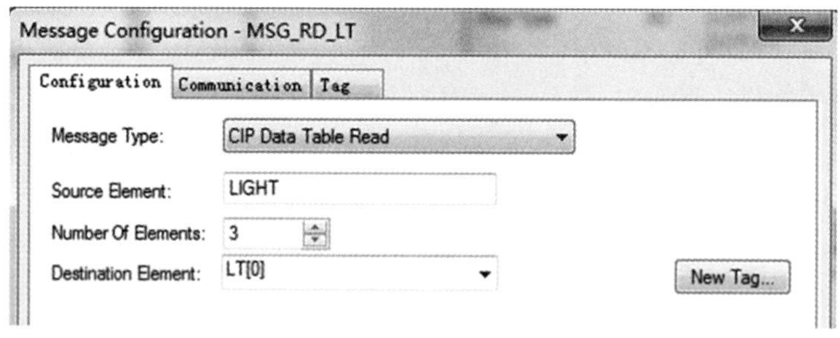

图 5-53　MSG_RD_LT 的属性配置图

配置读取 Micro850 控制器的通信路径“<端口>，<地址>”为“2，192.168.1.101”，采用 Ethernet/IP 端口，消息类型采用 CIP 数据表读取（CIP Data Table Read），通信方式采用 CIP 通用工业协议，如图 5-54 所示。

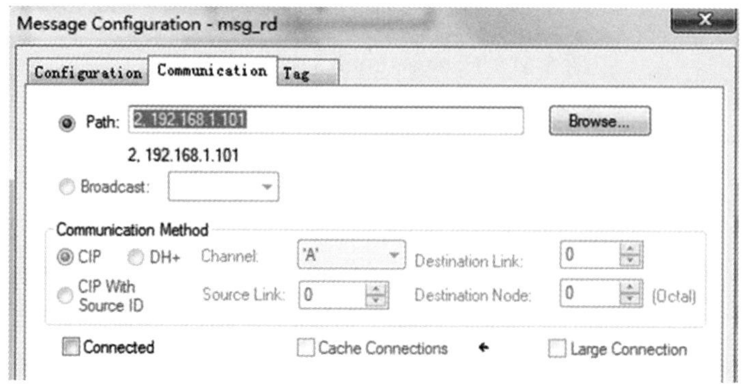

图 5-54　msg_rd 的通信路径配置图

4. 运行结果

验证、下载和运行 PLC 控制程序，查看 CompactLogix5370 控制器的变量监控值如图 5-55、图 5-56 所示。

⊟ Temp_CMX	{...}	{...}	Float	REAL[1]	PLC变量	☐
Temp_CM...	40.95		Float	REAL	PLC变量	

图 5-55　CompactLogix5370 控制器变量 Temp_CMX[0]监控值

⊟ LT	{...}	{...}	Decimal	INT[3]		☐
⊞ LT[0]	1		Decimal	INT		
⊞ LT[1]	1		Decimal	INT		
⊞ LT[2]	1		Decimal	INT		

图 5-56　CompactLogix5370 控制器变量 LT 监控值

5.5　习题

1. 在 HMI 上按动“Start 启动”按钮后，第一个指示灯（LT1）以 2 s 为周期开始闪烁（1 s 亮，1 s 灭）；经过 5 s 后，第二个指示灯（LT2）以 1.5 s 为周期开始闪烁（0.75 s 亮，0.75 s 灭）；再经过 5 s 后，第三个指示灯（LT3）以 1 s 为周期开始闪烁（0.5 s 亮，0.5 s 灭）；再经过 5 s 后，三个指示灯全部熄灭。另外，当按动了“Start 启动”按钮后，在任何时候，如果按动了“Stop 停止”按钮，这三个指示灯应当全部熄灭。设计使用 HMI 实现上述功能，编程中创建一个 AOI 用户自定义功能块，可以取代三段完全相同的控制指示灯闪烁的逻辑，达到简化程序和标准化程序的目的。

2. Micro850 控制器的功能性插件模块和扩展模块有什么不同？Micro850 控制器最多能支持多少个功能性插件模块和多少个扩展模块？数字量 I/O 总点数有什么限制？

3. 图形终端的标签类型有哪几种？用于连接 PLC 控制器的变量应使用什么类型的标签？

4. Micro850 控制器的通信端口有哪几种？如何实现 Micro850 控制器和 CompactLogix 5370 控制器之间的通信？

5. 要求变频器的输出按图 5-57 所示的函数变化，编写梯形图控制程序，并完成调试。

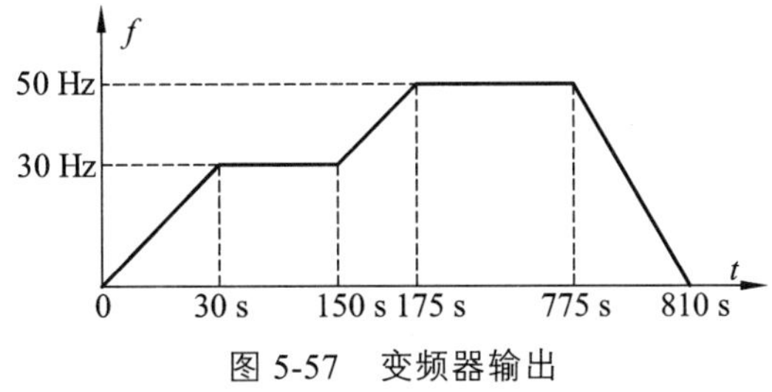

图 5-57　变频器输出

6. 实现两台 Micr850 控制器之间的通信：将控制器 A 中的数值 987654321 写入控制器 B 中。

7. 如图 5-58 所示，采用丝杆装置模拟跑道实现折线跑：（1）初始化：按下回零点按钮，滑块左移到零点（80 mm）处；（2）按启动按钮，滑块由零点处右移到 B 点（300 mm），停止 10 s 后由 B 点左移到 A 点（200 mm），停止 20 s 后由 A 点右移到终点（420 mm），停止 10 s 后左移回零点处；左移速度 12 Hz，右移速度 15 Hz。丝杆装置：导程 4 mm 的单线式滚珠丝杆转动一圈带动滑块前进 4 mm，编码器发出 360 个脉冲，感应电机由变频器 25B-A4P8N104 驱动（以太网通信），零点和终点两处安装光电开关检测滑块位置，①处安装微动开关实现限位保护。

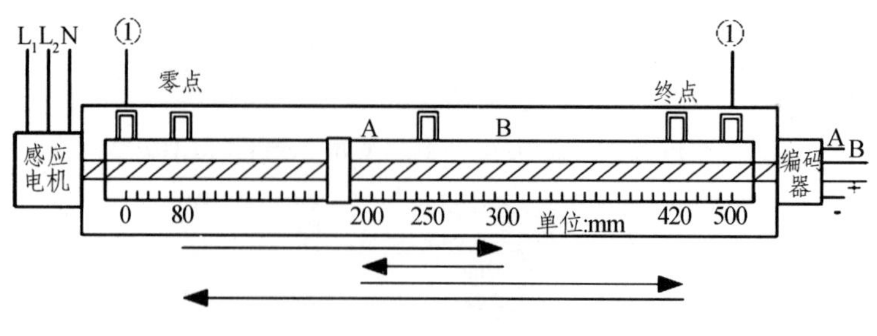

图 5-58　折线跑

第6章 应用案例

【内容提要】

本章主要介绍 Micro850 控制器在运动控制和过程控制中的三个应用案例：同步带控制、滚珠丝杆控制和温度控制。

【教学目标】

- Micro850 控制器在运动控制中的应用；
- Micro850 控制器在过程控制中的应用。

6.1 概述

本章以实际工程中常见的运动控制、过程控制等控制问题为案例，结合特定的实验装置，介绍 Micro850 可编程控制器的使用方法。

6.2 同步带控制

6.2.1 实验装置简介

同步带是一种常见的动力传送装置，如图 6-1 所示。它是以钢丝绳或玻璃纤维为强力层，外覆聚氨酯或氯丁橡胶的环形带，带的内周制成齿状，使其与齿形带轮啮合。同步带传送具有结构紧凑、传送比准确、耐磨性好的优点，在工业生产中有着广泛的应用。

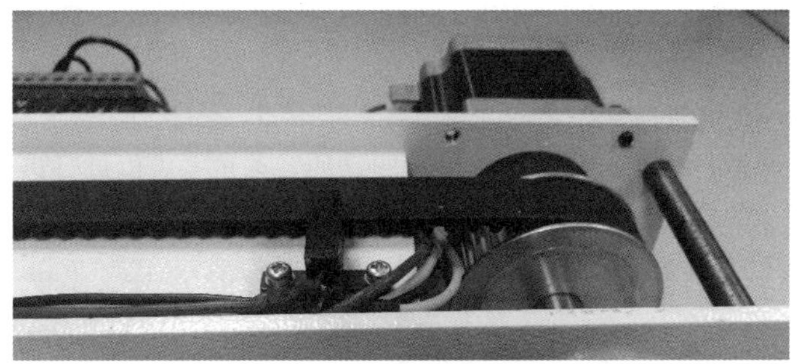

图 6-1 同步带传送装置

本案例使用的实验装置如图 6-2 所示。该装置主体是一条同步传送带，见图中①。该传送带由两端的同步轮带动，其中左端是主动轮，右端是从动轮。主动轮的动力由步进电机提供，见图中③。图中②是步进电机的驱动器。为了准确检测同步带的运动位移，实验装置在步进电机驱动轴上安装了编码器，见图中④，用于检测步进电机的转动角度。为了防止同步带运动超出极限位置，传送带两端安装了光电传感器，见图中⑤。当传送带运动时，带动带上附着的滑块运动，见图中⑥，当滑块运动到左端的光电传感器处，光电传感器可以产生到左限位信号。同理，到达右端的光电传感器处，产生右限位信号。两个限位信号可输入 PLC 用于限位控制。

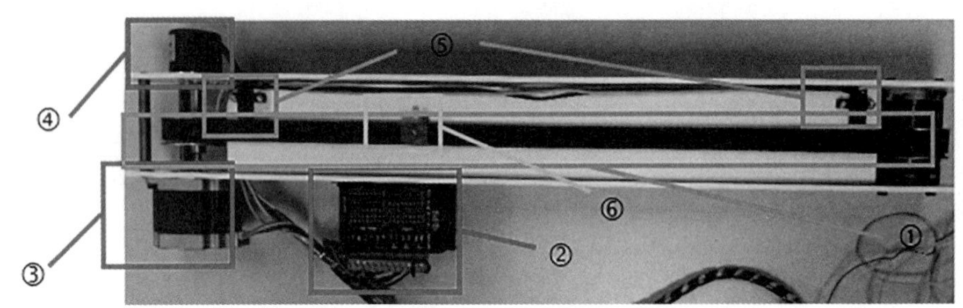

图 6-2　同步带控制实验对象

6.2.2　主要部件的型号与参数

1. 同步带与同步轮

同步带和同步轮的规格是 5M，即其节距为 5 mm。

2. 步进电机及其驱动器

步进电机采用日本信浓 57 步进电机，其基本参数如表 6-1 所示。

表 6-1　步进电机主要技术参数

驱动方式	步距角	保持力矩	电压	额定电流
四线单极驱动	1.8°	1.8 N · m	3.15 V	2.1 A

驱动器及其端口说明如图 6-3 所示。

细分的比例和电流大小可以用驱动器 SW1 ~ SW6 对应的 6 个拨码开关来设定。每个开关对应着 ON 和 OFF 两种状态，其中 SW1 ~ SW3 用于设定细分精度，SW4 ~ SW6 用于设定驱动电流。

本例所使用的步进电机的步距角为 1.8°，因此，转动一圈，即 360°，最少需要 200 个脉冲。为了提高精度和运行的稳定性，单个脉冲驱动的转动角度可以进行进一步细分。细分精度为 2、4、6、8 等 2 的倍数，相对应使电机运行一圈所需要的脉冲数分别为 400、800、1200、1600 等。细分精度按表 6-2 所示设定。其中 Micro step 为细分倍数；Pulse/rev 为电机转动一圈所需的脉冲个数。

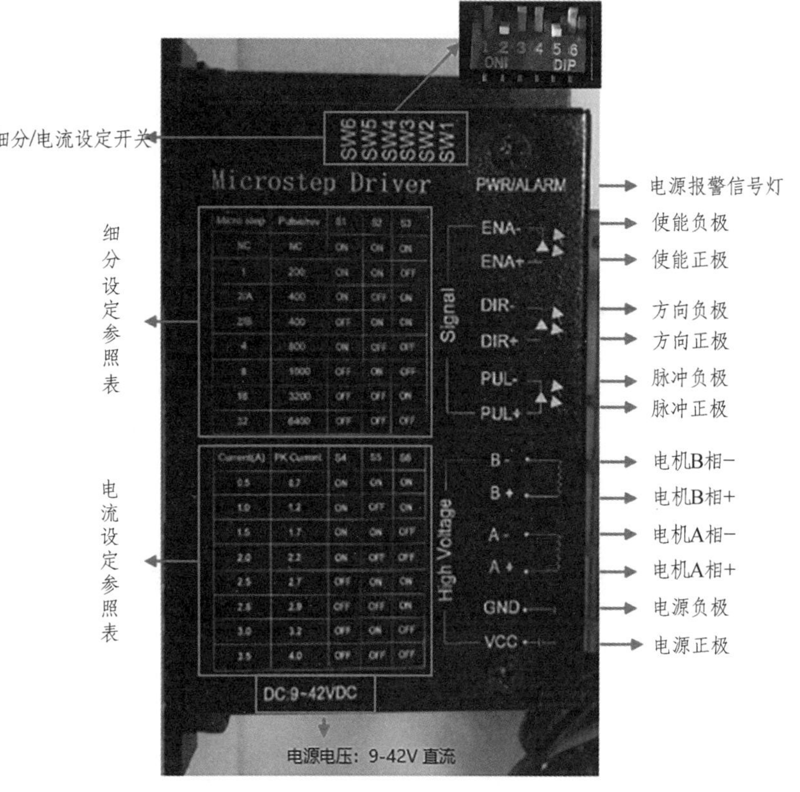

图 6-3　步进电机驱动器

表 6-2　驱动器细分精度设置

Micro step	Pulse/rev	SW1	SW2	SW3
NC	NC	ON	ON	ON
1	200	ON	ON	OFF
2/A	400	ON	OFF	ON
2/B	400	OFF	ON	ON
4	800	ON	OFF	OFF
8	1600	OFF	ON	OFF
16	3200	OFF	OFF	ON
32	6400	OFF	OFF	OFF

步进电机的驱动电流需要根据电机所带的负载不同，按照要求进行合理选择，使得电机处在最佳的运行状态。驱动电流通过 SW4、SW5、SW6 的组合来设置，具体组合方式如表 6-3 所示，其中，Current 表示工作电流；PK Current 表示峰值电流。

表 6-3　驱动器驱动电流设置

Current/A	PK Current	SW4	SW5	SW6
0.5	0.7	ON	ON	ON
1.0	1.2	ON	OFF	ON

续表

Current/A	PK Current	SW4	SW5	SW6
1.5	1.7	ON	ON	OFF
2.0	2.2	ON	OFF	OFF
2.5	2.7	OFF	ON	ON
2.8	2.9	OFF	OFF	ON
3.0	3.2	OFF	ON	OFF
3.5	4.0	OFF	OFF	OFF

步进电机驱动器的接线有共阳极和共阴极两种，其中共阳极接法低电平有效，共阴极接法高电平有效，如图 6-4 所示。

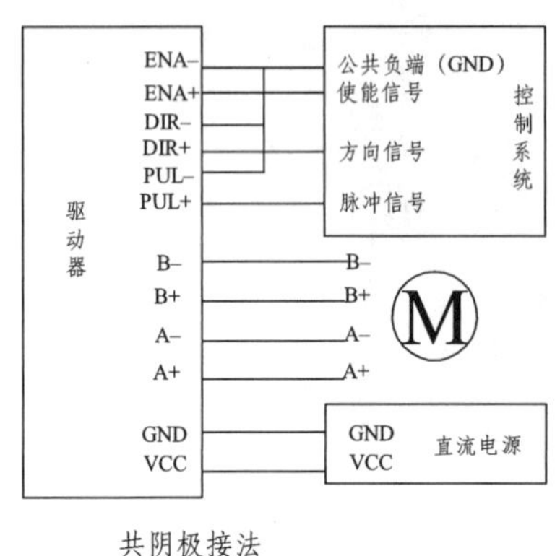

共阴极接法

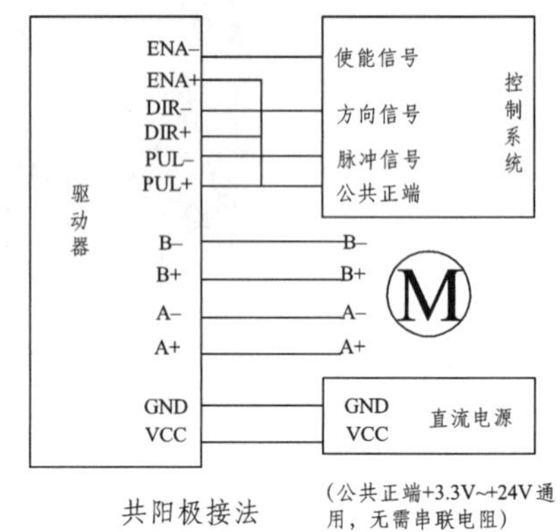

共阳极接法

（公共正端+3.3V~+24V 通用，无需串联电阻）

图 6-4　步进电机驱动器接线方式

3. 旋转编码器和光电传感器

旋转编码器采用增量式光电旋转编码器，型号为 LPD3806-360BM-G5-24C，如图 6-5 所示。

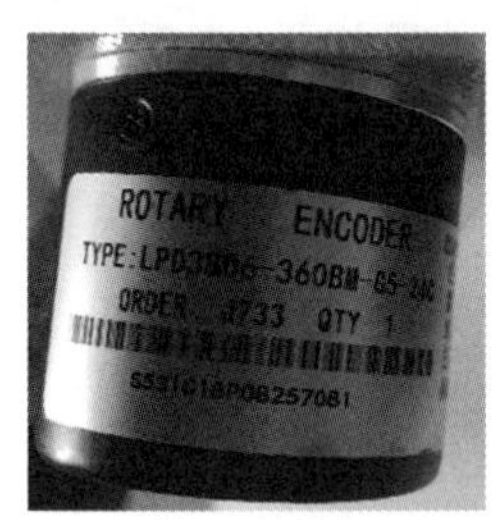

图 6-5　编码器

旋转编码器是一种光电式旋转测量装置，它将被测的角位移转换成高速脉冲信号。PLC 利用高速计数器对输入接口检测到旋转编码器送来的脉冲信号进行计数，以获得对步进电机旋转角位移的测量结果。不同型号的旋转编码器输出脉冲的相数也不同，有的旋转编码器输出 A、B、Z 三相脉冲，有的只有 A、B 相两相，简单的只有 A 相。

本装置采用的是 A、B 两相旋转编码器。该编码器有 4 个接线端，其中：2 个脉冲输出端，1 个 COM 端，1 个电源端，采用 OC 门输出。编码器电源端可以外接电源，也可接 PLC 的 DC 24 V 电源端；COM 端与 PLC 输入信号的 COM 端连接；A、B 两相脉冲的相差为 90°，其脉冲输出端与 PLC 的信号输入端连接。

光电传感器为 U 槽 T 型传感器，型号为 EE-SX672A，PNP 型输出，如图 6-6 所示。

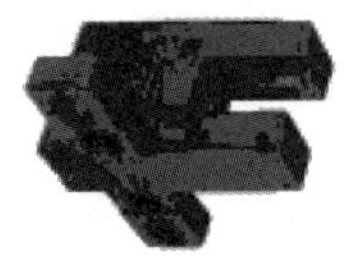

图 6-6　光电传感器

该光电传感器有 4 个接线端，分别是电源“+”端，电源“−”端、L 端和信号端。传感器可接 DC 5 ~ 24 V 电源，使用时可以直接接 PLC 输入接口的 DC 24 V 电源的正负端；信号端接 PLC 信号输入端口；L 端为可选端口。当 L 端与电源“+”端短接时，接收光线时产生高电平，遮光时产生低电平。如果 L 端悬空，则遮光时为高电平，接受光线时为低电平。

6.2.3　实验装置与 PLC 的连接

实验装置中被控设备是步进电机，主要通过 PLC 向驱动器输出高频脉冲控制步进电机的转角、转速和转向。由于只有一个步进电机，只需要控制一个轴，因此 PLC 输出端需要提供 1 个使能信号、1 个方向信号和 1 个高频脉冲信号。由于需要输出高频脉冲，要用到晶体管型的输出端，因此 PLC 选择 2080-LC50-48QBB 型。

实验装置中的检测设备是编码器和光电传感器。编码器有 A、B 两相脉冲输入信号，供 PLC 的高速计数器计数与判断方向用。2 个光电传感器提供两个输入信号，分别作为左、右限位信号，用于判断同步带是否到达极限位置。

输入输出设备的电源均由 PLC 提供，分别接到 PLC 输入端口和输出端口的 DC 24 V 电源端。

实验装置与 PLC 的连接示意如图 6-7 所示。

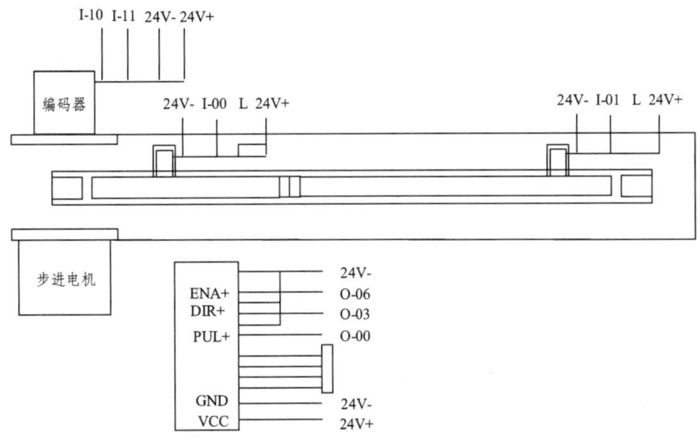

图 6-7　实验装置与 PLC 连接示意图

6.2.4　控制系统编程

本案例的控制要求是：通过 PLC 驱动步进电机，使得同步带在左右两个端点之间做往复运动。控制系统的程序设计过程如下。

1. 新建控制项目

打开 CCW，点击菜单“文件→新建”，在弹出框的项目名称输入框里输入项目名 Proj1，新建一个项目文件。在工具箱里展开控制器选项，双击 2080-LC50-48QBB 选项添加控制器，如图 6-8 所示。

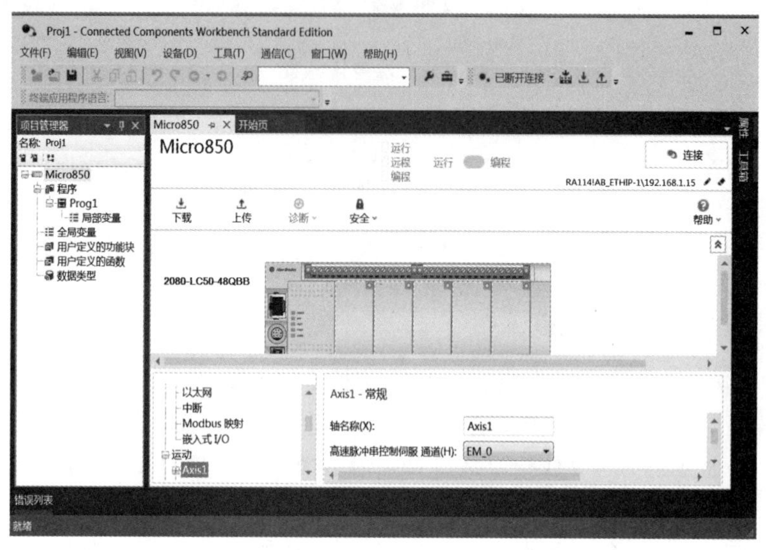

图 6-8　新建项目

控制器参数的初始设置：

（1）对以太网的网址设置。方法是：点击以太网选项，输入 IP 地址，注意 IP 地址要与局域网内的 PLC 的网址要保持一致。

（2）由于涉及对旋转编码器的脉冲进行计数，为了保证输入端口有足够快的速度识别高速脉冲，需要对脉冲输入端口的滤波时间常数进行设置。方法是：点击嵌入式 I/O，选择输入筛选器，点击 10 和 11 端口的输入时间常数下拉框，选择 DC 5 μs。

2. 配置轴变量

电机的控制需要通过对轴变量进行操作来完成，一个电机需要一个轴变量来对应。如前所述，同步带控制装置需要步进电机带动，因此需要预先定义一个轴变量。具体的做法是：点击主窗口的“运动”节点，展开树形目录，右击第一个“新增”标签，弹出“添加”按钮。点击该按钮，右边界面将出现第一个轴变量（Axis1）的相关参数设置界面（见图 6-9）。依次右击其他“新增”标签，可以添加其他轴变量，2080-LC50-48QBB 可以同时控制 3 个运动轴。

新增轴变量后，需要对轴变量的参数进行设置。点击“Axis1”标签，展开属性目录。每个轴变量有 5 个方面的属性：常规、电机与载荷、限制、动态和原位。分别点击每个属性标签，可以展开相关的属性设置页面。

（1）常规：用于定义轴名称、使能信号、方向信号和脉冲信号的输入端口，以及其有效电平。

（2）电机与载荷：用于定义位移单位、电机每转所需脉冲数、运动的极性和模式。

（3）限制：用于定义左右硬限位信号的输入端口和有效电平，以及软限位信号的设置。

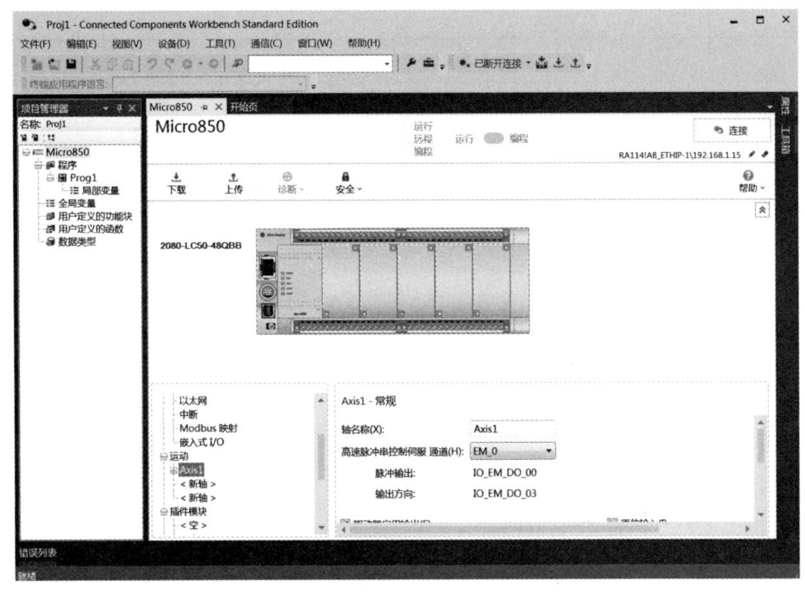

图 6-9　轴变量的参数设置页面

（4）动态：用于定义电机正常运行时和紧急停止时的运动曲线。包括开始/停止速度、最大速度、最大加速度、最大减速度、最大加加速度。

在本例中轴变量 Axis1 的参数设置如表 6-4 所示。

表 6-4　轴变量参数设置

属性类	参数		参数值
常规	高速脉冲伺服控制通道（EM_0）:	脉冲输出	IO_EM_DO_00
		输出方向	IO_EM_DO_03
	驱动器启动输出:	输出	IO_EM_DO_06
		活动级别	高
电机与载荷	用户定义的单位:	位置	Revs
		时间	Sec
	电机转数:	每转脉冲数	1600
	方向:	极性	正向
		模式	双向
限制	硬限位下限:	活动级别	高
		切换输入	IO_EM_DI_00
	硬限位下限:	活动级别	高
		切换输入	IO_EM_DI_01
动态	正常操作配置:	开始/停止速度	5.0 mm/s
		最大速度	50 mm/s
		最大加速	500 mm/s^2
		最大减速	500 mm/s^2

续表

属性类	参数		参数值
动态	紧急停止配置：	停止速度 停止减速 停止加速度	5.0 mm/s 500 mm/s^2 0 mm/s^2

3. 编写控制程序

右击“程序”标签，新建梯形图用户程序 proj1。

编程需要用到的功能块如表 6-5 所示。详细的功能块的参数含义及其使用方法参见第 3 章指令系统。

表 6-5　功能块名称及功能

功能块名称	功能块作用
MC_Power	上电指令，用于轴变量使能
MC_Home	归零指令，用于确定轴变量的原点
MC_Halt	暂停指令，用于暂时停止运动
MC_Reset	复位指令，轴变量出现故障后用于复位
MC_MoveAbsolute	运动到绝对位置指令，按指定方式运动到指定位置
HSC	高速计数器，对旋转编码器传送的两相脉冲进行计数
TON	通电延时计时器指令
TP	单稳态信号发生器指令
MOV	赋值指令

程序所用到的局部变量名称及其属性如表 6-6 和表 6-7 所示。

表 6-6　局部变量名称及属性

变量名称	变量含义	变量类型	变量初始值
START	启动按钮	BOOL	0
STARP_PULSE	中间信号	BOOL	0
POWER_EN	轴变量控制使能	BOOL	0
FWD_EN	前向运动允许	BOOL	1
BWD_EN	后向运动允许	BOOL	1
HOME_EN	原点定位功能块使能	BOOL	0
RESET_EN	复位功能块使能	BOOL	0
HALT_EN	暂停功能块使能	BOOL	0
MOVE_FWD_EN	前向运动使能	BOOL	0
MOVE_BWD_EN	后向运动使能	BOOL	0
POWER_DONE	轴变量可控	BOOL	0
HOME_DONE	原点定位操作完毕	BOOL	0

续表

变量名称	变量含义	变量类型	变量初始值
RESET_DONE	复位操作完毕	BOOL	0
MOVE_FWD_DONE	前向运动完毕	BOOL	0
MOVE_BWD_DONE	后向运动完毕	BOOL	0
POSITION	初始位置	REAL	
HOMING	原点确定模式	SINT	4
P1	前向运动目标位置	REAL	0
P2	后向运动目标位置	REAL	0
V1	前向运动速度	REAL	1.0
V2	后向运动速度	REAL	1.0
A1	前向运动加速度	REAL	5.0
A2	后向运动加速度	REAL	5.0
DEC	减速度	REAL	5
JERK	减减速度	REAL	
HSC_A	高速计数器工作模式	USINT	1
HSC_B	高速计数器参数设置	HSCAPP	
HSC_C	高速计数器状态信息	HSCSTS	
HSC_D	可编程限位开关	PLS(维度[1..1])	
KONG_F	前向运动指令	BOOL	0
KONG_B	后向运动指令	BOOL	0

表 6-7　HSC_B 参数设置

变量名称	变量含义	变量类型	变量初始值
HSC_B.HscID	高速计数器序号	UINT	5
HSC_B.HscMode	计数模式	UINT	6
HSC_B.HPSetting	高预设点	DINT	9999
HSC_B.LPSetting	低预设点	DINT	−9999
HSC_B.OFSetting	上溢出点	DINT	10000
HSC_B.UFSetting	下溢出点	DINT	−10000

在本案例中，对轴变量的操作主要有轴变量控制使能、原点设定、绝对运动控制、暂停操作和复位操作五种。

轴变量在开始各种操作之前需要经过使能驱动。轴变量的使能程序如图 6-10 所示。当启动按钮 START 置位后，上电功能块 MC_Power 的 EN 信号为 TRUE。此时，如果功能块使能信号 POWER_EN 从 FALSE 变为 TRUE，则功能块开始工作，轴变量进行上电处理。如果轴变量上电准备完毕，则 POWER_DONE 信号由 FALSE 变为 TRUE。FWD_EN、BWD_EN 两个信号分别用于设定是否允许轴变量正、反向运动。当 FWD_EN 为 TRUE 时允许轴变量正向（前向）运动，BWD_EN 为 TRUE 时，允许轴变量反向（后向）运动。在本例中，FWD_EN、BWD_EN 两个变量均预先置位为 TRUE。

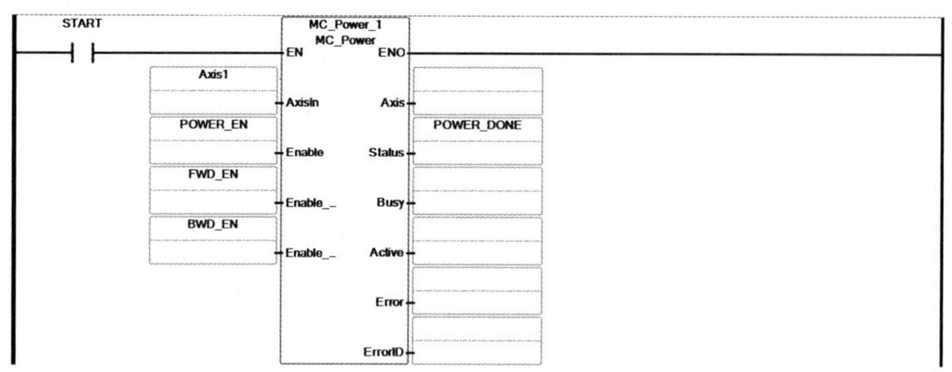

图 6-10　轴变量使能程序

轴变量被驱动使能后，一般需要标定原点位置，用于作为后续运动的参照点。原点位置的标定用归零功能块 MC_Home 实现，其梯形图程序如图 6-11 所示。当轴变量使能完毕，即 POWER_DONE 信号置位为 TRUE 时，如果功能块 MC_Home 的使能信号 HOME_EN 为 TRUE，则开始执行归零（原点标定）操作。其中，HOMING 为归零模式。在本例中 HOMING 设置为 4，即功能块执行完毕后，将电机当下所处位置标定为原点位置。

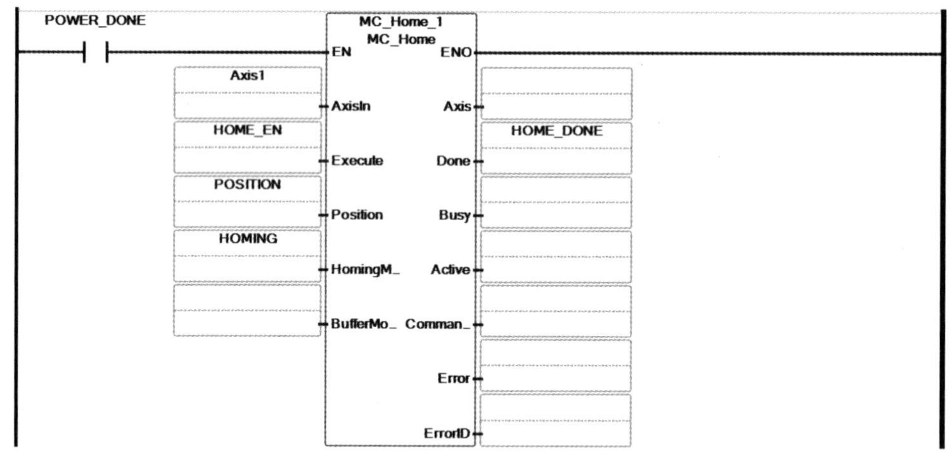

图 6-11　原点标定程序

为了应对轴变量出现的特殊状况，经常需要对轴变量进行暂停和复位操作。暂停和复位操作程序如图 6-12 所示。

在 POWER 模块准备就绪，POWER_DONE 为 TRUE 时，如果将 HALT_EN 置为 TRUE，步进电机执行暂停操作，功能块 MC_Halt 开始工作，直至电机停止运动为止。其中 DEC 和 JERK 为减速度和减加速度。

如果轴变量在操作过程中出现错误，则错误标志将置位，同时轴变量不再响应其他的运动操作指令。如果需要恢复对轴变量的运动控制，需要用到复位功能块 MC_Reset。如果 RESET_EN 值为 TRUE 时，轴变量执行复位操作，相关的错误标志将被清除，轴变量回复正常受控状态。复位操作完成后，RESET_DONE 标志置位为 TRUE。

为了实现往返运动，步进电机应有前进和后退两种操作。两种操作都用 MC_MoveAbsolute 指令块实现，程序如图 6-13 所示。

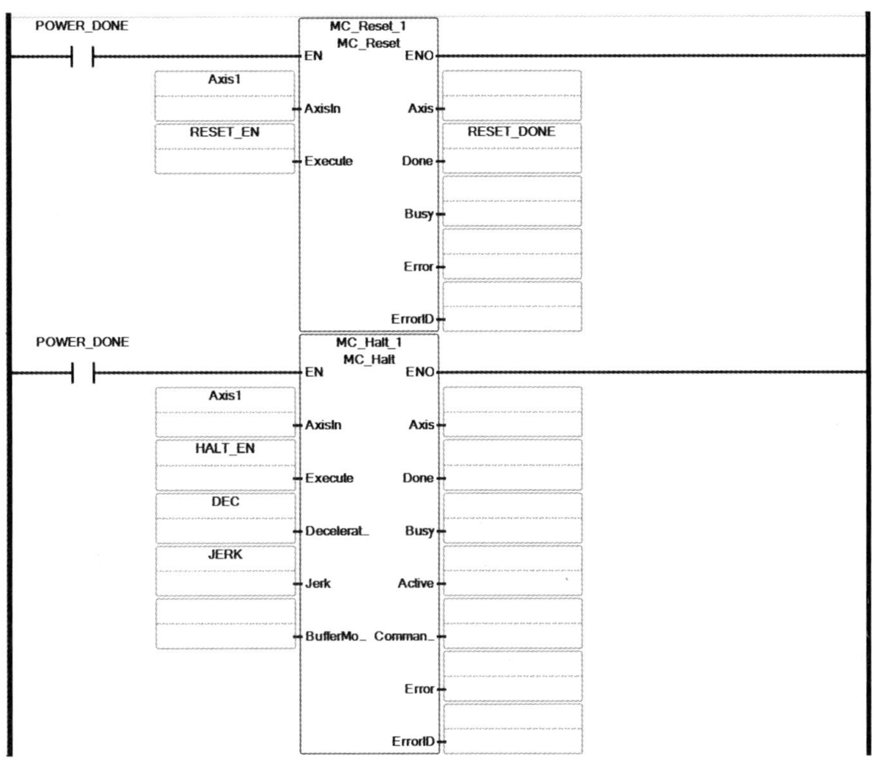

图 6-12　暂停与复位控制程序

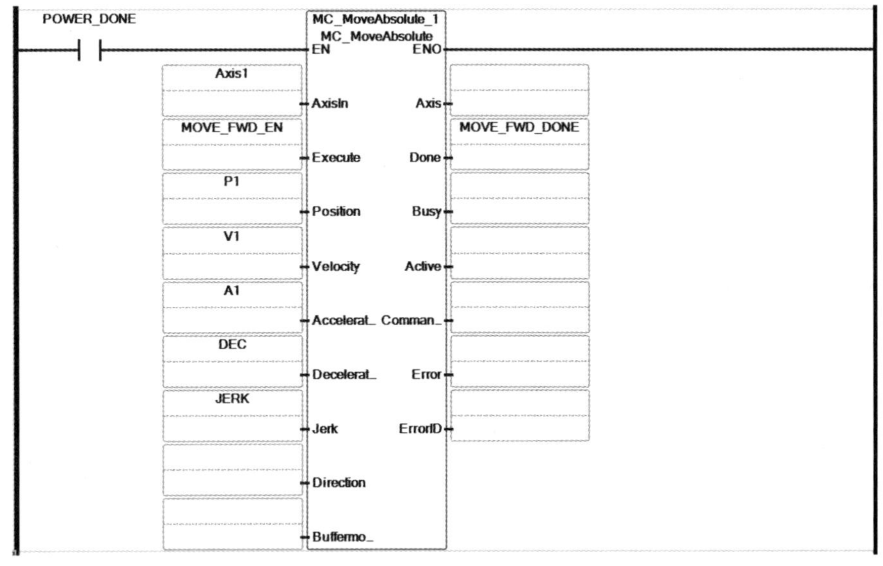

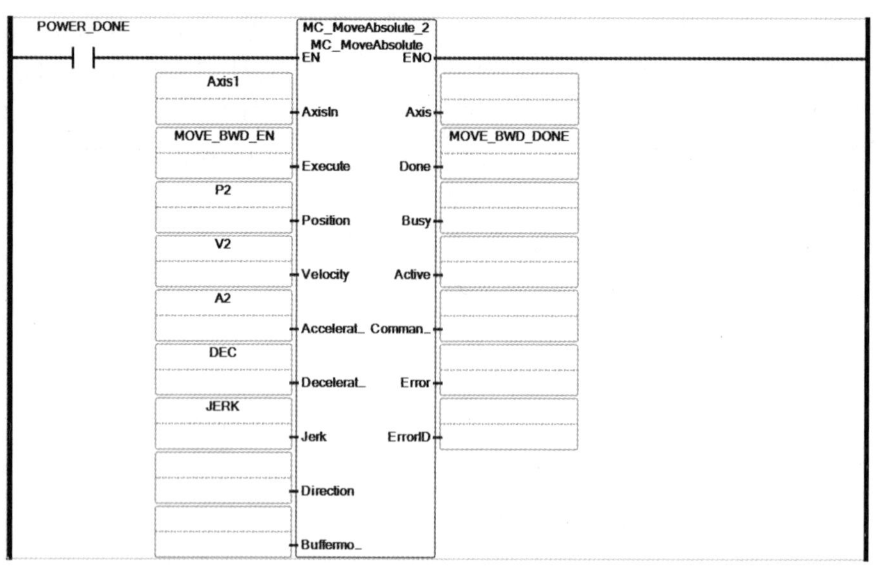

图 6-13 前、后向运动控制程序

当 MOVE_FWD_EN 为 TRUE 时，驱动步进电机向前运动，到达 P1 变量所指示的位置时停止，同时将前向运动结束标志 MOVE_FWD_DONE 置为 TRUE，表示前向运动过程结束。

当 MOVE_BWD_EN 为 TRUE 时，驱动步进电机向后运动，到达 P2 变量所指示的位置时停止，同时将后向运动结束标志 MOVE_BWD_DONE 置为 TRUE，表示后向运动过程结束。

本案例通过对旋转编码器的脉冲进行计数，可以准确检测步进电机转过的角度。高速计数器功能块 HSC 可以用于对旋转编码器的脉冲进行计数，如图 6-14 所示。在本案例中使用了第 6 号高速计数器 HSC05。查询高速计数器的信号输入端口对应表可知，HSC05 的计数输入端口为 I_10 和 I_11。计数器工作模式预先设置为 1，即计数模式，计数模式设置为 6，即正交计数模式。

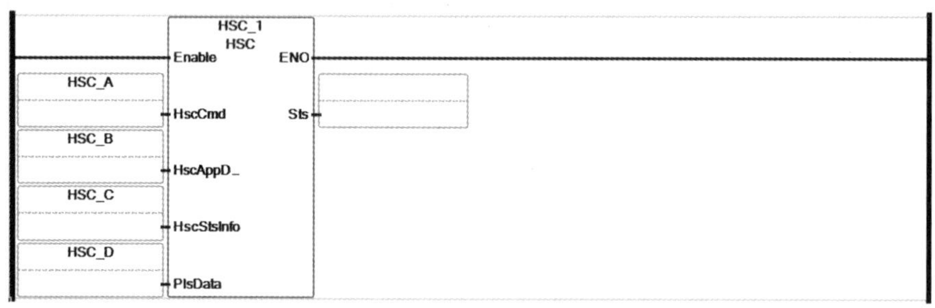

图 6-14 编码器脉冲计数程序

轴变量的启动信号生成过程如图 6-15 所示。当启动按钮信号 START 置位 10 s 后，上电功能块的使能信号 POWER_EN 置位，为轴变量 Axis1 提供使能信号。当 Axis1 轴上电准备完毕后，其操作完成标志 POWER_DONE 由 FALSE 到 TRUE，同时为下一步归零操作提供一个 1 s 的启动脉冲 STARP_PULSE。

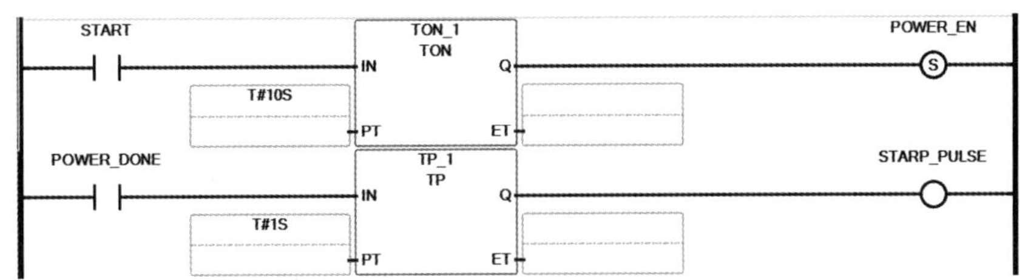

图 6-15　轴变量启动程序

轴变量启动完毕后，首先需要标定步进电机的初始位置，即原点。当 HOME_EN 被置位后，执行归零操作，当 HOME_DONE 为 TRUE 时原点标定完毕。

前向运动和后向运动启动指令分别是 KONG_F 和 KONG_B 两个变量，如图 6-16 所示。

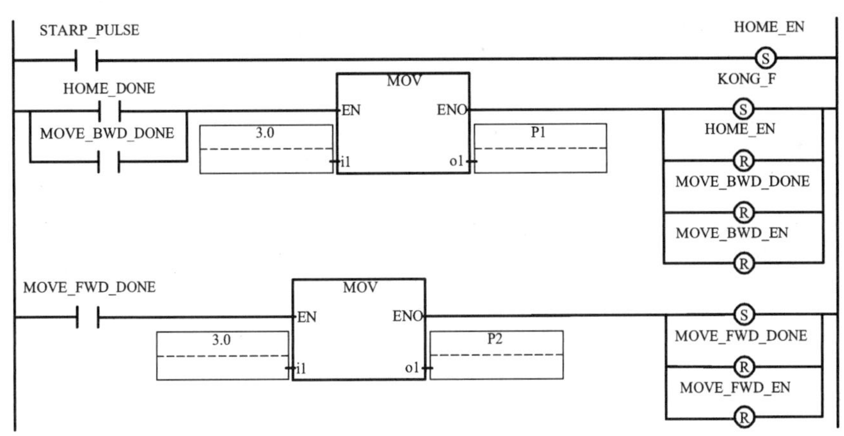

图 6-16　前向、反向运动指令生成程序

前向运动指令 KONG_F 由归零操作完毕信号 HOME_DONE 或后向运动到位信号 MOVE_BWD_DONE 置位，并指定前向运动目标位置 P1，做好向前运动准备。

后向运动指令 KONG_B 由前向运动到位 MOVE_FWD-DONE 置位，并指定后向运动目标位置 P2，做好向后运动准备。

最终的前向运动和后向运动需要通过控制功能块 MC_MoveAbsolute 来完成，即需要为前向绝对运动模块 MC_MoveAbsolute_1 和后向绝对运动模块 MC_MoveAbsolute_2 提供使能信号 MOVE_FWD_EN 和 MOVE_BWD_EN，使能信号产生程序如图 6-17 所示。

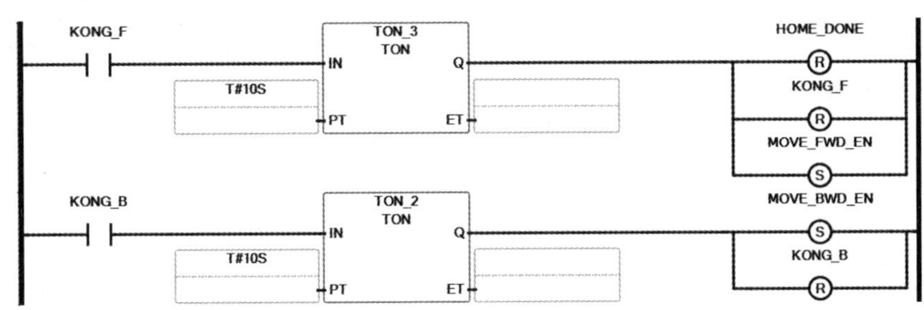

图 6-17　前、后向运动使能信号产生程序

4. 程序下载与调试

程序输入完毕后，经“生成”→“下载”，可以进行运行与调试。调试时打开变量监视器，

给启动按钮 START 强制赋值为 TRUE 后，可以开始观察程序运行状态和相应的同步带运动过程，如图 6-18 所示。

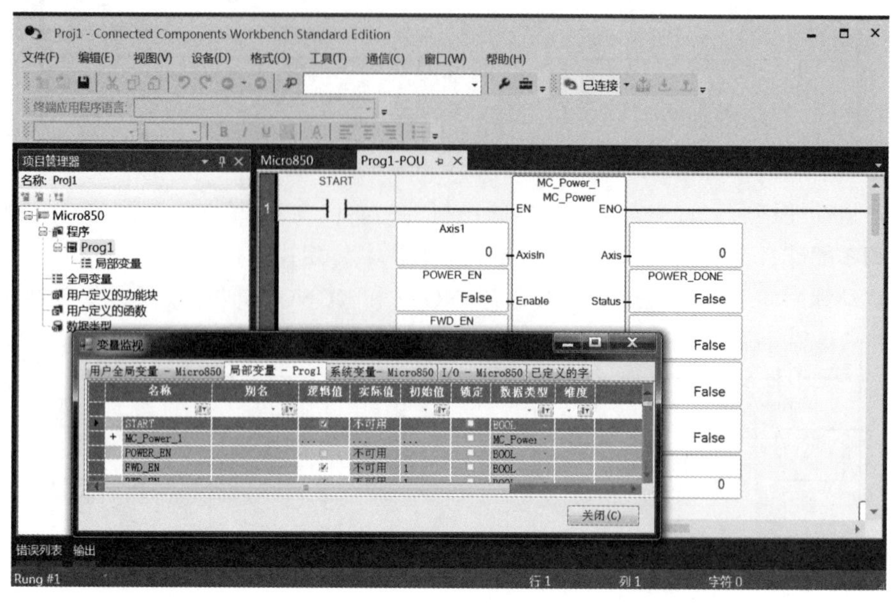

图 6-18　启动按钮赋值

6.3　滚珠丝杆控制

6.3.1　实验装置简介

滚珠丝杠作为常用的传动元件，可以将旋转运动转换成直线运动，具备高精度、可逆性和高效率的特点，被广泛应用于各种工业设备和精密仪器中。利用交流电机驱动丝杠，带动滑块左右移动，并配备编码器来反馈当前转动情况，组成闭环回路，达到精准控制。本案例使用的实验装置如图 6-19 所示。

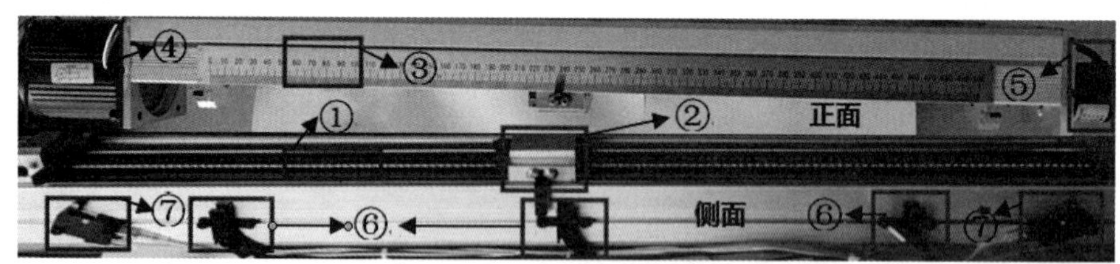

图 6-19　滚珠丝杆控制实验对象

图 6-19 所示装置由①滚珠丝杆、②滑块、③标尺、④感应电机、⑤编码器、⑥光电开关和⑦微动开关等设备组成。感应电机驱动滚珠丝杆运行，带动滑块移动，标尺标定滑块的位置，变频器控制感应电机的旋转速度；为了准确检测丝杆的运动位移，实验装置在右侧安装了编码器，用于检测丝杠转动的圈数；光电开关检测滑块左移/右移的限制位置（软限位）；为了防止丝杠带动滑块移动超出极限位置，两端安装了微动开关（硬限位）通过变频器控制感应电机的停止。

6.3.2 主要部件的型号与参数

1. 滚珠丝杆

滚珠丝杆采用单线式，导程 4 mm，即丝杠转一圈带动滑块左/右直线移动 4 mm。

2. 感应电机及其驱动

感应电机采用江苏欧邦 3IK15A-C，其基本参数如表 6-8 所示。

表 6-8 感应电机主要技术参数

类型	输出功率 /W	电压 /V	频率 /Hz	极数	额定速度 /(r/min)	启动转矩 /(kg · cm)	额定转矩 /(kg · cm)	额定电流 /A	电容器 /μF
圆轴	15	1(Φ220)	50/60	4	1 250/1 550	0.95	1.18	0.16	1.2/450 V

本案例感应电机是由罗克韦尔变频器 PFx525 驱动，型号为 25B-A4P8N104，采用以太网控制，需设置变频器“P46=5”“P47=15”等参数，具体说明参考第 5.3 节内容。

3. 旋转编码器

旋转编码器采用 AB 相增量式光电旋转编码器，型号为 LPD3806-360BM-G5-24C。该编码器有 4 个接线端，其中 2 个脉冲输出端，1 个 COM 端，1 个电源端，采用 OC 门输出，具体说明参考第 6.2.2 节内容。

4. 光电传感器和微动开关

光电传感器采用 U 槽 T 型传感器，型号为 EE-SX672A，NPN 型输出。该光电传感器有 4 个接线端，分别是电源“+”端，电源“–”端，L 端，信号 OUT 端，具体说明参考第 6.2.2 节内容。

微动开关采用滚轮式铰链杆型单刀双掷微动开关，型号为 OMRON V-155-1C25。该微动开关有 3 个接线端，其中 1 个常闭触点 NC 端，1 个常开触点 NO 端，1 个 COM 端，如图 6-20 所示。利用移动滑块碰压微动开关而使其触点动作发出指令，常闭触点 NC 断开，常开触点 NO 闭合。

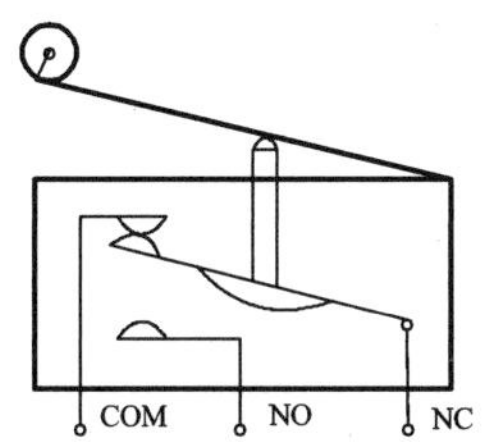

图 6-20 微动开关示意图

6.3.3 实验装置与 PLC 的连接

实验装置被控设备是感应电机，主要通过 PLC 向变频器发出命令驱动感应电机正转、反转和停止；图形终端用来设置、显示滑块定位及当前位置，给出回零、启动操作命令。按图

6-21 连接 2080-LC50-48QBB 控制器、PanelView 800 2711R-T7T 图形终端和 PowerFlex 525 变频器，采用以太网通信模式。

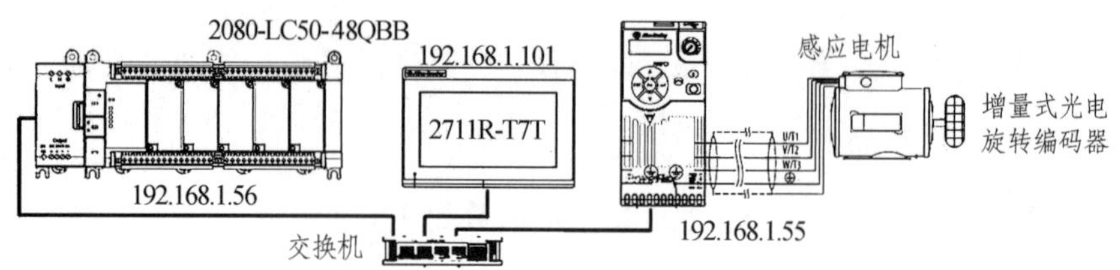

图 6-21　控制器、图形终端和变频器的连接

实验装置中的检测设备是编码器、光电传感器和微动开关：

（1）编码器有 A、B 两相脉冲输入信号，供 PLC 的高速计数器计数与判断方向之用，分别与 PLC 输入端口 I-06 和 I-07 连接，采用 HscID=3 编号，PLC 采用灌入型输入接线方式。

（2）3 个 NPN 型光电传感器提供 3 个输入信号，作为左、中、右限位信号，用于判断滑块位置，分别与 PLC 输入端口 I-02、I-03 和 I-04 连接，PLC 采用拉出型输入接线方式。

（3）2 个微动开关提供 2 个输入信号，2 个常闭触点串联后与变频器数字输入端子 01（停止）、11（24 V+）连接，控制变频器停止运行，从而防止丝杠带动滑块移动超出左右两侧的极限位置，起到硬限位保护作用。

输入/输出设备的电源均由 PLC 提供，分别接到 PLC 输入端口和输出端口的 24 V 直流电源端。

实验装置与 PLC 的连接示意图如图 6-22 所示。

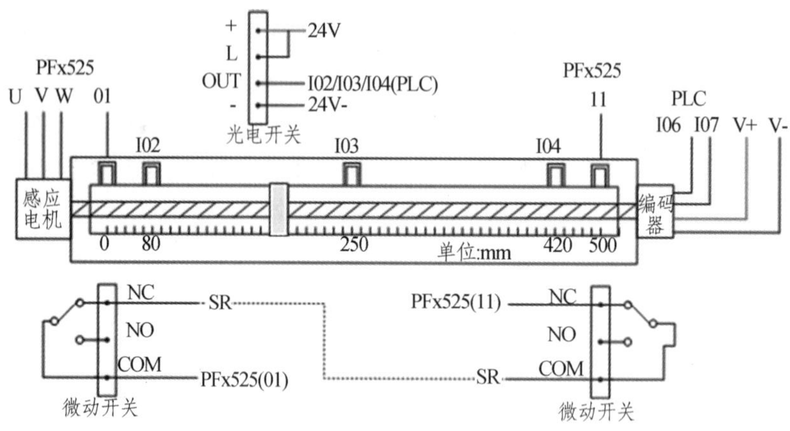

图 6-22　实验装置与 PLC 连接示意图

6.3.4　控制系统编程

本案例的控制要求是：PLC 控制变频器通过以太网驱动感应电机，使得丝杆转动并带动滑块在左右两个端点之间进行往复定位运动，滑块移动的目标位置值在图形终端上设置。控制系统的程序设计过程如下。

1. 控制器参数的初始设置

（1）以太网的网址设置。PLC、变频器、HMI 的以太网 IP 地址设置与局域网（RSlink）内个人计算机的网址要保持一致。

（2）嵌入式 I/O 的滤波时间常数设置。可编程控制 I06 及 I07 输入端口接收旋转编码器发出的计数脉冲，需在输入筛选器中设置输入时间常数为 DC 5 μs，保证输入端口有足够快的速度识别高速脉冲。

2. 功能块

编程需要用到的功能块如表 6-9 所示。详细的功能块的参数含义及其使用方法参见第 3 章指令系统。

表 6-9 功能块名称及功能

功能块名称	功能块作用
ABS	绝对值指令
DERIVATE	微分指令，位移的导数计算速度
ANY_TO_REAL	转换为实数，读取的脉冲数-整型转换为实数型，用于加减乘除计算
MOV	赋值指令
HSC	高速计数器，对旋转编码器传送的两相脉冲进行计数
R_TRIG	0 到 1 产生脉冲

3. 变量

HSC 功能块所用到的部分局部变量名称及属性如表 6-10 所示，程序所用到的全变量名称及属性如表 6-11 所示。

表 6-10 HSC 功能块参数设置

变量名称		变量类型	变量初始值	描述
HSC_a		UDINT	1	启动运行 HSC 机制，HSC 计数
HSC_b	HSC_b.HscID	UINT	3	HSC 编号，计数输入为 I06、I07
	HSC_b.HscMode	UINT	6	HSC 计数模式（正交计数器：带相位输入 A 和 B）
	HSC_b.HPSetting	DINT	999 999 999	HSC 高预设值
	HSC_b.LPSetting	DINT	−999 999 999	HSC 低预设值
	HSC_b.OFSetting	DINT	1 000 000 000	HSC 上溢出设置值
	HSC_b.UFSetting	DINT	−1 000 000 000	HSC 下溢出设置值

表 6-11　全局变量名称及属性

变量名称	变量类型	变量初始值	描　述
PFx_IP	STRING	'192.168.1.55'	变频器以太网 IP 地址
Start	BOOL		变频器启动
Stop	BOOL		变频器停止
Fwd_start	BOOL	0	变频器正转
Rev_start	BOOL	0	变频器反转
Speed_PFx	REAL		变频器运行速度（Hz）
AccTime	REAL	0.1	变频器加速时间（s）
DecTime	REAL	0.1	变频器减速时间（s）
HSC_Acc	REAL		滑块移动时的高速计数器脉冲数
HSC_Acc_A	REAL		高速计数器当前脉冲
HSC_Acc_B	REAL		高速计数器上一次脉冲
S_Initial	REAL	80.0	设置滑块零点位置（mm）
S_Target	REAL		滑块的目标位置
S_Location	REAL		滑块的当前位置
S_Move	REAL		当前滑块移动的距离
Speed_Screw	REAL		丝杆转动的速度
Button_Left	BOOL		回零点操作的左移按钮
Button_Stop	BOOL		回零点操作的停止按钮
Button_Right	BOOL		回零点操作的右移按钮
QiDong	BOOL		定位控制的启动按钮

4. 变频器控制

本案例采用变频器 PFx525 来控制感应电机的旋转速度，驱动滚珠丝杆的运行，从而带动滑块左右移动。通过以太网，变频器接收 PLC 发出的命令信号，进行启动 Start、停止 Stop、正转 Fwd_start 以及反转 Rev_start 控制。

（1）变频器面板设置：“启动源 1” P046=5、“速度基准值 1” P047=15、“EN 地址选择” C128=2、“ENIP 地址配置” C129=192，C130=168，C131=1，C132=55。

（2）采用自定义功能块指令“RA_PFX_ENET_SYS_CMD”实现 PLC 对变频器的控制，通信方式为 Ethernet/IP，如图 6-23 所示，该功能块参数设置如表 6-11 所示。

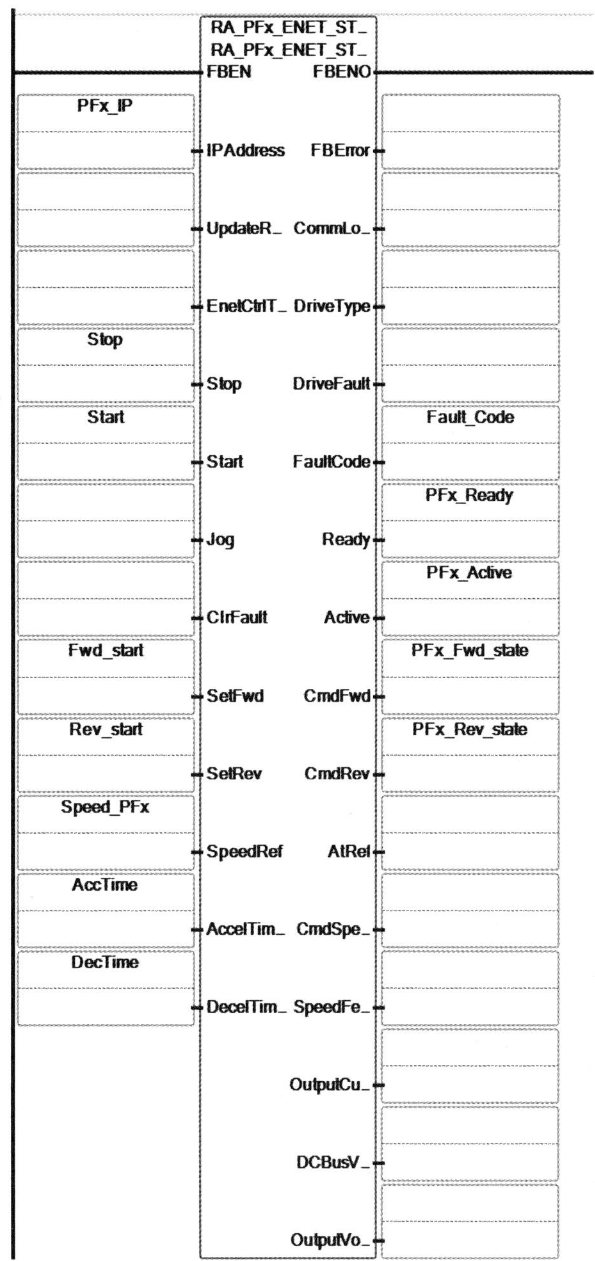

图 6-23　自定义功能块

变频器正转速度为 10.0 Hz，带动滑块左移。变频器反转速度为 8.0 Hz，带动滑块右移，如图 6-24 所示。

左限位光电开关（1变0），停止滑块移动M0

_IO_EM_DI_02 —|N|— M0

右限位光电开关（1变0），停止滑块移动M1

_IO_EM_DI_04 —|N|— M1

停止滑块移动，变频器停止（1. 按停止按钮；2. 左限位光电开关；3. 右限位光电开关；4. 左移到达目标位置；5. 右移到达目标位置）

Button_Stop P
M0
M1
M_Left_Stop
M_Right_Stop
Stop S
Start R
Fwd_start R
Rev_start R

滑块右移，变频器REV，速度8Hz（1. 按右移按钮Button_Right；2. M_Right）

Button_Right P
M_Right
MOV
EN ENO
8.0 i1 o1 Speed_PFx
Start S
Stop R
Fwd_start R
Rev_start S

图 6-24　变频器控制

5. 高速计数器功能块 HSC

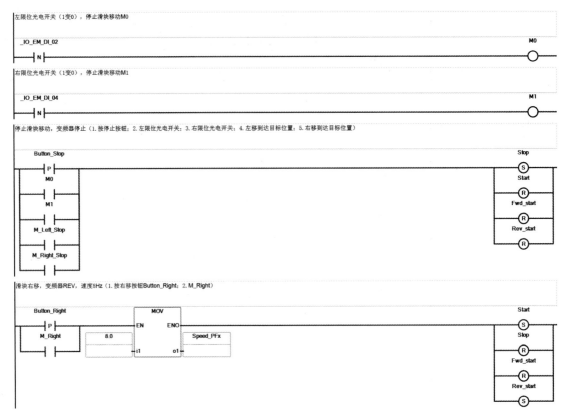

通过高速计数器功能块 HSC 对旋转编码器的脉冲进行计数，可以准确检测滑块的位置，如图 6-25 所示。本案例中 PLC 接收脉冲信号的输入端口为 I06、I07，使用 HSC03 高速计数器。计数器工作模式预先设置为 1，即计数模式，计数模式设置为 6，即 AB 正交计数模式。HSC 功能块参数设置如表 6-10 所示。

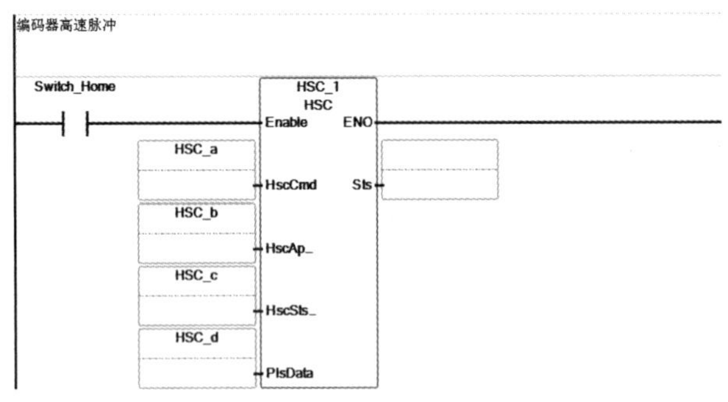

图 6-25　编码器脉冲计数模块

6. 滑块位置

丝杆转动一圈则前进 4 mm，编码器发出 360 个脉冲，读取各阶段高速计数器的计数值 accumulator 转换成实数后经处理即可获得滑块的当前位置和移动位置，如图 6-26 所示。滑块的当前位置是指距离零刻度（左侧微动开关处）的位置，即 $\frac{\text{Hsc\_Acc\_A}}{90.0}+80.0$，其中滑块的零点位置 S_Initial（80.0）是指左侧光电开关处的标尺刻度，也是滑块初始运行位置。滑块的移动位置 S_Move 需要读取两个阶段的高速计数器计数值，即 $\frac{\text{Hsc\_Acc\_A}-\text{Hsc\_Acc\_B}}{90.0}$。

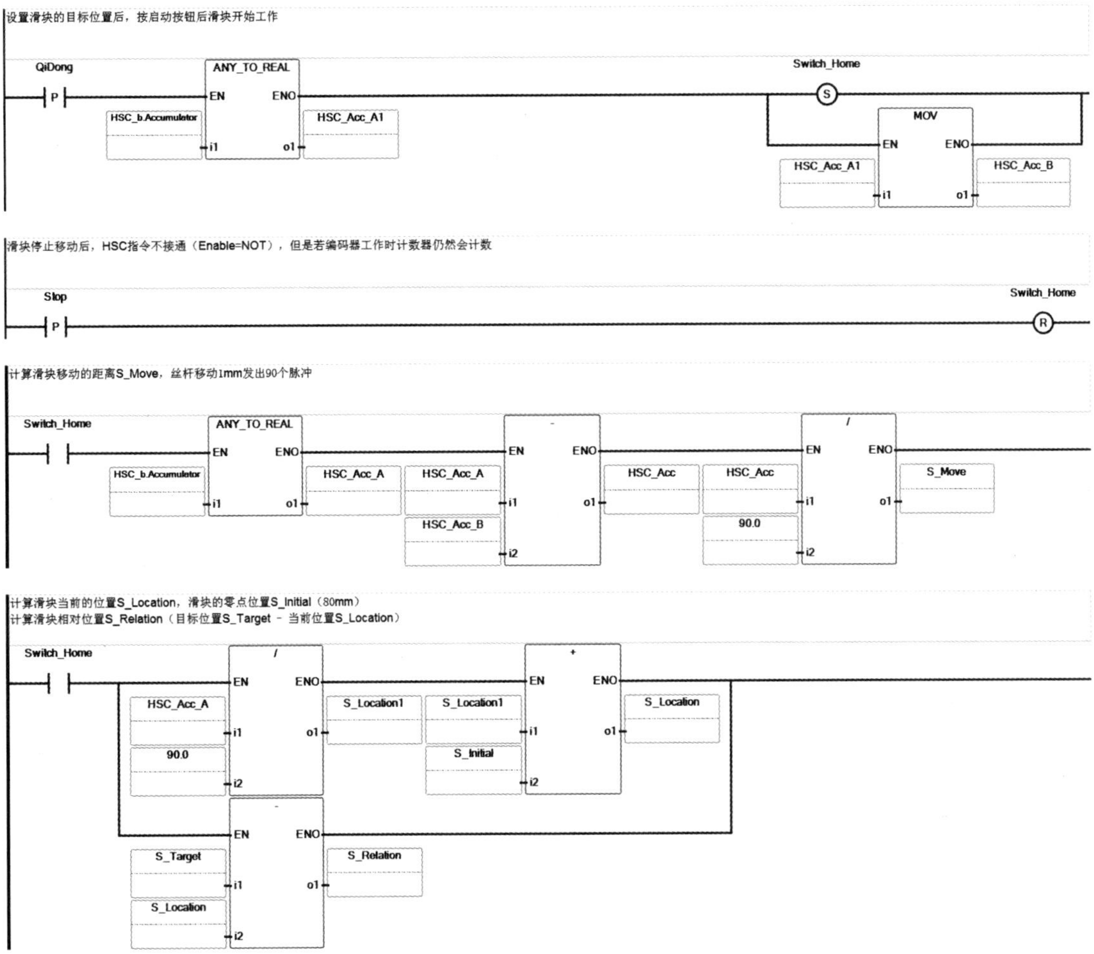

设置滑块的目标位置后，按启动按钮后滑块开始工作

QiDong P　ANY_TO_REAL EN ENO　HSC_b.Accumulator i1　o1 HSC_Acc_A1　Switch_Home (S)　MOV EN ENO　HSC_Acc_A1 i1　o1 HSC_Acc_B

滑块停止移动后，HSC指令不接通（Enable=NOT），但是若编码器工作时计数器仍然会计数

Stop P　Switch_Home (R)

计算滑块移动的距离S_Move，丝杆移动1mm发出90个脉冲

Switch_Home　ANY_TO_REAL EN ENO　HSC_b.Accumulator i1　o1 HSC_Acc_A　- EN ENO　HSC_Acc_A i1　HSC_Acc_B i2　o1 HSC_Acc　/ EN ENO　HSC_Acc i1　90.0 i2　o1 S_Move

计算滑块当前的位置S_Location，滑块的零点位置S_Initial（80mm）
计算滑块相对位置S_Relation（目标位置S_Target - 当前位置S_Location）

Switch_Home　/ EN ENO　HSC_Acc_A i1　90.0 i2　o1 S_Location1　+ EN ENO　S_Location1 i1　S_Initial i2　o1 S_Location
- EN ENO　S_Target i1　S_Location i2　o1 S_Relation

图 6-26　滑块位置计算

7. 丝杆速度

丝杆转动的速度可以通过对滑块实时移动位置 S_Move 进行微分运算得到，单位为 mm/s，如图 6-27 所示。

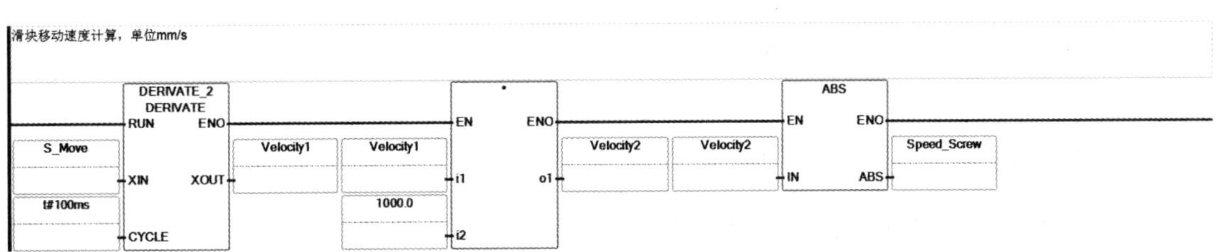

图 6-27　丝杆转动速度

8. 回零点操作

滑块定位移动前需进行回零点操作：左移至左限位关电开关处（I02），即零点位置 S_Initial。采用系统全局变量_SYSVA_FIRST_SCAN（初始化脉冲，PLC 运行时接通一个扫描周期）控制变频器启动 Start、正转 Fwd_start，驱动丝杆带动滑块左移，如图 6-25 所示。本案例同时设计了 Button_Left、Button_Stop、Button_Right 手动操作。回零点操作不控制高速计数器计数。

9. 滑块左移/右移

触摸屏设定的滑块目标位置大于滑块当前位置，滑块右移。目标位置和当前位置相差 1 mm，滑块停止移动，如图 6-28 所示。

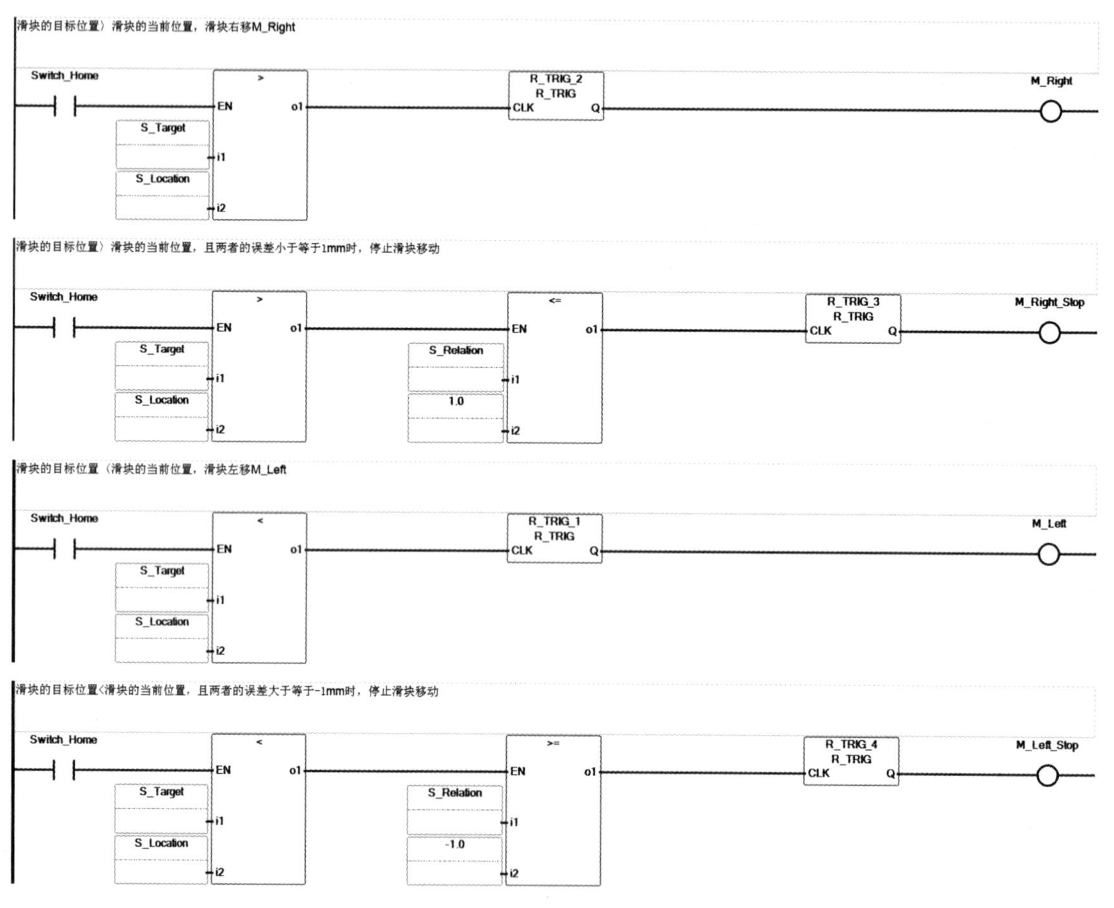

图 6-28　滑块左移、右移

触摸屏设定的滑块目标位置小于滑块当前位置，滑块左移。目标位置和当前位置相差 1 mm，滑块停止移动，如图 6-28 所示。

10. 图形终端

图 6-29 所示为图形终端设计画面，终端画面上添加 14 个图形控件，创建外部标签，设置控件属性及链接标签如表 6-12 所示。

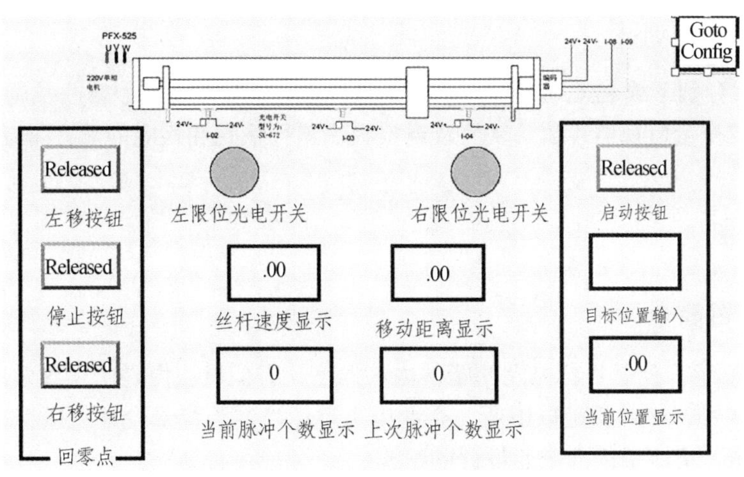

图 6-29　图形终端画面

表 6-12　PVC 的控件属性及外部标签

工具箱分类	控件名称	属性	连接标签名称	PLC 全局变量	描　述
输入	瞬态按钮	写标签	Button_Left	Button_Left	回零点左移按钮
	瞬态按钮	写标签	Button_Stop	Button_Stop	回零点停止按钮
	瞬态按钮	写标签	Button_Right	Button_Right	回零点右移按钮
	瞬态按钮	写标签	QiDong	QiDong	启动按钮
	数据输入	写标签	S_Target	S_Target	滑块目标位置输入
显示	数据显示	读标签	S_Location	S_Location	滑块当前位置显示
	数据显示	读标签	S_Move	S_Move	滑块移动位置显示
	数据显示	读标签	Speed_Screw	Speed_Screw	丝杆当前速度显示
	数据显示	读标签	Speed_Screw	Speed_Screw	丝杆当前速度显示
	数据显示	读标签	Hsc_Acc_A	Hsc_Acc_A	编码器当前脉冲个数显示
	数据显示	读标签	Hsc_Acc_B	Hsc_Acc_B	编码器上一次脉冲个数显示
绘图工具	椭圆形	可见性标签	Output_02	_IO_EM_DI_02	左限位光电开关状态
	椭圆形	可见性标签	Output_04	_IO_EM_DI_04	右限位光电开关状态
	图像				自定义图片
进阶	Goto Config				回终端设置

（1）回零点：3 个手动按钮，实现变频器的正转、反转和停止，控制电机驱动丝杆带动滑块左右移动。定位操作前，需先将滑块移动到初始位置，即左侧光电开关处，按左移按钮。

（2）定位移动：滑块的目标位置、启动按钮。图形终端上设置好滑块的目标位置后，按启动按钮进行控制。

（3）显示：电机编码器发出的脉冲个数、滑块移动的距离及速度、滑块的当前位置、左右两侧光电开关的状态。

11. 程序下载与调试

验证通过后分别下载 PLC 控制程序和终端应用程序，反复运行、修改及调试。调试时可以通过图形终端或变量监视器设置、赋值及观察程序运行状态和相应的丝杆带动滑块移动过程。

6.4 温度控制

6.4.1 实验装置简介

如图 6-30 所示，控制目标是左侧罐体内的温度，右侧机箱内是由半导体制冷片及散热风扇构成的制冷装置。该对象是以工业、企业中央空调控制为背景设计的适合于教学使用的过程控制系统模型，精简了标准工业设计的结构。

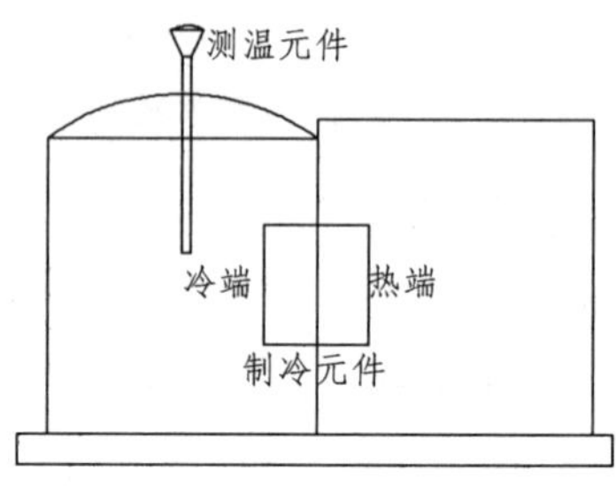

图 6-30 温度控制实验装置

制冷元件为半导体制冷片，工作电压为 12 V 直流。半导体制冷片是一种热泵，当一块 N 型半导体材料和一块 P 型半导体材料联结成的热电偶中有电流通过时，两端之间就会产生热量转移，热量就会从一端转移到另一端，从而产生温差，形成冷热端。在冷端和热端分别加装导热铜管和风扇，可以加快热量传递。制冷功率的控制采用固态继电器，固态继电器导通，启动半导体制冷和风扇，固态继电器截止，半导体制冷和风扇停止工作。

温度测量采用 PT100 热电阻温度传感器，传感器信号经过变送器，将 0 ~ 100 °C 的温度转换为 0 ~ 10 V 的电压信号。

实验电路及模块实物如图 6-31 ~ 图 6-33 所示。

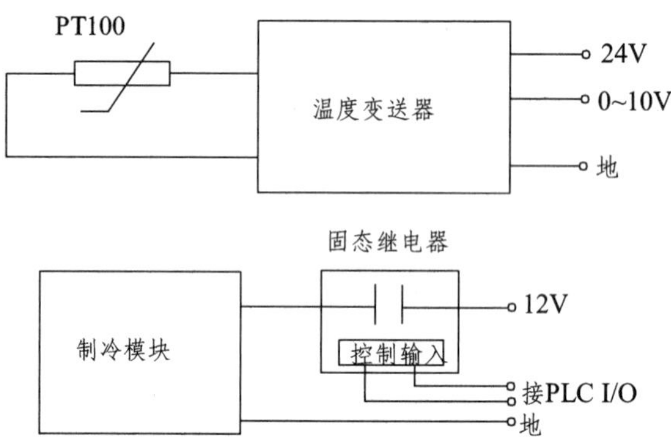

图 6-31 温度检测电路和制冷控制电路

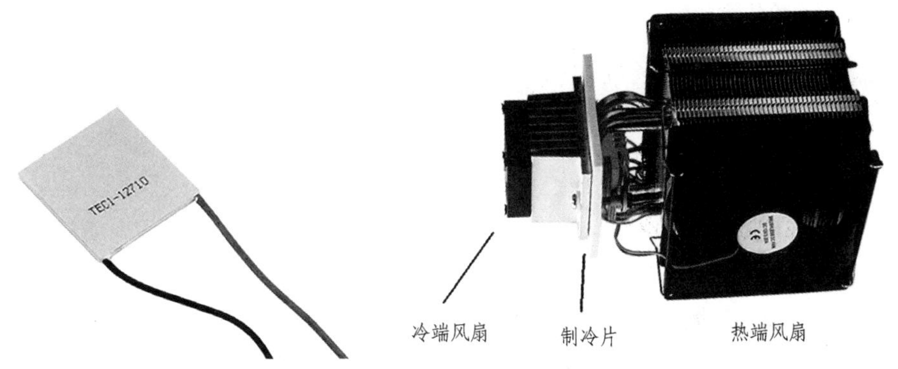

图 6-32　半导体制冷片及由制冷片和风扇组成的制冷模组

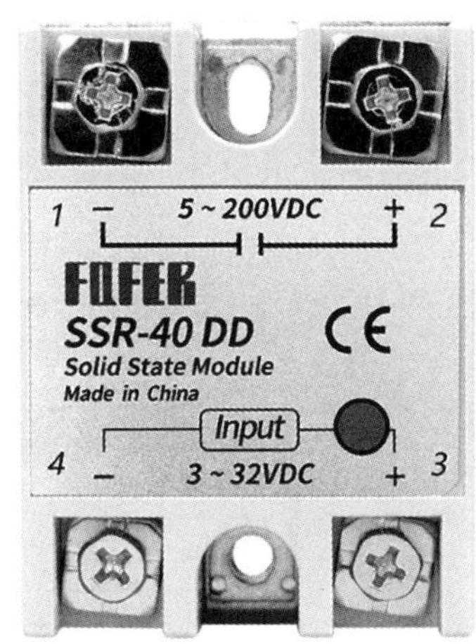

图 6-33　固态继电器

6.4.2　实验装置与 PLC 的连接及控制原理

本实验所需的实验设备包括：温度风冷过程控制被控对象、2080-LC20-20QBB、工业触摸屏 2711R-T7T。

温度变送器输出的 0 ~ 10 V 电压信号（对应 0 ~ 100 °C 的温度信号）接入 2080-LC20-20QBB 的 I-00，作为 PLC 的模拟量输入，AD 转换以后的数字量范围为 0 ~ 4095。所以转换后的模拟量值除以 40.95 即为温度值。

固态继电器的 1、2 端为一个可控开关，可以接通和断开制冷元件的 12 V 工作电源，控制端 3、4 与固态继电器的输出 1、2 端之间有光电隔离电路，可以直接接 PLC 的开关量输出 O-00，通过 PLC 控制其通断。

工业触摸屏通过以太网和 PLC 连接，在触摸屏上可以显示当前温度值、设定温度目标值及控制参数。为提高控制精度，采用温度反馈闭环控制，控制周期取 60 s，通过控制 60 s 内固态继电器的导通时间来调整制冷功率。控制量，即固态继电器的导通时间，由 PI 控制算法计算。

6.4.3 控制系统编程

本案例的控制要求是：通过 PLC 采集并控制实验装置内的温度，使之恒定在温度设定值。控制系统的程序设计过程如下。

1. 新建控制项目

打开 CCW，点击菜单“文件→新建”，在弹出框的项目名称输入框里输入项目名“Temperature PIDControl”，新建一个项目文件。在工具箱展开控制器选项，双击“2080-LC20-20QBB”选项添加控制器，设置控制器的 IP 地址和子网掩码，与局域网内的 PLC 的 IP 地址要保持一致。

2. 编写控制程序

1）自定义功能块

系统中的 PWM 块的最低频率为 1 Hz，不满足要求周期为 60 s 的要求，需要自定义功能块。在用户自定义功能块处单击右键“添加”梯形图，如图 6-34 所示，将其改名称为 MyPWM。在用户自定义功能块 MyPWM 处单击右键，选择参数，在如图 6-35 所示界面中设置自定义模块的输入参数、局部变量和输出变量，自定义模块中的各变量名及属性如表 6-13 所示。功能块实现程序如图 6-36 所示。

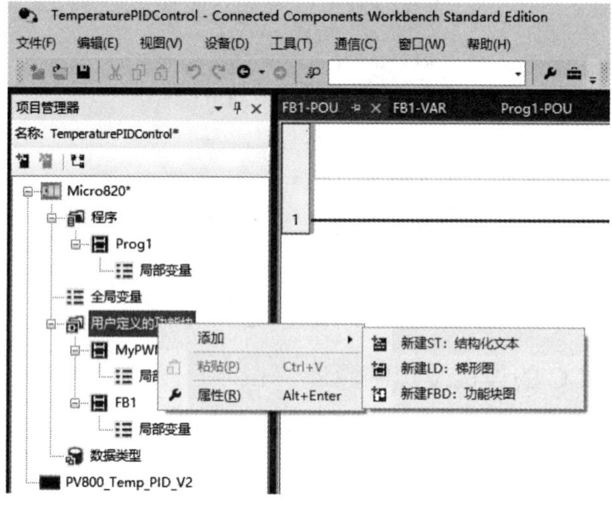

图 6-34　自定义功能块 MyPWM

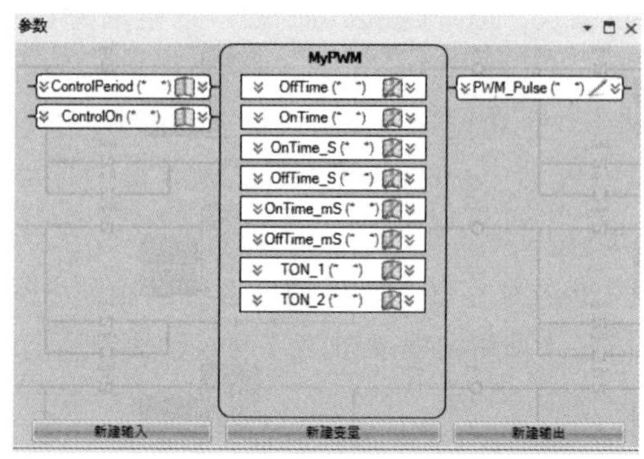

图 6-35　自定义功能块参数设置

表 6-13　自定义功能块中的局部变量名称及属性

变量名称	变量含义	变量类型	变量初始值
ControlPeriod	PWM 信号周期	DINT	
ControlOn	控制开关打开的时间	DINT	
OffTime	开关关闭的时间	TIME	
OnTime	开关打开的时间	TIME	
OnTime_S	开关打开的时间（秒）	DINT	
OffTime_S	开关关闭的时间（秒）	DINT	
OnTime_mS	开关打开的时间（毫秒）	DINT	
OffTime_mS	开关关闭的时间（毫秒）	DINT	
TON_1	高电平时间定时器	TON	
TON_2	低电平时间定时器	TON	
PWM_Pulse	输出脉宽调制信号	BOOL	FALSE

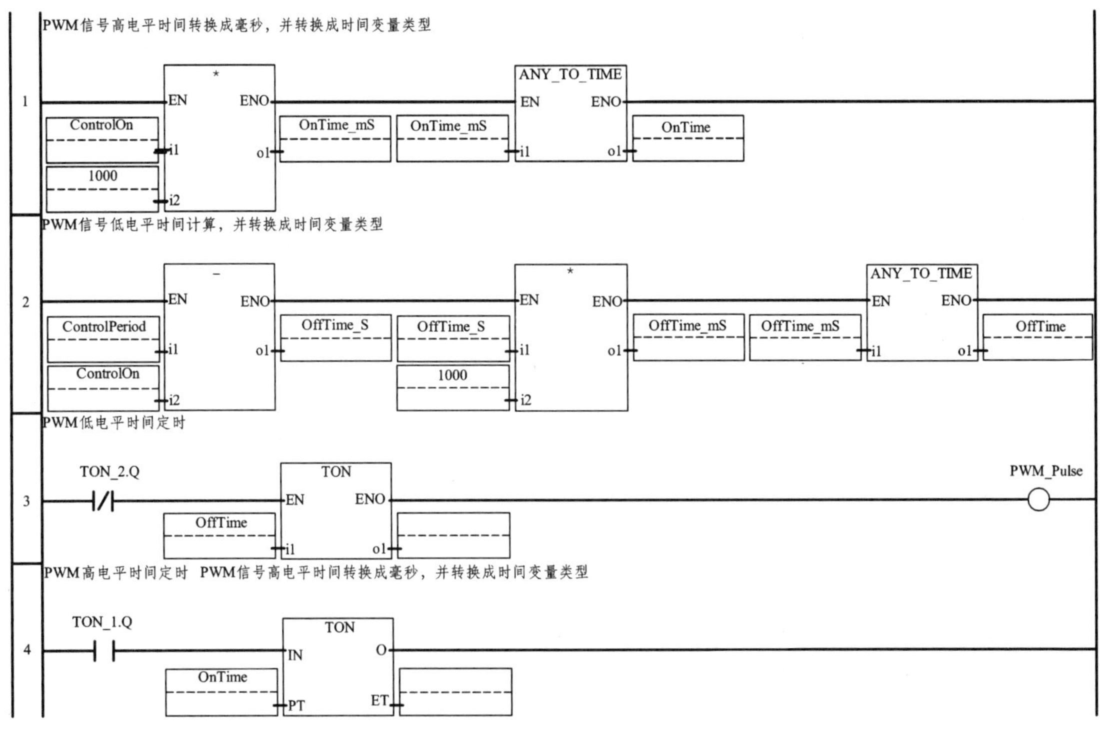

图 6-36　自定义功能块程序

自定义功能块的功能是控制一个控制周期内的制冷控制开关的打开时间。第一步，程序将高电平的时间转换为 TIME 型变量；第二步，计算出输出低电平的时间并转换为 TIME 型变量，ANY_TO_TIME 功能块将以毫秒为单位的变量转换为 TIME 变量；第三步和第四步，分别利用 TON 功能块实现低电平时间和高电平时间的定义，功能块的输出即为周期固定、脉宽可调的 PWM 波。

2）主程序编写

右击“程序”标签，新建梯形图用户程序 Prog1。编程需要用到的功能块如表 6-14 所示。

表 6-14　功能块名称及功能

功能块名称	功能块作用
IPIDCONTROLLER	比例-积分-微分控制器
TON	通电延时计时器指令
LIMIT	将整形值限制为给定的间隔
ANY_TO_REAL	将值转换为实型值
ANY_TO_DINT	将值转换为双整数值
ANY_TO_TIME	将非时间值转换为时间值
DIVISION	除法指令
SUBTRACTION	减法指令
MULTIPLICATION	乘法指令
MOV	赋值指令
MyPWM	自定义功能块

程序所用到的变量名称及属性如表 6-15 所示。

表 6-15　变量名称及属性

变量名称	变量含义	变量类型	变量初始值
Start_Button	启动按钮	BOOL	0
Stop_Button	停止按钮	BOOL	0
IsOnRun	是否正在运行状态	BOOL	0
IsOnStop	是否停止状态	BOOL	1
Temprature	当前温度测量值	REAL	0
Target_Temp	目标温度值	REAL	25
TError	温度误差	REAL	0
ControlValue	PID 控制器输出的控制量	REAL	0
PID_Kc	PID 的比例增益	REAL	50
PID_Ti	PID 的积分时间常数	REAL	20
MyGainPID	PID 控制器的增益参数	GAIN_PID	0

温度控制主程序如图 6-37 所示，Start_Button 和 Stop_Button 分别控制系统进入运行和停止状态。然后从_IO_EM_AI_00 读入温度采样值，转换成 REAL 型后，除以 40.95，即为温度的测量值，单位是°C。如果系统处于运行状态，就启动控制，功能块 IPIDCONTROLLER 根据温度目标值、温度实测值及 PID 控制参数，计算输出控制量。经过类型转换，限幅运算后，输出大小为 0 ~ 60 的控制量到 MyPWM，自定义功能块输出 PWM 波到 PLC 开关量输出_IO_EM_DO_00，控制固态继电器的导通和关断。

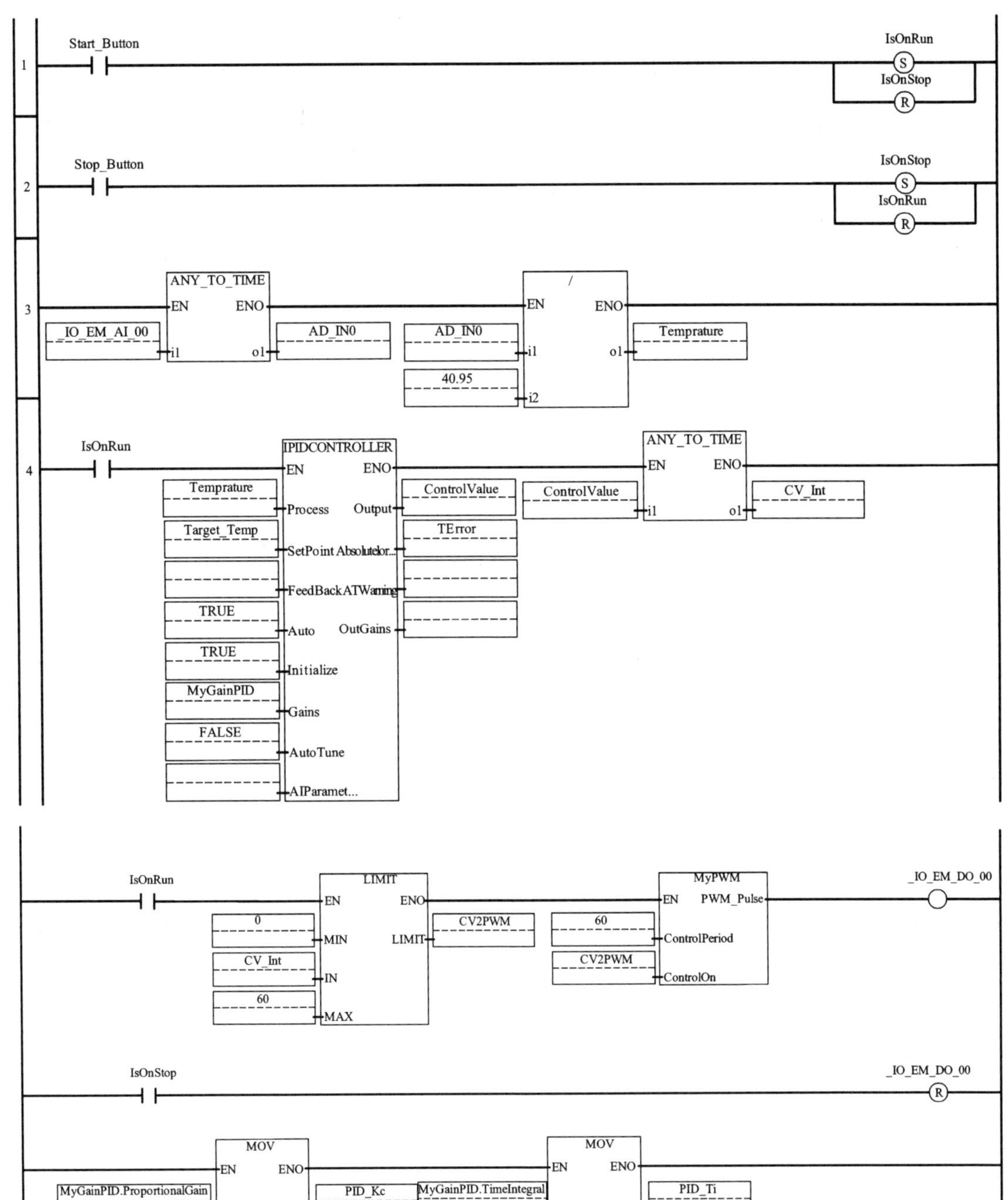

图 6-37　温度控制主程序

PID 参数存放在 MyGainPID 结构体中，将 PI 控制器用到的比例系数和积分时间常数提取出来，赋给变量 PID_Kc 和 PID_Ti，以便在触摸屏上修改控制参数。

3）触摸屏人机界面

在触摸屏设计程序中，建立标签表（见图 6-38）。并将各标签与 PLC 中的相对应的全局相关联。触摸屏界面如图 6-39 所示。

标签名称	数据类型	地址	控制器	描述
Cur_Temp	Real	Temprature	PLC-1	当前温度值
Target_Temp	Real	Target_Temp	PLC-1	目标温度值
StartWork	Boolean	Start_Button	PLC-1	启动运行
StopWork	Boolean	Stop_Button	PLC-1	停止运行
IsOnRun	Boolean	IsOnRun	PLC-1	正在运行状态
IsOnStop	Boolean	IsOnStop	PLC-1	停止状态
Error	Real	TError	PLC-1	温度误差
Kc	Real	MyGainPID.ProportionalGain	PLC-1	比例系数
Ti	Real	MyGainPID.TimeIntegral	PLC-1	积分时间常数

图 6-38 触摸屏标签表

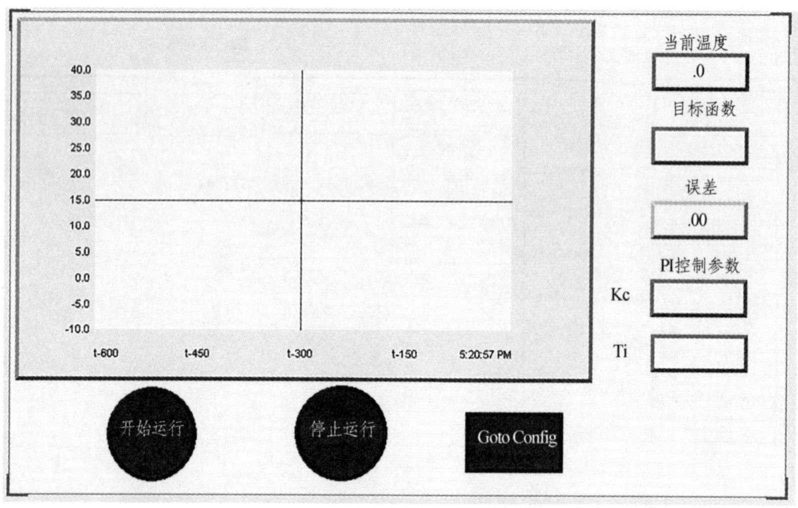

图 6-39 触摸屏显示界面

在触摸屏界面中放置如下控件：

（1）趋势图：显示目标温度曲线和当前温度曲线。

（2）按钮：启动和停止按钮，用以控制系统的状态。

（3）数字显示：显示当前温度和温度误差值。

（4）数字输入：输入目标温度值和 PI 控制参数 Kc 及 Ti。

参考文献

[1] 钱晓龙，谢能发. 循序渐进 Micro800 控制系统[M]. 北京：机械工业出版社，2017.
[2] 王华忠. 工业控制系统及应用——PLC 与人机界面[M]. 北京：机械工业出版社，2019.
[3] 于金鹏，张良，何文雪. PLC 原理与应用——罗克韦尔 Micro800 系列[M]. 北京：机械工业出版社，2016.
[4] 曹流. 罗克韦尔自动化 NetLinx 网络体系研究与应用[D]. 上海：上海交通大学，2009.
[5] 游国祖. 基于 Rockwell 集成架构的网络控制实验平台的研究[D]. 南京：东南大学，2009.
[6] 王连强. 基于 EtherNetIp 工业以太网的 SNCR 烟气脱硝控制系统设计与生产应用研究[D]. 沈阳：东北大学，2012.
[7] 廖常初. S7-200 PLC 编程及应用[M]. 北京：机械工业出版社，2010.